普通高等教育"十一五"国家级规划教材
全国高职高专教育土建类专业教学指导委员会规划推荐教材

建筑工程测量（第二版）

（土建类专业适用）

本教材编审委员会组织编写
周建郑　主编
李会青　主审

中国建筑工业出版社

图书在版编目(CIP)数据

建筑工程测量/本教材编审委员会组织编写；周建郑主编. —2版.
北京：中国建筑工业出版社，2008
普通高等教育"十一五"国家级规划教材．全国高职高专教育土建类专业教学指导委员会规划推荐教材．土建类专业适用
ISBN 978-7-112-09687-9

Ⅰ．建… Ⅱ．①本…②周… Ⅲ．建筑测量—高等学校：技术学校—教材 Ⅳ．TU198

中国版本图书馆 CIP 数据核字(2007)第 198465 号

普通高等教育"十一五"国家级规划教材
全国高职高专教育土建类专业教学指导委员会规划推荐教材

建筑工程测量（第二版）

（土建类专业适用）

本教材编审委员会组织编写
周建郑　主编
李会青　主审

*

中国建筑工业出版社出版、发行(北京西郊百万庄)
各地新华书店、建筑书店经销
北京天成排版公司制版
北京同文印刷有限责任公司印刷

*

开本：787×1092 毫米　1/16　印张：23½　字数：567 千字
2008 年 3 月第二版　2013 年 3 月第二十三次印刷
定价：38.00 元（含实训指导书）
ISBN 978-7-112-09687-9
(16351)

版权所有　翻印必究
如有印装质量问题，可寄本社退换
（邮政编码　100037）

本书共分十四章，内容为：绪论，水准测量，角度测量，距离测量与直线定向，测量误差的基本知识，全站仪及GPS测量原理，小区域控制测量，GPS平面控制测量，地形图的测绘与应用，施工测量的基本工作，施工控制测量，民用建筑施工测量，工业建筑施工测量，线路测量与桥梁施工测量，建筑物变形观测和竣工总平面图的编绘等，附有配套用书《建筑工程测量实训指导书》。

本书可作为高职高专院校的土建类专业教材用书，也可作为相关专业人员参考用书。

为更好地支持本课程的教学，我们向使用本书的教师免费提供教学课件，有需要者请与出版社联系，邮箱：jzsgjskj@163.com。

* * *

责任编辑：朱首明　刘平平
责任设计：赵明霞
责任校对：陈晶晶　兰曼利

本教材编审委员会名单

主　任：杜国城

副主任：杨力彬　张学宏

委　员（按姓氏笔画为序）：

　　　　丁天庭　于　英　王武齐　危道军　朱勇年
　　　　朱首明　杨太生　林　密　周建郑　季　翔
　　　　胡兴福　赵　研　姚谨英　葛若东　潘立本
　　　　魏鸿汉

修订版序言

2004年12月，在"原高等学校土建学科教学指导委员会高等职业教育专业委员会"（以下简称"原土建学科高职委"）的基础上重新组建了全国统一名称的"高职高专教育土建类专业教学指导委员会"（以下简称"土建类专业教指委"），继续承担在教育部、建设部的领导下对全国土建类高等职业教育进行"研究、咨询、指导、服务"的责任。组织全国的优秀编者编写土建类高职高专教材并推荐给全国各院校使用是教学指导委员会的一项重要工作。2003年"原土建学科高职委"精心组织编写的"建筑工程技术"专业11门主干课程教材《建筑识图与构造》、《建筑力学》、《建筑结构》（第二版）、《地基与基础》、《建筑材料》、《建筑施工技术》（第二版）、《建筑施工组织》、《建筑工程计量与计价》、《建筑工程测量》、《高层建筑施工》、《工程项目招投标与合同管理》，较好地体现了土建类高等职业教育"施工型"、"能力型"、"成品型"的特色，以其权威性、先进性、实用性受到全国同行的普遍赞誉，自2004年面世以来，被全国各高职高专院校相关专业广泛选用，并于2006年全部被教育部和建设部评为国家级和部级"十一五"规划教材。但经过两年多的使用，土建类专业教指委、教材编审委员会、编者和各院校都感到教材中还存在许多不能令人满意的地方，加之近年来新材料、新设备、新工艺、新技术、新规范不断出现，对这套教材进行修订已刻不容缓。为此，土建类专业教指委土建施工分委员会于2006年5月在南昌召集专门会议，对各位主编提出的修订报告进行了认真充分的研讨，形成了新的编写大纲，并对修订工作提出了具体要求，力求使修订后的教材能更好地满足高职教育的需求。修订版教材将于2007年由中国建筑工业出版社陆续出版、发行。

教学改革是一项在艰苦探索中不断前行的工作，教材建设将随之不断地革故鼎新。相信这套修订版教材一定会加快土建类高等职业教育走向"以就业为导向、以能力为本位"的进程。

高职高专教育土建类专业教学指导委员会
2006年11月

序 言

　　高等学校土建学科教学指导委员会高等职业教育专业委员会(以下简称土建学科高等职业教育专业委员会)是受教育部委托并接受其指导,由建设部聘任和管理的专家机构。其主要工作任务是,研究如何适应建设事业发展的需要设置高等职业教育专业,明确建设类高等职业教育人才的培养标准和规格,构建理论与实践紧密结合的教学内容体系,构筑"校企合作、产学结合"的人才培养模式,为我国建设事业的健康发展提供智力支持。在建设部人事教育司的领导下,2002年,土建学科高等职业教育专业委员会的工作取得了多项成果,编制了土建学科高等职业教育指导性专业目录;在"建筑工程技术"、"工程造价"、"建筑装饰技术"、"建筑电气技术"等重点专业的专业定位、人才培养方案、教学内容体系、主干课程内容等方面取得了共识;制定了建设类高等职业教育专业教材编审原则;启动了建设类高等职业教育人才培养模式的研究工作。

　　近年来,在我国建设类高等职业教育事业迅猛发展的同时,土建学科高等职业教育的教学改革工作亦在不断深化之中,对教育定位、教育规格的认识逐步提高;对高等职业教育与普通本科教育、传统专科教育和中等专业教育在类型、层次上的区别逐步明晰;对必须背靠行业、背靠企业,走校企合作之路,逐步加深了认识。但由于各地区的发展不尽平衡,既有理论又能实践的"双师型"教师队伍尚在建设之中等原因,高等职业教育的教材建设对于保证教育标准与规格,规范教育行为与过程,突出高等职业教育特色等都有着非常重要的现实意义。

　　"建筑工程技术"专业(原"工业与民用建筑"专业)是建设行业对高等职业教育人才需求量最大的专业,也是目前建设类高职院校中在校生人数最多的专业。改革开放以来,面对建筑市场的逐步建立和规范,面对建筑产品生产过程科技含量的迅速提高,在建设部人事教育司和中国建设教育协会的领导下,对该专业进行了持续多年的改革。改革的重点集中在实现三个转变,变"工程设计型"为"工程施工型",变"粗坯型"为"成品型",变"知识型"为"岗位职业能力型"。在反复论证人才培养方案的基础上,中国建设教育协会组织全国各有关院校编写了高等职业教育"建筑施工"专业系列教材,于 2000 年 12 月由中国建筑工业出版社出版发行,受到全国同行的普遍好评,其中《建筑构造》、《建筑结构》和《建筑施工技术》被教育部评为普通高等教育"十五"国家级规划教材。土建学科高等职业教育专业委员会成立之后,根据当前建设类高职院校对"建筑工程技术"专业教材的迫切需要;根据新材料、新技术、新规范急需进入教学内容的现实需求,积极组织全国建设类高职院校和建筑施工企业的专家,在对该专业课程内容体系充分研讨论证之后,在原高等职业教育"建筑施工专业"系列教材的基础上,组织编写了《建筑识图与构造》、《建筑力学》、《建筑结构》(第二版)、《地基与基础》、《建筑材料》、《建筑施工技术》(第二版)、《建筑施工组织》、《建筑工程计量与计价》、《建筑工程测量》、《高层建筑施工》、《工程项目招投标与合同管理》等 11 门主干课程教材。

教学改革是一个不断深化的过程,教材建设是一个不断推陈出新的过程,希望这套教材能对进一步开展建设类高等职业教育的教学改革发挥积极的推进作用。

土建学科高等职业教育专业委员会
2003 年 7 月

修 订 版 前 言

《建筑工程测量》教材从2004年6月出版以来，在全国各省各类高职高专技术学院中得到广泛的应用，培养出一大批高等职业技能应用型人才。根据高职高专教育土建类专业教学指导委员会南昌会议精神，《建筑工程测量》教材进行了再版，根据高职教育的特点，本书在原版的基础上，内容作了一定的增添。

科学技术的成就和测绘科学的进步为建筑工程测量技术提供了新的方法和手段，测绘学科是受新技术影响最大的传统学科之一，3S技术——GPS（全球定位系统）、GIS（地理信息系统）和RS（遥感系统）的不断发展、成熟与应用的日益普及，赋予了建筑工程测量传统教学内容测、算、绘崭新的诠释。先进的测量仪器和设备，如全站仪和全球卫星定位系统GPS接收机，在建筑工程测量中得到了广泛的应用。为了尽可能反映现代工程测量领域的最新科技成果，增加了全站仪和GPS接收机的应用，随着GPS接收机的高度智能化、数据处理的自动化以及价格的不断下降，使用GPS进行控制测量已经变得比使用传统的测角量边的测量方法更加便利和容易掌握；而作为GIS端数据采集的数字测图技术，在学生已经学习过Auto CAD以后，也变得比传统的经纬仪和平板仪测图法更容易操作。新技术的使用，不但可以激发学生学习测量学的兴趣，更重要的是可以极大地提高他们学习和工作的效率。对培养学生的专业和岗位能力具有重要的作用。

在改编这本教材时，我们力求体现高职教育的特点，力求满足高职教育培养技术应用型人才的要求，为了提高学生的动手能力，依据《国家职业技能鉴定规范（工程测量工考核大纲）》和《国家工人技术等级标准（工程测量）》，编写了《建筑工程测量实训指导书》作为本书的配套用书。以利于学生学习、实践和解决工程中实际问题的能力。希望本书更能适合高职教学的要求。

本书由黄河水利职业技术学院周建郑教授统稿并担任主编，浙江建设职业技术学院来丽芳任副主编。本次修订主要改写了第四、六、七章，增加了《建筑工程测量实训指导书》，修订执笔人周建郑教授，由深圳职业技术学院李会青副教授主审。

在本书修订过程中，得到了有关部委、高职高专教育土建类专业教学指导委员会和编写者所在单位的大力支持，在此一并致谢。

由于编者水平有限，加之时间仓促，书中难免存在缺点和错误，本书编者恳请读者批评指正。

2008年1月

前　言

本教材是根据高等学校土建学科教学指导委员会高等职业教育专业委员会制定的建筑工程技术专业的教育标准、培养方案及本门课程教学基本要求编写的。本教材主要是为了满足高等职业教育建筑工程技术专业的教学需要，也能适应其他相关专业教学及岗位培训的需要。

"建筑工程测量"是高等职业教育建筑工程技术专业的一门主要专业课，重点学习建筑工程测量的基本知识，测量仪器的使用、建筑工程实地测设、以及施工测量和变形观测等内容。本课程与"建筑施工技术"、"地基与基础"及"高层建筑施工"课程之间联系密切，对培养学生的专业和岗位能力具有重要的作用。

为使本教材具有较强的实用性和通用性，突出"以能力为本位"的指导思想，编写时力求做到：基本概念准确，各部分内容紧扣培养目标，文字简练、相互协调、通顺易懂、减少不必要的重复。不过分强调理论的系统性，努力避免贪多求全或高度浓缩的现象，为了提高学生的动手能力，在附录中增加"建筑工程测量实验指导"，以利于学生学习、实践和解决工程中实际问题的能力。

在编写这本教材时，我们力求体现高等职业教育的特点，力求满足高等职业教育培养技术应用型人才的要求，力求内容精练、突出应用、加强实践。为了体现教材的特色，根据高等职业教育理论与实践并重、理论课课时较少的情况，本书内容按"必需、够用"的原则安排，对传统的教材内容体系作了适当的调整，希望调整后的体系能更适合高等职业教育的教学要求。

参加本书编写的有黄河水利职业技术学院周建郑（第二、三章、附录），浙江建设职业技术学院来丽芳（第四、八、十三章），广西建设职业技术学院李向民（第一、十、十二章），山西建筑职业技术学院赵雪云（第七、十一章），广东建设职业技术学院邓杰（第五、六、九章）。

本书由黄河水利职业技术学院周建郑统稿并担任主编，浙江建设职业技术学院来丽芳任副主编，由甘肃建筑职业技术学院冯冠奇主审。

在本书编写过程中，得到了建设部人事教育司、中国建筑工业出版社和编写者所在单位的大力支持，在此一并致谢。

限于编者的水平，书中定有欠妥之处，请广大读者批评指正。

2004 年 6 月

目 录

第一章 绪论 … 1
第一节 建筑工程测量的任务、内容、现状和发展 … 1
第二节 地面点位的确定 … 2
第三节 用水平面代替水准面的限度 … 9
第四节 测量工作概述 … 10
思考题与习题 … 12

第二章 水准测量 … 13
第一节 水准测量原理 … 13
第二节 水准测量的仪器和工具 … 14
第三节 水准仪的基本操作程序 … 18
第四节 水准测量的方法 … 21
第五节 水准仪的检验与校正 … 26
第六节 水准测量误差来源及其影响 … 30
第七节 自动安平水准仪和激光扫平仪 … 32
第八节 精密水准仪及电子水准仪简介 … 34
思考题与习题 … 37

第三章 角度测量 … 40
第一节 角度测量的基本概念 … 40
第二节 DJ_6 型光学经纬仪 … 41
第三节 经纬仪的使用 … 45
第四节 水平角观测 … 48
第五节 竖直角观测 … 51
第六节 经纬仪的检验和校正 … 55
第七节 水平角观测误差来源及消减措施 … 60
第八节 电子经纬仪简介 … 62
思考题与习题 … 64

第四章 距离测量与直线定向 … 66
第一节 钢尺量距 … 66
第二节 视距测量 … 72
第三节 直线定向 … 76
第四节 坐标正、反算 … 79
第五节 电磁波测距 … 80
思考题与习题 … 85

第五章　测量误差的基本知识 ·········· 86
　第一节　测量误差及其分类 ·········· 86
　第二节　偶然误差的特性 ·········· 87
　第三节　衡量精度的标准 ·········· 88
　第四节　算术平均值及其观测值的中误差 ·········· 88
　第五节　误差传播定律 ·········· 90
　思考题与习题 ·········· 92

第六章　全站仪及 GPS 测量原理 ·········· 93
　第一节　全站型电子速测仪 ·········· 93
　第二节　GPS 全球卫星定位系统简介 ·········· 100
　思考题与习题 ·········· 112

第七章　小区域控制测量 ·········· 113
　第一节　控制测量概述 ·········· 113
　第二节　导线测量的外业观测 ·········· 115
　第三节　导线测量的内业计算 ·········· 117
　第四节　全站仪导线测量 ·········· 122
　第五节　GPS 平面控制测量 ·········· 124
　第六节　交会法测量 ·········· 137
　第七节　三、四等水准测量 ·········· 139
　第八节　三角高程测量 ·········· 142
　思考题与习题 ·········· 144

第八章　地形图的测绘与应用 ·········· 146
　第一节　地形图的测绘 ·········· 146
　第二节　地形图的阅读 ·········· 160
　第三节　地形图的基本应用 ·········· 162
　第四节　地形图在工程建设中的应用 ·········· 164
　思考题与习题 ·········· 173

第九章　施工测量的基本工作 ·········· 176
　第一节　施工测量概述 ·········· 176
　第二节　测设的基本工作 ·········· 177
　第三节　测设平面点位的方法 ·········· 180
　第四节　已知坡度直线的测设 ·········· 183
　思考题与习题 ·········· 185

第十章　施工控制测量 ·········· 186
　第一节　概述 ·········· 186
　第二节　建筑基线 ·········· 187
　第三节　建筑方格网 ·········· 189
　第四节　高程控制测量 ·········· 192
　思考题与习题 ·········· 192

第十一章 民用建筑施工测量 ………………………………… 193
第一节 概述 ………………………………… 193
第二节 建筑物的定位和放线 ………………………………… 195
第三节 建筑物基础施工测量 ………………………………… 199
第四节 墙体施工测量 ………………………………… 200
第五节 高层建筑施工测量 ………………………………… 202
思考题与习题 ………………………………… 209

第十二章 工业建筑施工测量 ………………………………… 210
第一节 概述 ………………………………… 210
第二节 厂房矩形控制网的测设 ………………………………… 211
第三节 厂房柱列轴线与柱基测设 ………………………………… 212
第四节 厂房预制构件安装测量 ………………………………… 214
第五节 烟囱施工测量 ………………………………… 217
思考题与习题 ………………………………… 219

第十三章 线路测量与桥梁施工测量 ………………………………… 220
第一节 概述 ………………………………… 220
第二节 中线测量 ………………………………… 221
第三节 圆曲线的测设 ………………………………… 224
第四节 纵、横断面图的测绘 ………………………………… 232
第五节 道路施工测量 ………………………………… 238
第六节 管道施工测量 ………………………………… 241
第七节 桥梁工程施工测量 ………………………………… 244
思考题与习题 ………………………………… 247

第十四章 建筑物变形观测和竣工总平面图的编绘 ………………………………… 249
第一节 建筑物变形观测概述 ………………………………… 249
第二节 建筑物沉降观测 ………………………………… 250
第三节 建筑物倾斜观测 ………………………………… 253
第四节 建筑物的裂缝与位移观测 ………………………………… 256
第五节 竣工总平面图的绘制 ………………………………… 258
思考题与习题 ………………………………… 259

附录一 水准仪系列的技术参数 ………………………………… 261
附录二 光学经纬仪系列的技术参数 ………………………………… 262
附录三 全站型电子速测仪系列的技术参数 ………………………………… 263

参考文献 ………………………………… 264

第一章 绪 论

【学习重点】
- 了解建筑工程测量的任务与内容现状与发展方向。
- 理解测量工作的基准面和地面点位确定的方法。
- 掌握高斯-克吕格正形投影的分带计算。

第一节 建筑工程测量的任务、内容、现状和发展

一、测量学概述

测量学是研究地球的形状和大小以及确定地面点之间的相对位置的科学。测量工作主要分为两个方面，一是将各种现有地面物体的位置和形状，以及地面的起伏形态等，用图形或数据表示出来，为规划设计和管理等工作提供依据，称为测定或测绘；二是将规划设计和管理等工作形成的图纸上的建筑物、构筑物或其他图形的位置在现场标定出来，作为施工的依据，称为测设或放样。

测量学包括大地测量学、普通测量学、摄影测量学和工程测量学等分支学科。其中，大地测量学研究测定地球的形状和大小，在广大地区建立国家大地控制网等方面的测量理论、技术和方法，为测量学的其他分支学科提供最基础的测量数据和资料；普通测量学研究在较小区域内的测量工作，主要是指用地面作业方法，将地球表面局部地区的地物和地貌等测绘成地形图，由于测区范围较小，为方便起见，可以不顾及地球曲率的影响，把地球表面当作平面对待；摄影测量学研究用摄影或遥感技术来测绘地形图，其中的航空摄影测量是测绘国家基本地形图的主要方法，目前在测绘城市基本地形图方面也有应用；工程测量学研究各项工程建设在规划设计、施工放样和运营管理阶段所进行的各种测量工作，它综合应用上述各分支学科的技术与方法，为工程建设提供测绘保障，例如，在规划设计阶段应用普通测量或摄影测量方法测绘大比例尺地形图，施工放样阶段应用大地测量仪器和方法建立精确的定位控制网等，工程测量在不同的工程建设项目中其技术和方法有很大的区别。

二、建筑工程测量的任务与内容

建筑工程测量属于工程测量学的范畴，是工程测量学在建筑工程建设领域中的具体表现，对象主要是民用建筑、工业建筑和高层建筑，也包括道路、管线和桥梁等配套工程。建筑工程测量的主要任务与内容是：

1. 大比例尺地形图测绘

在规划设计阶段，应测绘建筑工程所在地区的大比例尺地形图，以便详细地表达地物和地貌的现状，为规划设计提供依据。在施工阶段，有时需要测绘更详细的局部地形图，或者根据施工现场变化的需要，测绘反映某施工阶段现状的地

形图，作为施工组织管理和土方等工程量预结算的依据。在竣工验收阶段，应测绘编制全面反映工程竣工时所有建筑物、道路、管线和园林绿化等方面现状的地形图，为验收以及今后的运营管理工作提供依据。

2. 施工测量

在施工阶段，不管是基础工程、主体工程还是装饰工程，都要先进行放样测量，确定建(构)筑物不同部位的实地位置，并用桩点或线条标定出来，才能进行施工。例如，基础工程的基槽(坑)开挖施工前，先将图纸上设计好的建(构)筑物的轴线标定到地面上，并引测到开挖范围以外保护起来，再放样出开挖边线和±0.000的设计标高线，才能进行开挖；主体工程的墙砌体施工前，先将墙轴线和边线在建(构)筑物(地)面上弹出来，并立好高度标志，才能进行砌筑；装饰工程的墙(地)面砖施工时，先将纵横分缝线和水平标高线弹出来，才能进行铺装。每道工序施工完成后，还要及时对施工各部位的尺寸、位置和标高进行检核测量，作为检查、验收和竣工资料的依据。

3. 变形观测

对一些大型的、重要的或位于不良地基上的建(构)筑物，在施工阶段中和运营管理期间，要定期进行变形观测，以监测其稳定性。建(构)筑物的变形一般有沉降、水平位移、倾斜、裂缝等，通过测量掌握这些变形的出现、发展和变化规律，对保证建筑物的安全有重要作用。

三、建筑工程测量的现状与发展方向

建筑业是我国的支柱产业之一，在建筑业的发展过程中，建筑工程测量为其做出了应有的贡献，同时，建筑工程测量的技术水平也得到了很大的提高。目前，除常规测量仪器工具如光学经纬仪、光学水准仪和钢尺等在建筑工程测量中继续发挥作用外，现代化的测量仪器如电子经纬仪、电子水准仪和电子全站仪等也已普及，提高了测量工作的速度、精度、可靠度和自动化程度。一些专用激光测量仪器设备如用于高层建筑竖直投点的激光铅直仪、用于大面积场地精确自动找平的激光扫平仪和用于地下开挖指向的激光经纬仪等的应用，为现代高层建筑和地下建筑的施工提供了更高效、准确的测量技术服务。利用卫星测定地面点坐标的新技术——全球定位系统(GPS)，也逐渐被应用于建筑工程测量中，该技术作业时不受气候、地形和通视条件的影响，只需将卫星接收机安置在已知点和待定点上，通过接收不同的卫星信号，就可计算出该点的三维坐标，这与传统测量技术相比是质的飞跃，目前在建筑工程测量中，一般用于大范围和长距离施工场地中的控制性测量工作。计算机技术正在应用到测量数据处理、地形图机助成图以及测量仪器自动控制等方面，进一步推动建筑工程测量从手工化向电子化、数字化、自动化和智能化方向发展。

第二节 地面点位的确定

建筑工程测量与其他测量工作一样，其本质任务是地面点位的确定，因为地球表面上的地物和地貌的形状可以认为是由点、线、面构成的，其中点是最基本

的单元，合理选择一些点进行测量，就可以准确地表示出地物和地貌的位置、形状和大小。因此，地面点位的确定是测量工作中最基本的问题。

一、地球的形状与大小

为了确定地面点位，应有相应的基准面和基准线作为依据，测量工作是在地球表面上进行的，测量的基准面和基准线与地球的形状和大小有关。

如图 1-1 所示，地球自然表面很不规则，有高山、丘陵、平原和海洋。其中最高的珠穆朗玛峰高出海水面达 8848.13m，而最低的马里亚纳海沟低于海水面达 11022m。但是这样的高低起伏，相对于地球巨大的半径来说还是很小的。再顾及到海洋约占整个地球表面的 71%，于是人们设想有一个静止的海水面，向陆地延伸包围整个地球，形成一个封闭的曲面，把这个曲面看作地球的形体。由于潮汐的作用，海水面高低不同，假定其中有一个平均高度的静止海水面，则它所包围的形体称为大地体，代表了地球的形状与大小。我们把这个平均高度的静止的海水面称为大地水准面，大地水准面便是测量工作的基准面。

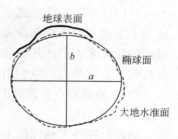

图 1-1 大地水准面

此外，我们把任意静止的水面称为水准面，水准面有无数个，由于水准面与大地水准面平行，实际工作中也把水准面作为测量的基准面。例如，将加热的液体（酒精或乙醚）充入到密封的特制玻璃容器中，冷却后产生一个气泡，便成了用来衡量物体表面是否水平的水准器，若放在某物体表面上的水准器的气泡居中，则认为该表面处于水平状态。每台测量仪器上一般都安装有一个以上的水准器，为有关的测量工作提供基准面。

由于地球的质量巨大，使得地球上任何一点都要受到地心吸引力的作用，同时地球又不停地作自转运动，这个点又受到离心力的作用，这两个力的合力称为重力，重力的作用线又称为铅垂线。铅垂线具有处处与水准面垂直的特性，因此人们常把铅垂线作为测量工作的基准线。在日常生活和工作中，人们常利用这个原理，用吊锤线检查物体是否竖直，测量仪器一般也备有吊锤球，供需要时使用。

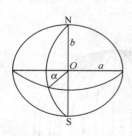

图 1-2 参考椭球面

用大地水准面表示地球形体是恰当的，但由于地球内部质量分布不均匀，引起铅垂线的方向产生不规则的变化，致使大地水准面成为一个非常复杂的曲面，人们无法在这个曲面上进行测量数据的处理。为此，人们采用一个与大地水准面非常接近的规则的几何曲面来表示地球的形状与大小，这就是地球参考椭球面，地球参考椭球面便可作为测量计算工作的基准面，如图 1-2 所示。地球参考椭球面的形状与大小由其长半径 a 和短半径 b（或扁率 α）决定。我国目前采用的椭球参数是 1975 年"国际大地测量与地球物理联合会通过并推荐的值

$$a = 6378140 \text{m}$$
$$b = 6356755 \text{m}$$
$$\alpha = \frac{a-b}{a} = \frac{1}{298.257}$$

由于地球椭球的扁率很小,当测区面积不大时,可以把地球看作是圆球,其半径为

$$R = \frac{2a+b}{3}$$

以圆球作为测量计算工作的基准面可以简化计算过程。当测区面积更小(半径小于 10km 的范围)时,还可以把地球看作是平面,使计算工作更为简单。

二、确定地面点位的方法

我们知道,一个点的空间位置需要用三个独立的量来确定。在测量工作中,这三个量通常用该点在参考椭球面上的铅垂投影位置和该点沿投影方向到大地水准面的距离来表示。其中前者由两个量构成,称为坐标;后者由一个量构成,称为高程。也就是说,我们用坐标和高程来确定地面点的位置。

(一)地面点在投影面上的坐标

1. 大地坐标

地面点在参考椭球面上投影位置的坐标,可用大地坐标系统的经度和纬度表示。如图 1-3 所示,O 为地球参考椭球面的中心,N、S 为北极和南极,NS 为旋转轴,通过旋转轴的平面称为子午面,它与参考椭球面的交线称为子午线,其中通过原英国格林尼治天文台的子午线称为首子午线。通过 O 点并且垂直于 NS 轴的平面称为赤道面,它与参考椭球面的交线称为赤道。

地面点 P 的经度,是指过该点的子午面与首子午线之间的夹角,用 L 表示,经度从首子午线起算,往东自 $0°\sim180°$ 称为东经,往西自 $0°\sim180°$ 称为西经。地面点 P 的纬度,是指过该点的法线与之赤道面间的夹角,用 B 表示,纬度从赤道面起算,往北自 $0°\sim90°$ 称为北纬,往南自 $0°\sim90°$ 称为南纬。我国位于地球上的东北半球,因此所有点的经度和纬度均为东经和北纬,例如北京某点的大地坐标为东经 $113°18'$,北纬 $23°07'$。

2. 高斯平面直角坐标

地理坐标是球面坐标,对测量计算与绘图来说,不便于直接进行各种计算。采用高斯平面直角坐标系,可将球面上的图形用平面表现出来,使测量计算与绘图变得容易。

如图 1-4 所示,分带是从地球的首子午线起,经度每变化 6°划一带(称为 6°带),自西向东将整个地球划分为 60 带。

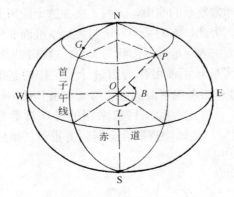

图 1-3 大地坐标

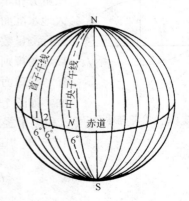

图 1-4 高斯投影分带

带号从首子午线开始自西向东编,如图1-5所示,用阿拉伯数字1、2、3……60表示,东经0°~6°为第一带,6°~12°为第二带……位于各带中央的子午线称为该带的中央子午线,第一带的中央子午线的经度为3°,第二带的中央子午线的经度为9°,依此类推,第 N 带的中央子午线的经度 L_0 为

$$L_0 = 6N - 3° \tag{1-1}$$

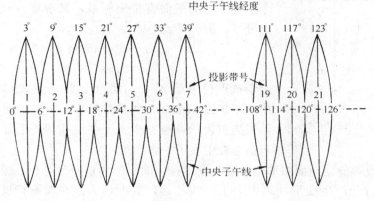

图1-5 6°带中央子午线及带号

高斯投影是设想用一个平面卷成一个空心椭圆柱,把它横着套在地球参考椭球体外面,使空心椭圆柱的中心轴线位于赤道面内并且通过球心,使地球椭球体上某条6°带的中央子午线与椭圆柱面相切。在图形保持等角的条件下,将整个带投影到椭圆柱面上,如图1-6(a)所示。然后将此椭圆柱沿着南北极的母线剪切并展开抚平,便得到6°带在平面上的形象,如图1-6(b)所示。由于分带很小,投影后的形象变形也很小,离中央子午线越近,变形就越小。

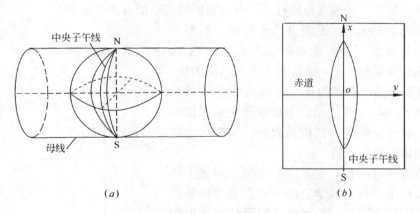

图1-6 高斯平面直角坐标的投影

在由高斯投影而成的平面上,中央子午线和赤道保持为直线,两者互相垂直。以中央子午线为坐标系纵轴 x,以赤道为横轴 y,其交点为 o,便构成此带的高斯平面直角坐标系,如图1-6(b)所示。在这个投影面上的每一点位置,就可用

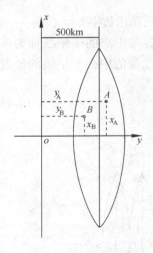

图1-7 高斯平面直角坐标系

直角坐标 x、y 确定。此坐标与地理坐标的经纬度 L、B 是对应的，它们之间有严密的数学关系，可以互相换算。

我国位于北半球，x 坐标均为正值，而 y 坐标则有正有负，为避免 y 坐标出现负值，规定把 x 轴向西平移 500km，如图 1-7 所示。此外，为表明某点位于哪一个 6°带的高斯平面直角坐标系，又规定 y 坐标值前加上带号。例如某点坐标为

$$x = 3267851 \text{m}$$
$$y = 21587366 \text{m}$$

表示该点位于第 21 个 6°带上，距赤道 3267851m，距中央子午线 87366m（去掉带号后的 y 坐标减 500000m，结果为正表示该点在中央子午线东侧，若结果为负表示该点在中央子午线西侧）。

高斯投影能使球面图形的角度与投影在平面上的角度一致，但任意两点间的长度投影后会产生变形，离中央子午线越远，变形越大。在投影精度要求较高时，可以把投影带划分再小一些，例如采用 3°分带，共分为 120 带，第 N 带的中央子午线经度为

$$L_0 = 3N° \tag{1-2}$$

如果投影精度要求更高，还可以采用 1.5°分带和任意带。1.5°分带和任意带不必全球统一划分，任意带可以将中央子午线的经度设置在测区的中心。

3. 平面直角坐标

当测量区域较小时，球面近似于平面，可以直接用与测区中心点相切的平面来代替曲面，然后在此平面上建立一个平面直角坐标系。由于它与大地坐标系没有联系，故称为平面直角坐标系，有时也叫假定平面直角坐标系。

如图 1-8 所示，平面直角坐标系与高斯平面直角坐标系一样，规定南北方向为纵轴 x，东西方向为横轴 y；x 轴向北为正，向南为负，y 轴向东为正，向西为负。地面上某点 A 的位置可用 x_A 和 y_A 来表示。平面直角坐标系的原点 o 一般选在测区的西南角以外，使测区内所有点的坐标均为正值。

值得注意的是，为了定向方便，测量上的平面直角坐标系与数学上的平面直角坐标系的规定不同，x 轴与 y 轴互换，象限的顺序也相反。不过，因为轴向与象限顺序同时都改变，测量坐标系的实质与数学上的坐标系是一致的，因此数学中的公式可以直接应用到测量计算中，不需作任何变更。

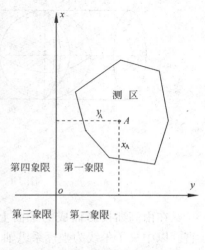

图1-8 独立平面直角坐标系

4. 建筑坐标

在建筑工程中，有时为了便于对建（构）筑物平面位置的施工放样，将原点设在建（构）筑物两条主轴线（或其平行线）的交点上，以其中一条主轴线（或其平行线）作为纵轴，一般用 A 表示，顺时针旋转 $90°$方向作为横轴，一般用 B 表示，建立一个平面直角坐标系，称为建筑坐标系，如图1-9所示。

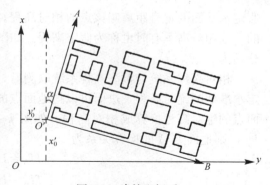

图 1-9 建筑坐标系

将建筑坐标系与高斯平面直角坐标系联测后，可以计算出建筑坐标系的原点相对于高斯平面直角坐标系的坐标值，以及建筑坐标系的纵轴与高斯平面直角坐标系纵轴之间的角度，根据这些参数，可以在这两个坐标系之间进行点位坐标换算。

（二）地面点的高程

1. 绝对高程

地面点到大地水准面的铅垂距离，称为该点的绝对高程，简称高程，或称海拔，习惯用 H 表示。如图 1-10 所示，地面点 A、B 的高程分别为 H_A、H_B。数值越大表示地面点越高，当地面点在大地水准面的上方时，高程为正；反之，当地面点在大地水准面的下方时，高程为负。我国在青岛设立验潮站，长期观测和记录黄海海水面的高低变化，取其平均值作为大地水准面的位置，其高程为零，过该点的大地水准面即为我国计算高程的基准面。为了便于观测和使用，在青岛建立了我国的水准原点，其高程为 72.260m，全国各地的高程都以它为基准进行测算，称为 1985 国家高程基准。

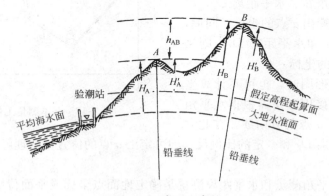

图 1-10 高程和高差

2. 相对高程

当有些地区引用绝对高程有困难时，或者为了计算和使用上的方便，可采用相对高程系统。相对高程是采用假定的水准面作为起算高程的基准面。地面点到假定水准面的垂直距离叫该点的相对高程。由于高程基准面是根据实际情况假定的,故相对高程有时也称为假定高程。如图1-10所示,地面点 A、B 的相对高程分别为 H'_A 和 H'_B。

相对高程系统与黄海高程系统联测后,可以推算出相对高程系统所对应的假定水准面的绝对高程,进而可以把地面点的相对高程换算成绝对高程,也可把地面点的绝对高程换算成相对高程。如图1-10所示,若假定水准面的绝对高程为 H_0,则地面点 A 的换算关系为

$$H'_A = H_A - H_0$$
$$H_A = H'_A + H_0$$

3. 高差

两个地面点之间的高程差称为高差,习惯用 h 来表示。高差有方向性和正负,但与高程基准无关。如图1-10所示,A 点至 B 点的高差为

$$h_{AB} = H_B - H_A = H'_B - H'_A$$

当 h_{AB} 为正时,B 点高于 A 点;当 h_{AB} 为负时,B 点低于 A 点。同时不难证明,高差的方向相反时,其绝对值相等而符号相反,即

$$h_{AB} = -h_{BA}$$

三、确定地面点位的基本测量工作

地面点位可以用它在投影面上的坐标和高程来确定,但在实际工作中一般不是直接测量坐标和高程,而是通过测量地面点与已知坐标和高程的点之间的几何关系,经过计算间接地得到坐标和高程。

如图1-11所示,Ⅰ和Ⅱ是已知坐标点,它们在水平面上的投影位置为1、2,地面点 A、B 是待定点,它们投影在水平面上的投影位置是 a、b。若观测了水平角 β_1、水平距离 D_1,可用三角函数计算出 a 点的坐标,同理,观测水平角 β_2 和水平距离 D_2,则又可计算出 b 点的坐标。

在测绘地形图时,也可不计算坐标,在图上直接用量角器根据水平角 β_1 做出1点至 a 点的方向线,在此方向线上根据距离 D_1 和一定的比例尺,即可定出 a 点的位置,同理可在图上定出 b 点的位置。

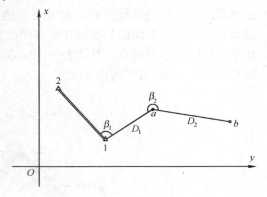

图1-11 基本测量工作

因此,水平角测量和水平距离测量是确定地面点坐标或平面位置的基本测量工作。

若Ⅰ点的高程已知为 H_1,观测了高差 h_{1A},则可利用高差计算公式转换后计算出 A 点的高程

$$H_A = H_1 + h_{1A}$$

同理,若观测了高差 h_{AB},可计算出 B 点的高程。因此可以说高差测量是确定地

面点高程的基本工作，由于高差测量的目的是求取高程，习惯上仍称其为高程测量。

综上所述，地面点间的水平角、水平距离和高差是确定地面点位的三个基本要素，我们把水平角测量、水平距离测量和高程测量称为确定地面点位的三项基本测量工作，再复杂的测量任务，都是通过综合应用这三项基本测量工作来完成的。

第三节　用水平面代替水准面的限度

如前所述，当测区范围较小时，可将大地水准面近似地用水平面来代替，以便简化测量计算工作。这里讨论测区范围小到什么程度时，平面代替曲面所产生的距离误差和高程误差才小于我们的允许范围。为了讨论方便，这里假设地球是个圆球，半径 $R=6371$km。

1. 平面代替曲面所产生的距离误差

如图 1-12 所示，地面上 A、B 两点，沿铅垂线投影到大地水准面上得 a、b 两点，用过 a 点与大地水准面相切的水平面来代替大地水准面，B 点在水平面上的投影为 b'。设 ab 的长度（弧长）为 D，ab 的长度（水平距离）为 D'，两者之差即为平面代替曲面所产生的距离误差，用 ΔD 表示。由图 1-12 可知

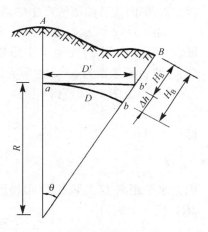

图 1-12　水平面代替水准面的限度

$$\Delta D = D' - D = R\tan\theta - R\theta = R(\tan\theta - \theta) \tag{1-3}$$

式中，θ 为弧长 D 所对应的圆心角。

将 $\tan\theta$ 用级数展开并略去高次项得

$$\tan\theta = \theta + \frac{1}{3}\theta^3 + \cdots = \theta + \frac{1}{3}\theta^3$$

又因

$$\theta = \frac{D}{R}$$

则有距离误差

$$\Delta D = \frac{D^3}{3R^2}$$

距离相对误差

$$\frac{\Delta D}{D} = \frac{D^2}{3R^2} \tag{1-4}$$

以不同的 D 值代入上式，求出距离误差和相对误差的结果见表 1-1。

平面代替曲面所产生的距离误差和相对误差　　　　　　表 1-1

距离 $D(km)$	距离误差 $\Delta D(m)$	距离相对误差 $\Delta D/D$
10	0.008	1:1220000
25	0.128	1:200000
50	1.027	1:49000
100	8.212	1:12000

从表 1-1 可见，当距离 D 为 10km 时，所产生的距离相对误差为 1:1220000，小于目前最精密的距离测量误差 1:1000000。因此，对距离测量来说，可以把 10km 为半径的范围作为水平面代替水准面的限度。

2. 平面代替曲面所产生的高程误差

如图 1-12 所示，地面点 B 的绝对高程为该点沿铅垂线到大地水准面的距离 H_B，当用过 a 点与大地水准面相切的水平面代替大地水准面时，B 点的高程为 H'_B，两者的差别为 bb'，此即为用水平面代替大地水准面所产生的高程误差，用 Δh 表示。由图 1-12 可得

$$(R+\Delta h)^2 = R^2 + D'^2$$

即

$$\Delta h = \frac{D'^2}{2R+\Delta h} \tag{1-5}$$

因为水平距离 D' 与弧长 D 很接近，取 $D'=D$；又因 Δh 远小于 R，取 $2R+\Delta h=2R$，代入上式得

$$\Delta h = \frac{D^2}{2R} \tag{1-6}$$

以不同的 D 代入上式，求出平面代替曲面所产生的高程误差见表 1-2。

平面代替曲面所产生的高程误差　　　　　　表 1-2

距离 $D(km)$	0.1	0.2	0.3	0.4	0.5	0.6	0.7	0.8	0.9
高程误差 $\Delta h(m)$	0.0008	0.003	0.007	0.013	0.02	0.08	0.31	1.96	7.85

由上表可知，用平面代替曲面作为高程的起算面，对高程的影响是很大的，例如距离 200m 时，就有 3mm 的误差，超过了允许的精度要求。因此，高程的起算面不能用切平面代替，应使用大地水准面。如果测区内没有国家高程点，也应采用通过测区内某点的水准面作为高程起算面。

第四节　测量工作概述

如前所述，测量的主要工作是测定和测设。具体来说，测量工作通过水平角测量、水平距离测量以及高程测量确定点的位置，一定数量点的组合，便表示出地物和地貌的位置形状与大小，这些点反映了地物和地貌的几何特征，称为碎部点。对测定来说，是将实地上的地形碎部点测绘到图纸上，而测设则相反，是将

图纸上建（构）筑物的碎部点标定到实地上。

无论是测定还是测设，一个测区内要测量的碎部点通常很多，为了避免测量错误的出现和测量误差的积累，保证测区内所有地物和地貌的点位具有必要的精度，使所测绘的地形图的内容准确，或者使所测设的建（构）筑物的位置及尺寸关系正确，测区内的测量工作必须按照一定的程序，遵循一定的原则来进行。

一、测量工作的基本程序

如图 1-13 所示，测区内有房屋、道路、河流、桥梁等地物，还有高低起伏的地貌。为了把这些地物和地貌测绘到图纸上，我们应选择一些能代表地物和地貌的几何形状的特征点（称为碎部点），测量出它们与已知点之间的水平角度、水平距离和高差，然后根据这些数据，按一定的比例在图纸上标出点的位置，最后将有关的点相连，描绘成图。由于测量工作中不可避免地存在误差，如果测绘出一个特征点后又以此点为准测绘另一个特征点，依此类推测完全图，则测量误差就会逐点传递和积累，最后导致图形变形，达不到应有的精度。

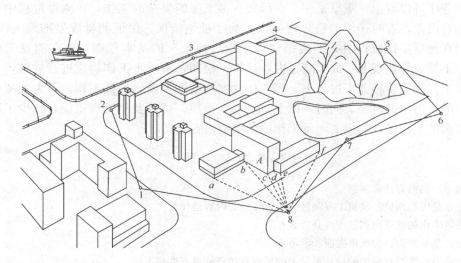

图 1-13 控制测量和碎部测量

为了避免这种情况的出现，必须先在整个测区范围内选择若干具有控制意义的点（称为控制点），例如图中的 1、2……8 点，以较精确的方法测定其平面位置和高程（称为控制测量）。然后以这些控制点为依据测绘周围局部地区的碎部点（称为碎部测量）。例如，把仪器安置在 8 号点上，测量出建筑物 A 上所有能通视的转角点 a、b、c、d、e、f 的平面位置和高程，然后绘制在图纸上，其他转角点可在别的控制点上观测。当测定了主要转角点后，少数"死角"可丈量有关边长后用几何作图的方式绘出。

按照这个程序测图，不但可以保证成图的精度，而且由于先用少量精度较高的点控制了整个测区，在测区内建立了统一的坐标系统和高程系统，使得我们可以安排多个测绘组同时在各个局部区域进行碎部测量工作，从而加快了工作的进程。此外，也可以根据实际的需要，先测某个局部区域，测区的其他部分留待以后再测。

当测区较大时,若仅做一级控制不能满足测图要求,可做多级控制。做多级控制时,上一级的精度应比下一级的精度高一个层次,由高级到低级逐级布设,才能保证最后一级控制点的精度达到要求。

上述测量工作的基本程序可以归纳为"先控制后碎部"、"从整体到局部"和"由高级到低级"。对施工测量放样来说,也要遵循这个基本程序,先在整个建筑施工场地范围内进行控制测量,得到一定数量控制点的平面坐标和高程,然后以这些控制点为依据,在局部地区进行逐个对建(构)筑物轴线点的测设,如果施工场地范围较大时,控制测量也应由高级到低级逐级加密布置,使控制点的数量和精度均能满足施工放样的要求。

二、测量工作的基本原则

测量成果的好坏,直接或间接地影响到建筑工程的布局、成本、质量与安全等,特别是施工放样,如果出现错误,就会造成难以挽回的损失。而从上述测量基本程序可以看出,测量是一个多层次、多工序的复杂的工作,在测量过程中不但会有误差,有时还可能会出现错误。为了杜绝错误,保证测量成果准确无误,我们在测量工作过程中必须遵循"边工作边检核"的基本原则,即在测量工作中,不管是外业观测、放样还是内业计算、绘图,每一步工作均应进行检核,上一步工作未作检核前不进行下一步工作。实践证明,做好检核工作,可大大减少测量成果出错的机会,同时,由于每步都有检核,可以及早发现错误,减少了返工重测的工作量,对提高测量工作的效率也很有意义。

思 考 题 与 习 题

1. 测定与测设有什么区别?
2. 什么是工程测量?建筑工程测量的主要任务与内容是什么?
3. 测量工作的基准面和基准线是什么?
4. 什么是水准面、大地水准面和参考椭球面?
5. 测量中的平面直角坐标系和数学上的平面直角坐标系有哪些不同?
6. 设某地面点的经度为东经 $130°25'$,请问该点位于 $6°$ 投影带的第几带?其中央子午线的经度为多少?
7. 若我国某处地面点 A 的高斯平面直角坐标值为 $x=2520179.89m$,$y=18432109.47m$,则 A 点位于第几带?该带中央子午线的经度是多少?A 点在该带中央子午线的哪一侧?距离中央子午线和赤道各为多少米?
8. 什么是绝对高程、相对高程和高差?
9. 某地面点的相对高程为 $-34.58m$,其对应的假定水准面的绝对高程为 $168.98m$,则该点的绝对高程是多少?绘出示意图。
10. 已知 A、B、C 三点的高程分别为 $156.328m$、$45.986m$ 和 $451.215m$,则 A 至 B、B 至 C、C 至 A 的高差分别是多少?
11. 已知 A 点的高程为 $78.654m$,B 点到 A 点的高差为 $-12.325m$,问 B 点高程为多少?
12. 确定地面点位的基本测量工作是什么?
13. 测量工作基本程序是什么?
14. 测量工作的基本原则是什么?如何理解?

第二章 水准测量

【学习重点】
- 了解测定地面点高程的几种方法和原理。
- 理解在建筑工程测量中被广泛应用的视线高测量方法，转点和测站的意义。
- 掌握水准仪的基本操作程序、读数方法、记录计算和各项检验校正。

第一节 水准测量原理

在测量工作中，要确定地面点的空间位置，不但要确定地面点的平面坐标，而且还要确定地面点的高程。测定地面点高程的方法有几何水准测量（简称水准测量）、三角高程测量（间接高程测量）和气压高程测量（物理高程测量）。其中水准测量的精度最高，是一切高程测量的基础，也是测定地面点高程的主要方法，被广泛应用到高程控制测量和建筑工程测量中。

一、水准测量原理

水准测量的原理就是利用水准仪提供的水平视线，分别照准竖立在两点上的水准标尺并读数，直接测定出地面上两点间的高差，然后根据已知点的高程推算出待定点的高程。

如图 2-1 所示，已知 A 点高程 H_A，欲测定 B 点的高程 H_B，可在 A、B 两点的中间安置一台能提供水平视线的仪器——水准仪，并分别在 A、B 两点上各竖立一根有刻划的标尺——水准尺，用水准仪的水平视线分别读取 A、B 两点上的水准尺读数。若水准测量是由 A 点到 B 点方向，则规定 A 为后视点，其标尺读数 a 称为后视读数；B 为前视点，其标尺读数 b 称为前视读数。根据几何学中平行线的性质可知，A 点到 B 点的高差或 B 点相对于 A 点的高差为

$$h_{AB}=a-b \tag{2-1}$$

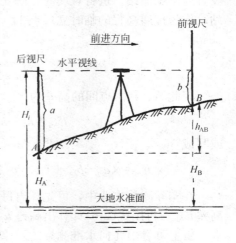

图 2-1 水准测量原理

由式(2-1)知，地面上两点间的高差等于后视读数减去前视读数。当后视读数 a 大于前视读数 b 时，h 值为正，说明 B 点高于 A 点；反之，h 为负值，则 A 点高于 B 点。

待定点 B 的高程为

$$H_B = H_A + h_{AB} \tag{2-2}$$

由视线高计算 B 点高程的方法，在建筑工程测量中被广泛应用。如图 2-1 可知，A 点的高程加上后视读数等于水准仪的视线高程，简称视线高，设为 H_i，即

$$H_i = H_A + a \tag{2-3}$$

则 B 点的高程等于视线高减去前视读数，即

$$H_B = H_i - b = (H_A + a) - b \tag{2-4}$$

二、转点、测站

在水准测量工作中，如果已知点到待定点之间的距离很远或高差很大，仅用一个测站不可能测得其高差时，则应在两点间设置若干个测站。如图 2-2 所示，这种连续多次设站测定高差，最后取各站高差代数和求得 A、B 两点间高差的方法，叫做复合水准测量。

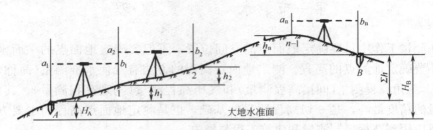

图 2-2 复合水准测量

设已知点 A 的高程为 H_A，要测定 B 点的高程，必须在 A、B 两点之间连续设置若干个测站。进行观测时，每安置一次仪器观测两点间的高差，称为一个测站；作为传递高程的临时立尺点 $1, 2 \cdots n-1$ 称为转点。各测站的高差为

$$h_1 = a_1 - b_1$$
$$h_2 = a_2 - b_2$$
$$\vdots$$
$$h_n = a_n - b_n$$

因此 A、B 两点间的高差为

$$h_{AB} = h_1 + h_2 + \cdots + h_n = \sum_{i=1}^{n} h_i \tag{2-5}$$

或写成

$$h_{AB} = (a_1 - b_1) + (a_2 - b_2) + \cdots + (a_n - b_n) = \sum_{i=1}^{n} a_i - \sum_{i=1}^{n} b_i \tag{2-6}$$

在实际测量作业中，可先算出每站的高差，然后求和后得出 A、B 两点间的高差 h_{AB}，再用式(2-6)计算出高差 h_{AB}，并检核计算是否正确。

由上可看出几何水准测量的规律：

(1) 每站高差等于水平视线的后视读数减去前视读数；

(2) 起点至闭点的高差等于各站高差的总和，也等于各站后视读数的总和减去前视读数的总和。

第二节 水准测量的仪器和工具

水准仪和水准标尺是实施几何水准测量的主要仪器设备，尺垫的作用主要是

传递高程。水准仪的类型很多，我国按其精度指标划分为 DS_{05}、DS_1、DS_3 和 DS_{10} 四个等级，D 和 S 分别为"大地测量"和"水准仪"汉语拼音的第一个字母，数字 05、1、3、10 等指用该类型水准仪进行水准测量时每公里往、返测高差中数的偶然中误差值，分别不超过 0.5mm、1mm、3mm、10mm。一般可省略"D"只写"S"，建筑工程测量中常用的是 S_3 型水准仪。

一、S_3 型水准仪

图 2-3 所示为我国生产的 S_3 型水准仪。S_3 型水准仪主要有望远镜、水准器和基座三个组成部分，现分述如下。

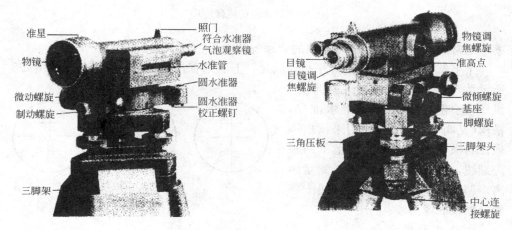

图 2-3　S_3 型水准仪

（一）望远镜

望远镜是构成水平视线、瞄准目标并对水准尺进行读数的主要部件。

如图 2-4 所示，它由物镜、调焦透镜、十字丝分划板、目镜等组成。物镜光心与十字丝交点的连线称为望远镜的视准轴，视准轴是瞄准目标和读数的依据。

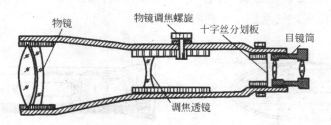

图 2-4　水准仪的望远镜构造

目前水准仪上的望远镜多采用内对光式的倒像望远镜，其成像原理如图 2-5 所示。目标 AB 经过物镜Ⅰ和调焦透镜Ⅱ的作用在镜筒内构成倒立的小实像 ab，转动调焦螺旋时，调焦透镜随之前后移动，使远近不同的目标清晰地成像在十字丝分划板上；再经过目镜Ⅲ放大，使倒立的小实像放大成为倒立的大虚像 a_1b_1。

经望远镜放大的虚像与眼睛直接看到的目标大小的比值，称为望远镜的放大

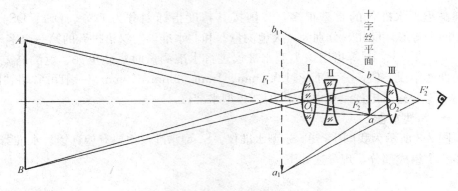

图 2-5　望远镜的成像原理

率，通常用 V 表示。S_3 型水准仪的望远镜放大率一般不低于 28 倍。

十字丝分划板是一块圆形平板玻璃片，上面刻有相互正交的十字丝，如图 2-6 所示为十字丝分划板的几种形式。纵丝（也叫竖丝）用来照准水准尺，横丝（又叫中丝）的中间用来读取读数。与横丝平行而等距的上下两根短细线，称为视距丝，用于测量距离。调节目镜调焦螺旋，可使十字丝分划线成像清晰。

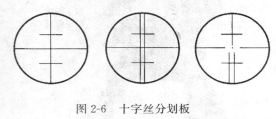

图 2-6　十字丝分划板

（二）水准器

水准器是用来判断望远镜的视准轴是否水平及仪器竖轴是否竖直的装置。通常分为管水准器和圆水准器两种。

1. 水准管

水准管又称管水准器，是一个两端封闭的玻璃管，外形如图 2-7(a) 所示。管的内壁研磨成 7～20m 半径的圆弧，管内装有黏滞性小、易流动的液体（乙醚或酒精），加热融封冷却后便形成气泡。由于气体比液体轻，因此，无论水准管处于水平或是倾斜位置，气泡总处在管内最高位置。

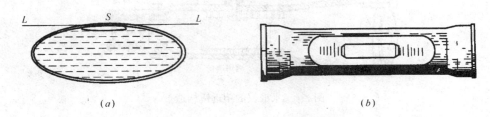

图 2-7　管水准器

水准管壁的两端各刻有数条间隔为 2mm 的分划线，用来判断气泡居中位置，如图 2-7(b) 所示。分划线的对称中点即为水准管圆弧的中点，也称为水准管零点。如图 2-7(a) 之 S 点。过零点与水准管圆弧相切的直线 LL 称为水准管轴。当气泡中点与水准管零点重合时称为气泡居中，这时水准管轴 LL 一定处于水平位置。

水准管上 2mm 间隔的弧长所对的圆心角称为水准管分划值，一般用 τ 表示，即

$$\tau = \frac{2}{R}\rho \tag{2-7}$$

式中　τ——水准管分划值，$(")$；

R——水准管圆弧半径，mm；

ρ——弧度的秒值，$\rho=206265"$。

水准管分划值与圆弧半径成反比，半径愈大，分划值愈小，整平的精度愈高，气泡移动也愈灵活。所以一般把水准气泡移动至最高点的能力，称为水准器的灵敏度。另外灵敏度还与水准管内壁面的研磨质量、气泡长度、液体性质和温度有关。灵敏度愈高，使气泡居中也愈费时间。因此，仪器上的水准管灵敏度要与仪器的精度相匹配。S_3 型水准仪水准管分划值一般为 $20"$。

为了提高水准管气泡居中的精度，S_3 型水准仪在水准管上方安置一组符合棱镜，当气泡两端的半边影像经过三次反射后，其影像反映在望远镜的符合水准器的放大镜内，若气泡不居中，气泡两端半边影像错开，如图 2-8(a) 所示；当转动微倾螺旋使气泡两端半边的影像吻合时，气泡完全居中，如图 2-8(b) 所示。

2. 圆水准器

圆水准器是一个密封的顶面内壁磨成球面的玻璃圆盒，如图 2-9 所示。球面中央刻有小圆圈，圆圈中心为零点，零点与球心的连线为圆水准器轴。当气泡中心与圆水准器零点重合时，气泡居中，圆水准器轴处于铅垂位置。当圆水准器轴偏离零点 2mm 时，其轴线所倾斜的角值称为圆水准器分划值。一般为 $8'\sim10'$，因其灵敏度较低，整平精度较差，所以，圆水准器只能用于仪器的粗略整平。

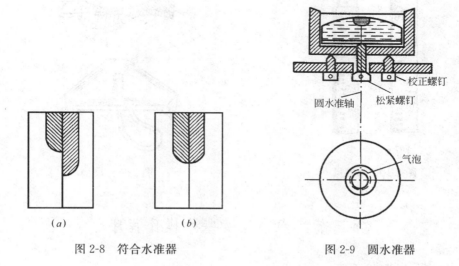

图 2-8　符合水准器　　　　图 2-9　圆水准器

（三）基座

基座起支撑仪器和连接仪器与三脚架的作用，由轴座、底板、三角压板及三

个脚螺旋组成。转动三个脚螺旋可使水准器气泡居中。

二、水准尺及附件

水准尺是与水准仪配合进行水准测量的重要工具。常用优质木材或玻璃钢、金属材料制成，水准尺有双面水准尺和塔尺两种，如图 2-10 所示。

双面水准尺的尺长一般为 3m，如图 2-10(a)所示，尺面每隔 1cm 涂以黑白或红白相间的分格，每分米处皆注有数字。尺子底面钉有铁片，以防磨损。涂黑白相间分格的一面称为黑面，另一面为红白相间，称为红面。在水准测量中，水准尺必须成对使用。每对双面水准尺的黑面底部的起始数均为零，而红面底部的起始数分别为 4687mm 和 4787mm。为使水准尺更精确的处于竖直位置，多数水准尺的侧面装有圆水准器。

塔尺长一般为 5m，如图 2-10(b)所示，分 3 节套接而成，可以伸缩，尺底从零起算，尺面分划值为 1cm 或 0.5cm。因塔尺连接处稳定性较差，仅适用于普通水准测量。

尺垫如图 2-11 所示，用生铁铸成，一般为三角形，中央有一突出的半圆球，水准尺立于半圆球上，下有三个尖脚可以插入土中，尺垫通常用于转点上，使用时应踩稳固。

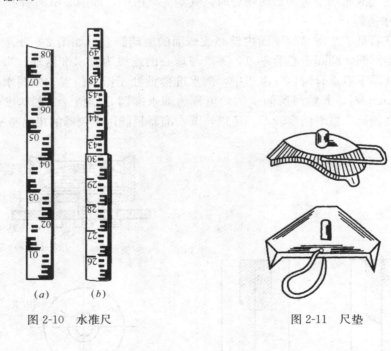

图 2-10 水准尺　　　　　　　图 2-11 尺垫

第三节　水准仪的基本操作程序

一、使用水准仪的方法

水准仪的基本操作程序包括：安置仪器、粗略整平、照准和调焦、精确整平和读数。现分述如下。

(一)安置水准仪

将水准仪架设在两个水准尺中间的程序：首先松开三脚架架腿的固定螺旋，伸缩三个架腿使其高度适中，目估脚架顶面大致水平，用脚踩实架腿，使脚架稳定、牢固，再拧紧固定螺旋。三脚架安置好后，从仪器箱中取出仪器，旋紧中心连接螺旋将仪器固定在架顶面上。

(二)粗略整平(粗平)

松开水平制动螺旋，转动仪器，将圆水准器的位置置于两个脚螺旋之间，当气泡中心偏离零点位于 m 处时，如图 2-12(a)所示，用两手同时相对(向内或向外)转动 1、2 两个脚螺旋(此时气泡移动方向与左手拇指移动方向相同)，使气泡沿 1、2 两螺旋连线的平行方向移至中间 n 处，如图 2-12(b)所示。然后转动第三个脚螺旋，使气泡居中，如图 2-12(c)所示。

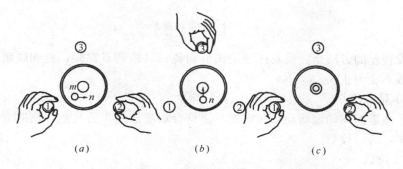

图 2-12 粗略整平的过程

(三)照准和调焦

(1)将望远镜对准明亮的背景，转动目镜调焦螺旋使十字丝成像清晰；

(2)转动望远镜，利用镜筒上的缺口和准星的连线，粗略瞄准水准尺，旋紧水平制动螺旋；

(3)转动物镜调焦螺旋，并从望远镜内观察至水准尺影像清晰，然后转动水平微动螺旋，使十字丝纵丝照准水准尺中央，如图 2-13 所示；

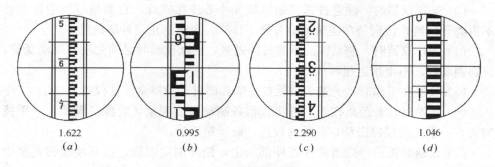

图 2-13 照准水准尺读数

(4)消除视差：当尺像与十字丝分划板平面不重合时，眼睛靠近目镜微微上下移动，发现十字丝和目镜影像有相对运动，这种现象称为视差，如图2-14(a)、(b)所示，图2-14(c)是没有视差的情况。视差会带来读数误差，所以观测中必须消除。

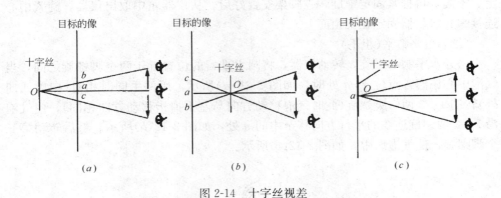

图 2-14 十字丝视差

消除视差的方法是：反复仔细地调节物镜、目镜调节螺旋，直到眼睛上下移动时读数不变为止。

（四）精确整平

右手缓慢而均匀地转动微倾螺旋，使符合水准器两半边气泡严密吻合，此时视线水平，可以读数。

（五）读数

当确认水准管气泡居中时，应立即读取中丝在水准尺上的读数，读数时，先默估出毫米数，再依次将米、分米、厘米、毫米四位数全部报出。如图2-13(b)所示，读数为0.995，读数后应检查气泡是否符合，若不符合再精确整平，重新读数。

二、注意事项

（1）搬运仪器前，须检查仪器箱是否扣好或锁好，提手和背带是否牢固；

（2）取出仪器时，应先看清仪器在箱内的安放位置，以便使用完毕照原样装箱，仪器取出后，应盖好仪器箱；

（3）安置仪器时，注意拧紧架腿螺旋和中心连接螺旋，在测量过程中作业员不得离开仪器，特别是在建筑工地等处工作时，更须防止意外事故发生；

（4）操作仪器时，制动螺旋不要拧的过紧，转动仪器时必须先松开制动螺旋，仪器制动后，不得用力扭转仪器；

（5）仪器在工作时，为避免仪器被暴晒和雨淋，应撑伞遮住仪器；

（6）迁站时，若距离较近，可将仪器各制动螺旋固紧，收拢三脚架，一手持脚架，一手托住仪器搬移，若距离较远，应装箱搬运；

（7）仪器装箱前，先清除仪器外部灰尘，松开制动螺旋，将其他螺旋旋至中部位置，按仪器在箱内的原安放位置装箱；

（8）仪器装箱后，应放在干燥通风处保存，注意防潮、防霉、防碰撞。

第四节 水准测量的方法

我国国家水准测量按精度要求不同分为一、二、三、四等，不属于国家规定等级的水准测量一般称为普通(或称等外)水准测量。普通水准测量的精度比国家等级水准测量低，水准路线的布设及水准点的密度可根据实际要求有较大的灵活性，等级水准测量和普通水准测量的作业原理相同。

一、水准点和水准路线

（一）水准点

用水准测量方法测定高程的控制点称为水准点，一般用 BM 表示。国家等级的水准点应按要求埋设永久性固定标志，不须永久保存的水准点，可在地面上打入木桩，或在坚硬岩石、建筑物上设置固定标志，并用红色油漆标注记号和编号。地面水准点应按一定规格埋设，在标石顶部设置有不易腐蚀的材料制成的半球状标志如图 2-15(a)所示；墙角水准点应按规格要求设置在永久性建筑物上如图 2-15(b)所示；水准点埋设后，为便于以后使用时查找，需绘制说明点位的平面图，称为点之记，图 2-15(c)所示为水准点 BM_1 点之记的示例。

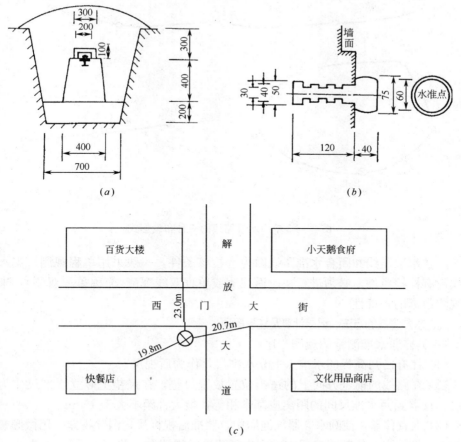

图 2-15 水准点标志及点之记

(二) 水准路线

水准路线是水准测量施测时所经过的路线。水准路线应尽量沿公路、大道等平坦地面布设，以保证测量精度。水准路线上两相邻水准点之间称为一个测段。

水准路线的布设形式分单一水准路线和水准网，单一水准路线有以下三种布设形式：

1. 附合水准路线

从一个已知高级水准点出发，沿路线上各待测高程的点进行水准测量，最后附合到另一个已知高级水准点上，这种水准路线称为附合水准路线。如图 2-16(a) 所示。

2. 闭合水准路线

从一个已知高级水准点出发，沿环线上各待测高程的点进行水准测量，最后仍返回到原已知高级水准点上，称为闭合水准路线。如图 2-16(b) 所示。

3. 支水准路线

从一个已知高级水准点出发，沿路线上各待测高程的点进行水准测量，既不附合到另一高级水准点上，也不自行闭合，称为支水准路线。如图 2-16(c) 所示。

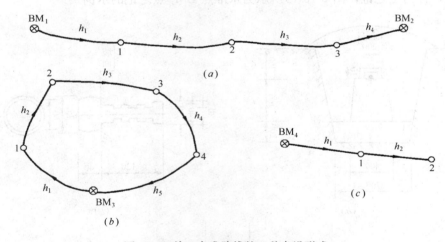

图 2-16 单一水准路线的三种布设形式

附合水准路线和闭合水准路线因为有检核条件，一般采用单程观测；支水准路线没有检核条件，必须进行往、返观测或单程双线观测（简称单程双测），来检核观测数据的正确性。

二、水准测量的方法、记录计算及注意事项

(一) 普通水准测量的观测程序

(1) 在有已知高程的水准点上立水准尺，作为后视尺；

(2) 在路线的前进方向上的适当位置放置尺垫，在尺垫上竖立水准尺作为前视尺。仪器到两水准尺间的距离应基本相等，最大视距不大于 150m；

(3) 安置仪器，使圆水准器气泡居中。照准后视标尺，消除视差，用微倾螺旋调节水准管气泡并使其精确居中，用中丝读取后视读数，并记入手簿（如表 2-1）；

水准测量记录手簿 表2-1

测自 BM_1 点至 BM_2 点　　天气：多云　　呈像：清晰　　日期：2002年10月18日
仪器号码：$NS_3 96566$　　观测者：赵 冰　　记录者：孙 晴

测站	测点	后视读数(m)	前视读数(m)	高差(m) +	高差(m) −	高程(m)	备注
1	BM_1	1.331		0.108		81.553	
	TP_1		1.223				
2	TP_1	1.621		0.086			
	TP_2		1.535				
3	TP_2	1.236			0.375		
	TP_3		1.611				
4	TP_3	1.129			0.288		
	BM_2		1.417			81.084	
Σ		5.317	5.786	0.194	0.663		
校核计算			$\Sigma a - \Sigma b = -0.469$		$\Sigma h = -0.469$		

（4）照准前视标尺，使水准管气泡居中，用中丝读取前视读数，并记入手簿；

（5）将仪器迁至第二站，此时，第一站的前视尺不动，变成第二站的后视尺，第一站的后视尺移至前面适当位置成为第二站的前视尺，按第一站相同的观测程序进行第二站测量；

（6）如此连续观测、记录，直至终点。

（二）注意事项

（1）在已知高程点和待测高程点上立尺时，应直接放在标石中心（或木桩）上；

（2）仪器到前、后水准尺的距离要大致相等，可用视距或脚步量测确定；

（3）水准尺要扶直，不能前后左右倾斜；

（4）尺垫仅用于转点，仪器迁站前，不能移动后视点的尺垫；

（5）不得涂改原始读数的记录，读错或记错的数据应划去，再将正确数据写在上方，并在相应的备注栏内注明原因，记录簿要干净、整齐。

三、水准测量成果计算

内业计算前，必须对外业手簿进行检查，检查无误方可进行成果计算。

（一）高差闭合差及其允许值的计算

（1）附合水准路线：附合水准路线是由一个已知高程的水准点测量到另一个已知高程的水准点，各段测得的高差总和 $\Sigma h_{测}$ 应等于两水准点的高程之差 $\Sigma h_{理}$。但由于测量误差的影响，使得实测高差总和与其理论值之间有一个差值，这个差值称为附合水准路线的高差闭合差。

$$f_h = \Sigma h_{测} - \Sigma h_{理}$$
$$= \Sigma h_{测} - (H_{终} - H_{始}) \tag{2-8}$$

式中　f_h——高差闭合差，m；

$\Sigma h_{测}$——实测高差总和，m；

$H_{终}$——路线终点已知高程，m；

$H_{始}$——路线起点已知高程，m。

(2) 闭合水准路线：由于路线起闭于同一水准点，因此，高差总和的理论值应等于零，但因测量误差的存在使得实测高差的总和往往不等于零，其值称为闭合水准路线的高差闭合差。

$$f_h = \Sigma h_{测} \qquad (2\text{-}9)$$

(3) 支水准路线：通过往返观测，得到往返高差的总和 $\Sigma h_{往}$ 和 $\Sigma h_{返}$，理论上应大小相等，符号相反，但由于测量误差的影响，两者之间产生一个差值，这个差值称为支水准路线的高差闭合差。

$$f_h = \Sigma h_{往} + \Sigma h_{返} \qquad (2\text{-}10)$$

闭合差产生的原因很多，但其数值必须在一定限值内。等外水准的高差闭合差的容许值规定为

$$\text{平地} \quad f_{h容} = \pm 40\sqrt{L} \quad (\text{mm}) \qquad (2\text{-}11)$$

$$\text{山地} \quad f_{h容} = \pm 12\sqrt{n} \quad (\text{mm}) \qquad (2\text{-}12)$$

式中 L——水准路线长度，km；

n——水准路线测站总数。

若高差闭合差小于容许值，则成果符合要求，否则应查明原因，重新观测。

(二) 高差闭合差的调整和高程计算

1. 高差闭合差的调整

当高差闭合差在容许值范围之内时，可进行闭合差调整。附合或闭合水准路线高差闭合差的分配原则是将闭合差按距离或测站数成正比例反号改正到各测段的观测高差上。高差改正数按式(2-13)或式(2-14)计算

$$V_i = -\frac{f_h}{\Sigma L} \times L_i \qquad (2\text{-}13)$$

或

$$V_i = -\frac{f_h}{\Sigma n} \times n_i \qquad (2\text{-}14)$$

式中 V_i——测段高差的改正数，m；

f_h——高差闭合差，m；

ΣL——水准路线总长度，m；

L_i——测段长度，m；

Σn——水准路线测站数总和；

n_i——测段测站数。

高差改正数的总和应与高差闭合差大小相等，符号相反，即

$$\Sigma V_i = -f_h \qquad (2\text{-}15)$$

用上式检核计算的正确性。

2. 计算改正后的高差

将各段高差观测值加上相应的高差改正数，求出各段改正后的高差，即

$$h_i = h_{测} + V_i \qquad (2\text{-}16)$$

对于支水准路线，当闭合差符合要求时，可按下式计算各段平均高差

$$h = \frac{h_{往} - h_{返}}{2} \tag{2-17}$$

式中　h——平均高差，m；

　　　$h_{往}$——往测高差，m；

　　　$h_{返}$——返测高差，m。

3. 计算各点高程

根据改正后的高差，由起点高程沿路线前进方向逐一推算出其他各点的高程。最后一个已知点的推算高程应等于该点的已知高程，由此检查计算是否正确。

（三）算例

如图 2-17 所示，有一附合水准路线，$Ⅳ_1$ 和 $Ⅳ_2$ 为已知水准点。采用普通水准测量测定 BM_1、BM_2、BM_3 三个水准点的高程，各水准点间的测站数及高差均注明在图 2-17 中。

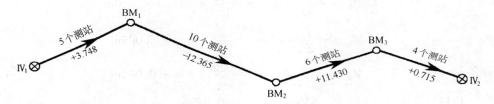

图 2-17　附合水准路线简图

高差闭合差的调整及高差计算见表 2-2。

附合水准线高差调整与高差计算表　　　　表 2-2

点号	测站数（个）	测得高差（m）	高差改正数（m）	改正后高差（m）	高程（m）	备注
$Ⅳ_1$					21.453（已知）	
	5	+3.748	+0.005	+3.753		
BM_1					25.206	
	10	−12.365	+0.010	−12.355		
BM_2					12.851	
	6	+11.430	+0.006	+11.436		
BM_3					24.287	
	4	+0.715	+0.004	+0.719		
$Ⅳ_2$					25.006（已知）	
Σ	25	+3.528	+0.025	+3.553		
辅助计算	$f_h = -25$mm　　Σn = 25　　$-f_h/Σn$ = 1mm $f_{h容} = ±12\sqrt{25}$mm = ±60mm					

1. 已知数据和观测数据的填写

在表 2-2 中，先将点号 $Ⅳ_1$、BM_1、BM_2、BM_3、$Ⅳ_2$ 按顺序由上至下填入第一列点号一栏中，再将起始点高程 21.453 填入第六列高程一栏中，然后将测站数和测得高差分别填入相应的栏中。

2. 高差闭合差的计算

由高差闭合差计算公式(2-8)得

$$f_h = \Sigma h_{测} - (H_{终} - H_{始})$$
$$= 3.528 - (25.006 - 21.453) = -0.025\text{m}$$

按式(2-12)计算高差闭合差的容许值

$$f_{h容} = \pm 12\sqrt{25} = \pm 60\text{mm}$$

$|f_h| < |f_{h容}|$，符合图根水准测量的技术要求，闭合差可以进行分配。

3. 闭合差的调整

闭合差的调整和分配的原则是将闭合差按距离或测站数成正比例反号改正到各测段的观测高差上，得改正后的高差。

本例是按测站数进行分配，各测段改正数为

$$V_1 = -\frac{f_h}{\Sigma n} \cdot n_1 = -\frac{-25}{25} \times 5 = +0.005\text{m}$$

$$V_2 = -\frac{f_h}{\Sigma n} \cdot n_2 = -\frac{-25}{25} \times 10 = +0.010\text{m}$$

$$V_3 = -\frac{f_h}{\Sigma n} \cdot n_3 = -\frac{-25}{25} \times 6 = +0.006\text{m}$$

$$V_4 = -\frac{f_h}{\Sigma n} \cdot n_4 = -\frac{-25}{25} \times 4 = +0.004\text{m}$$

检核　　　　　　　$\Sigma V = -f_h = +0.025\text{m}$

将各测段改正数分别写入高差改正数一栏内。

各测段改正后的高差为

$$h_1 = h_{1测} + V_1 = +3.748 + 0.005 = +3.753\text{m}$$
$$h_2 = h_{2测} + V_2 = -12.365 + 0.010 = -12.355\text{m}$$
$$h_3 = h_{3测} + V_3 = +11.430 + 0.006 = +11.436\text{m}$$
$$h_4 = h_{4测} + V_4 = +0.715 + 0.004 = +0.719\text{m}$$

检核　　　　　　　$\Sigma h = H_{终} - H_{始} = +3.553\text{m}$

4. 高程的计算

用每段改正后的高差，由已知水准点IV_1开始，逐点算出各点高程，即

$$H_{BM_1} = H_{IV_1} + h_1 = 21.453 + 3.753 = 25.206\text{m}$$
$$H_{BM_2} = H_{BM_1} + h_2 = 25.206 - 12.355 = 12.851\text{m}$$
$$H_{BM_3} = H_{BM_2} + h_3 = 120851 + 11.436 = 24.287\text{m}$$
$$H_{IV_2算} = H_{BM_3} + h_4 = 240287 + 0.719 = 25.006\text{m}$$

最后算得的IV_2点的高程应与IV_2点的已知高程相等，否则说明高程计算有误。

第五节　水准仪的检验与校正

一、水准仪应满足的几何条件

水准仪有四条主要轴线，如图2-18所示，水准管轴(LL)、望远镜的视准轴

(CC)、圆水准器轴（L_0L_0）和仪器的竖轴（VV）。

（一）水准仪应满足的主要条件

水准仪应满足两个主要条件：一是水准管轴应与望远镜的视准轴平行；二是望远镜的视准轴不因调焦而变动位置。

第一个主要条件如不满足，那么水准管气泡居中后，水准管轴已经水平而视准轴却未水平，不符合水准测量的基本原理。

第二个主要条件是为满足第一个条件而提出的。如果望远镜在调焦时视准轴位置发生变动，就不能设想在不同位置的许多条视线都能够与一条固定不变的水准管轴平行。望远镜调焦在水准测量中是不可避免的，因此必须提出此项要求。

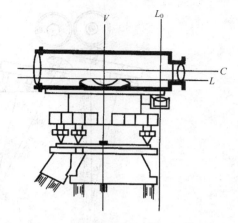

图 2-18 水准仪的主要轴线关系

（二）水准仪应满足的次要条件

水准仪应满足两个次要条件：一是圆水准器轴应与水准仪的竖轴平行；二是十字丝的横丝应垂直于仪器的竖轴。

第一个次要条件的满足在于能迅速地整置好仪器，提高作业速度；也就是当圆水准器的气泡居中时，仪器的竖轴已基本处于竖直状态，使仪器旋转至任何位置都易于使水准管的气泡居中。

第二个次要条件的满足是当仪器竖轴已经竖直，在读取水准尺上的读数时就不必严格用十字丝的交点，用交点附近的横丝读数也可以。

水准仪在出厂时经过检验已满足上述条件，但由于运输中的震动和长期使用，各轴线的关系有可能发生变化，因此在作业之前，必须对仪器进行检验校正。

二、水准仪的检验与校正

（一）圆水准器的检验与校正

(1) 检验目的：使圆水准器轴平行于仪器竖轴。

(2) 检验原理：假设竖轴 VV 与圆水准器轴 L_0L_0 不平行，那么当气泡居中时，圆水准器轴竖直，竖轴则偏离竖直位置 α 角，如图 2-19(a)所示。将仪器旋转 180°，如图 2-19(b)所示，此时圆水准器轴从竖轴右侧移至左侧，与铅垂线的夹角为 2α。圆水准器气泡偏离中心位置，气泡偏离的弧长所对的圆心角等于 2α。

(3) 检验方法：转动脚螺旋使圆水准器气泡居中，然后将仪器旋转 180°，若气泡仍居中，说明此项条件满足；若气泡偏离中心位置说明此条件不满足，需要校正。

(4) 校正方法：如图 2-20 所示，用校正针拨动圆水准器下面的三个校正螺钉，使气泡退回偏离中心距离的一半，此时圆水准器轴与竖轴平行，如图 2-19(c)所示；再旋转脚螺旋使气泡居中，此时竖轴处于竖直位置，如图 2-19(d)所示。此项工作须反复进行，直到仪器旋转至任何位置圆水准器气泡皆居中为止。

（二）十字丝横丝的检验校正

(1) 检验目的：使十字丝横丝垂直于仪器竖轴。

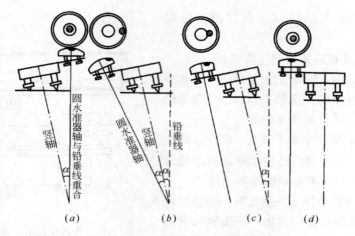

图 2-19 圆水准器的检验与校正原理

(2) 检验原理：如果十字丝横丝不垂直于仪器竖轴，当竖轴处于竖直位置时，十字丝横丝是不水平的，横丝的不同部位在水准尺上的读数不相同。

(3) 检验方法：仪器整平后，从望远镜视场内选择一清晰目标点，用十字丝交点照准目标点，拧紧制动螺旋。转动水平微动螺旋，若目标点始终沿横丝

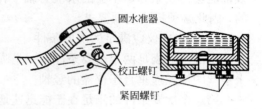

图 2-20 圆水准器
下面的三个校正螺钉和紧固螺钉

作相对移动，如图 2-21 中的(a)、(b)所示，说明十字丝横丝垂直于竖轴；如果目标偏离开横丝，如图 2-21 中的(c)、(d)所示，则表明十字丝横丝不垂直于竖轴，需要校正。

(4) 校正方法：松开目镜座上的三个十字丝环固定螺钉(有的仪器须卸下十字丝环护罩)，松开四个十字丝环压环螺钉，如图 2-22 所示。转动十字丝环，使横

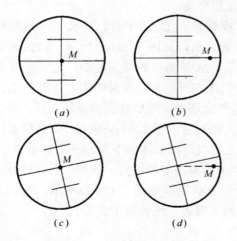

图 2-21 十字丝横丝的检验

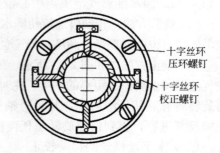

图 2-22 十字丝的校正装置

丝与目标点重合，再进行检验，直至目标点始终在横丝上相对移动为止，最后拧紧固定螺钉，盖好护罩。

（三）水准管轴的检验与校正

（1）检验目的：使水准管轴平行于视准轴。

（2）检验原理：若水准管轴与视准轴不平行，会出现一个交角i，由于i角的影响产生的读数误差称为i角误差，此项检验也称i角检验。在地面上选定两点A、B，将仪器安置在A、B两点中间，测出正确高差h，然后将仪器移至A点（或B点）附近，再测高差h'，若$h=h'$，则水准管轴平行于视准轴，即i角为零，若$h \neq h'$，则两轴不平行。

（3）检验方法：在一平坦地面上选择相距80～100m的两点A、B，分别在A、B两点打入木桩，在木桩上竖立水准尺，将水准仪安置在A、B两点的中间，使前、后视距离相等，如图2-23(a)所示，精确整平仪器后，依次照准A、B两点上的水准尺并读数，设读数分别为a和b，因前、后视距离相等，所以i角对前、后视读数的影响相等均为x，A、B两点的高差为

$$h_1 = (a_1 - x) - (b_1 - x) = a_1 - b_1$$

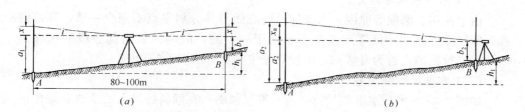

图2-23 水准管轴的检验

因抵消了i角误差的影响，所以由a_1、b_1算出的高差是正确高差。

将仪器移至离B点约3m处，如图2-23(b)所示。精确整平仪器后，读取B尺读数b_2，由于仪器离B点很近，i角对b_2的影响很小，可认为b_2是正确读数。根据正确高差可求出A尺的正确读数为$a_2' = h_1 + b_2$；设A尺的实际读数为a_2，若$a_2' = a_2$，说明满足条件。当$a_2 > a_2'$时，说明视准轴向上倾斜；$a_2 < a_2'$，则视准轴向下倾斜。若$a_2' - a_2 > \pm 3mm$时，需要校正。

（4）校正方法：如图2-24所示，转动微倾螺旋，使十字丝的横丝切于A尺的正确读数a_2'处，此时视准轴水平，但水准管气泡偏离中心。用校正针先松开水准管的左右校正螺钉，然后拨动上下校正螺钉，一松一紧，升降水准管的一端，使气泡居中。此项检验需反复进行，符合要求后，将校正螺钉旋紧。

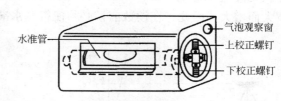

图2-24 水准管的校正

当i角误差不大时，也可用升降十字丝进行校正，方法是：水准仪照准A尺不动，旋下十字丝护罩，松动左右两个十字丝环校正螺钉（图2-22所示），用校正针拨

动上下两个十字丝环校正螺钉，一松一紧，直至十字丝横丝照准正确读数 a_2' 为止。

第六节　水准测量误差来源及其影响

水准测量误差的来源主要有仪器本身误差、观测误差及外界条件影响产生的误差等三个方面。为了提高水准测量的精度，必须分析和研究误差的来源及其影响规律，找出消除或减弱这些误差影响的措施。

一、仪器误差

仪器误差的主要来源是望远镜的视准轴与水准管轴不平行而产生的 i 角误差。水准仪虽经检验校正，但不可能彻底消除 i 角，要消除 i 角对高差的影响必须在观测时使仪器至前、后视水准尺的距离相等。

二、水准标尺的误差

由于标尺本身的原因和使用不当所引起的读数误差称为标尺误差。水准标尺本身的误差包括：分划误差、尺面弯曲误差、尺长误差等，在使用前必须对水准尺进行检验，符合要求方可使用。

（一）水准标尺零点差

由于使用、磨损等原因，水准标尺的底面与其分划零点不完全一致，其差值称为标尺零点差。标尺零点差的影响对于一个测段的测站数为偶数段的水准路线，可自行抵消；若为奇数站，所测高差中将含有该误差的影响。

（二）水准尺倾斜误差

如图 2-25 所示，水准测量时，若水准尺倾斜，在倾斜标尺上的读数总是比正确的标尺读数大。为减少水准尺竖立不直产生的读数误差，可使用安装有圆水准器的水准尺，并注意在测量工作中认真扶尺，使标尺竖直。

三、整平误差

水准测量是利用水平视线测定高差的，如果仪器没有精确整平，则倾斜的视线将使标尺读数产生误差。

$$\Delta = \frac{i}{\rho} \times D \tag{2-18}$$

由图 2-26 知，设水准管的分划值为 $20''$，如果气泡偏离半格（即 $i=10''$），则当距离为 50m 时，$\Delta=2.4$mm；当距离为 100m 时，$\Delta=4.8$mm；误差随距离的增大而增大。因此，在读数前，必须使符合水准气泡精确吻合。

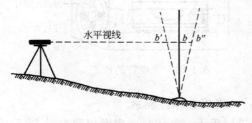

图 2-25　标尺倾斜对读数的影响

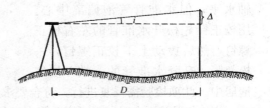

图 2-26　整平误差对读数的影响

四、读数误差的影响

读数误差产生的原因有两个：一是视差；二是估读毫米数不准确。

（1）前已讲述，当尺像与十字丝分划板平面不重合时，眼睛靠近目镜微微上下移动，发现十字丝和目镜影像有相对运动，这种现象称为视差；视差可通过重新调节目镜和物镜调焦螺旋加以消除。

（2）估读误差与望远镜的放大率和视距长度有关，因此各级水准测量所用仪器的望远镜放大率和最大视距都有相应规定，普通水准测量中，要求望远镜放大率在 20 倍以上，视线长不超过 150m。

五、仪器和标尺升沉误差

如图 2-27 所示，在水准测量时，由于仪器、水准尺的重量和土的弹性会使仪器及水准尺下沉或上升，将使读数减小或增大引起观测误差。

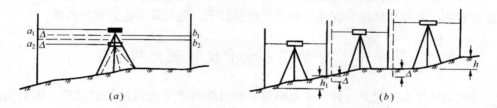

图 2-27 仪器和标尺升沉误差的影响
（a）仪器下沉；（b）尺子下沉

（一）仪器下沉（或上升）所引起的误差

仪器下沉（或上升）的速度与时间成正比，如图 2-27(a) 所示，从读取后视读数 a 到读取前视读数 b 时，仪器下沉了 Δ，则有

$$h_1 = a_1 - (b_1 + \Delta)$$

为了减弱此项误差的影响，可在同一测站进行第二次观测，而且第二次观测应先读前视读数 b_2，再读后视读数 a_2。则

$$h_2 = (a_2 + \Delta) - b_2$$

取两次高差的平均值，即

$$h = \frac{h_1 + h_2}{2} = \frac{(a_1 - b_1) + (a_2 - b_2)}{2}$$

可消除仪器下沉对高差的影响。一般称上述操作为"后、前、前、后"的观测程序。

（二）尺子下沉（或上升）引起的误差

如图 2-27(b) 所示，如果往测与返测尺子下沉量是相同的，则由于误差符号相同，而往测与返测高差符号相反，因此，取往测和返测高差的平均值可消除其影响。

六、大气折光的影响

如图 2-28 所示，因大气层密度不同，对光线产生折射，使视线产生弯曲，从而使水准测量产生误差。视线离地面愈近，视线愈长，大气折光影响愈大。为消减大气折光的影响,只能采取缩短视线,并使视线离地面有一定的高度及前、后视的距离相等的方法。

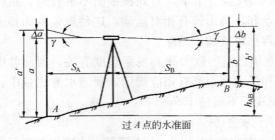

图 2-28　大气折光对高差的影响

实际工作中往往遇到的是以上各项误差的综合性影响。只要在作业中按规范要求施测,在操作熟练和提高观测速度的前提下,完全能够达到施测精度。

第七节　自动安平水准仪和激光扫平仪

自动安平水准仪是一种只需概略整平即可获得水平视线读数的仪器,即利用水准仪上的圆水准器将仪器概略整平时,由于仪器内部自动安平机构(自动安平补偿器)的作用,十字丝交点上读得的读数始终为视线严格水平时的读数。这种仪器操作迅速简便,测量精度高,深受测量人员欢迎。近几年来,国产 S_3 级自动安平水准仪已广泛应用于建筑工程测量作业中。本节简要介绍仪器的自动安平原理、国产 DZS3-1 型自动安平水准仪的结构特点和使用方法。

一、自动安平原理

如图 2-29 所示,若视准轴倾斜了 α 角,为使经过物镜光心的水平光线仍能通过十字丝交点 A,可采用两种方法:

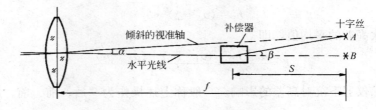

图 2-29　自动安平原理

(1) 在望远镜的光路中设置一个补偿器装置,使光线偏转一个 β 角而通过十字丝交点 A;

(2) 若能使十字丝交点移至 B,也可使视准轴处于水平位置而实现自动安平。

二、DZS3-1 型自动安平水准仪

我国北京光学仪器厂生产的 DZS3-1 型自动安平水准仪具有如下特点:

(1) 采用轴承吊挂补偿棱镜的自动安平机构,为平移光线式自动补偿器;

（2）设有自动安平警告指示器，可以迅速判别自动安平机构是否处于正常工作范围，提高了测量的可靠性；

（3）采用空气阻尼器，可使补偿元件迅速稳定；

（4）采用正像望远镜，观测方便；

（5）设置有水平度盘，可方便地粗略确定方位。

仪器望远镜光路如图 2-30 所示。光线通过物镜、调焦透镜、补偿棱镜及底棱镜后，首先成像在警告指示板上，然后，指示板上的目标影像连同红绿颜色膜一起经转像物镜，第二次成像在十字丝分划板上，再通过目镜进行放大观察。

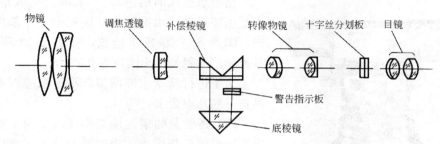

图 2-30　DZS3-1 型自动安平水准仪望远镜光路

工作中，在测站上用脚螺旋使圆水准器气泡居中，即可瞄准水准尺进行读数。读数时应注意先观察自动报警窗的颜色，若全窗是绿色，则可读数，若窗的任一端出现红色，则说明仪器的倾斜量超出了安平范围，应重新整平仪器后再读数。

三、激光扫平仪

激光扫平仪是一种新型的平面定位仪器。它采用金属吊丝补偿器，使仪器具有自动安平功能，即使处于震动干扰下，也能保持作业精度，不需人员监视、维护。这种仪器采用激光二极管作为激光光源，出射光为可见红光。在室内作业时，激光平面与墙壁相交，可以得到显眼的扫描光迹，从而形成一个可见的激光水平面，使测量更为直观、简便。

图 2-31 是我国生产的 SJZ1 型自动安平激光扫平仪。安平精度为 $\pm 1''$，采用 635nm 激光二极管作为激光光源，出射光为可见红光，测量半径为 150m。在室内作业时，激光平面与墙壁相交，可以得到显眼的扫描光迹，使测量更为直观、简便。可将扫描速度设为 0、400r/min、600r/min 三种，通过旋转仪器底部的手轮，可使激光指向任意方向或连续扫描出可见的激光水平面。若用专用标尺，还可在扫描范围内测出任意点的标高。该仪器设有补偿器自动报警装置，当仪器倾斜超出补偿器工作范围（$\pm 8'$）内时，激光停止扫描，补偿器报警灯闪亮，当调整仪器至补偿器工作范围内时，仪器自动恢复工作。设有低压报警装置，

图 2-31　SJZ1 型自动安平激光扫平仪

当电源电压低于正常值时，低压报警灯闪亮。仪器有手动和遥控两种操作方式，在作业中，不需人员监视和维护。

第八节　精密水准仪及电子水准仪简介

一、精密水准仪

精密水准仪主要应用于国家一、二等水准测量和高精度的工程测量中，如建筑物的变形观测、大型建筑物的施工及大型设备的安装等测量工作。

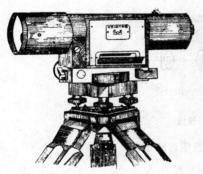

图 2-32　国产 S_1 型精密水准仪

精密水准仪的构造与 S_3 水准仪基本相同，也是由望远镜、水准器和基座三个主要部件组成，国产 S_1 型精密水准仪，如图 2-32 所示，其光学测微器的最小读数为 0.05mm。

为了进行精密水准测量，精密水准仪必须具备下列几点要求：

（1）高质量的望远镜光学系统：为了获得水准标尺的清晰影像，望远镜的放大倍率应大于 40 倍，物镜的孔径应大于 50mm；

（2）高灵敏的管水准器：精密水准仪的管水准器的格值为 10/2mm；

（3）高精度的测微器装置：精密水准仪必须有光学测微器装置，以测定小于水准标尺最小分划线间格值的尾数，光学测微器可直读 0.1mm，估读到 0.01mm；

（4）坚固稳定的仪器结构：为了相对稳定视准轴与水准轴之间的关系，精密水准仪的主要构件均采用特殊的合金钢制成；

（5）高性能的补偿器装置。

图 2-33 为与国产 S_1 精密水准仪配套使用的精密水准标尺，标尺全长为 3m，在木质尺身中间的槽内，装有膨胀系数极小的因瓦合金带，带的下端固定，上端用弹簧拉紧，以保证因瓦合金带的长度不受木质尺身伸缩变形的影响。在因瓦合金带上漆有左右两排分划，每排的最小分划值均为 10mm，彼此错开 5mm，把两排分划合在一起便成为左、右交替形式的分划，其分划值为 5mm。水准标尺分划的数字是注记在因瓦合金带两旁的木质尺身上，右边从 0~5 注记米数，左边注记分米数，大三角形标志对准分米分划线，小三角形标志对准 5cm 分划线。注记的数值为实际长度的 2 倍，故用此水准标尺进行测量作业时，须将观测高差除以 2 才是实际高差。

精密水准仪的光学测微器是由平行玻璃板、测微尺、传动机构和测微读数系统组成。平行玻璃板装在物镜前，通过传动机构与测微尺相连，而测微尺的读数指标线刻在一块固定的棱镜上。传动机构由测微轮控制，转动测微轮，带有齿条的传动杆推动平行玻璃板绕其轴

图 2-33　精密水准标尺

前、后倾斜，测微尺也随之移动。当平行玻璃板竖直时，水平视线不产生平移，倾斜时，视线则上下平行移动，其有效移动范围为 5mm（尺上注记为 10mm，实际为 5mm），在测微尺上为量取 5mm 而刻有 100 格，因此，测微器的最小分划值为 0.05mm。精密水准仪的使用方法与 S_3 水准仪基本相同，不同之处是精密水准仪是采用光学测微器读数。作业时，先转动微倾螺旋，使望远镜视场左侧的符合水准管气泡两端的影像精确符合，如图 2-34 所示，这时视线水平。再转动测微轮，使十字丝上楔形丝精确夹住整分划，读取该分划读数，图 2-34 为 1.97m，再从目镜右下方的测微尺读数窗内读取测微尺读数，图中为 1.50mm。水准尺的全读数等于楔形丝所夹分划线的读数与测微尺之和，即 1.97150m，实际读数为全读数的一半，即 0.98575m。

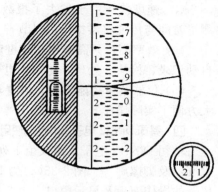

图 2-34 水准尺读数

二、电子水准仪的基本原理

电子水准仪又称数字水准仪，它是在自动安平水准仪的基础上发展起来的。它采用条码标尺，因各厂家标尺编码的条码图案不相同，不能互换使用。目前照准标尺和调焦仍需人工目视进行。人工完成照准和调焦之后，标尺条码一方面被成像在望远镜分划板上，供目镜观测；另一方面通过望远镜的分光镜，标尺条码又被成像在光电传感器（又称探测器）上，即线阵 CCD 器件上，供电子读数。因此，如果使用传统水准标尺，电子水准仪又可以像普通自动安平水准仪一样使用。但这时的测量精度低于电子测量的精度。特别是精密电子水准仪，由于没有光学测微器，当成普通自动安平水准仪使用时，其精度更低。

当前电子水准仪采用了原理上相差较大的三种自动电子读数方法：

(1) 几何法（蔡司 DiNi12/12T/22）；

(2) 相关法（徕卡 NA3002/3003）；

(3) 相位法（拓普康 DL-101C/102C）。

电子水准仪的三种测量原理各有奥妙，三类仪器都经受了各种检验和实际测量的考验，能胜任精密水准测量作业。

三、电子水准仪的特点

电子水准仪是以自动安平水准仪为基础，在望远镜光路中增加了分光镜和探测器（CCD），并采用条码标尺和图像处理电子系统而构成的光电测量一体化的高科技产品。采用普通标尺时，又可像一般自动安平水准仪一样使用。它与传统仪器相比有以下特点：

(1) 读数客观：不存在误读、误记问题，没有人为读数误差。

(2) 精度高：视线高和视距读数都是采用大量条码分划图像经处理后取平均得出来的。因此削弱了标尺分划误差的影响。多数仪器都有进行多次读数取平均的功能，可以削弱外界条件影响。不熟练的作业人员也能进行高精度测量。

(3) 速度快：由于省去了报数、听记、现场计算以及人为出错的重测数量，测量时间与传统仪器相比可以节省 1/3 左右。

(4) 效率高：只需调焦和按键就可以自动读数，减轻了劳动强度。视距还能自动记录、检核、处理并能输入电子计算机进行后处理。可实现内外业一体化。

(5) 仪器菜单功能丰富，内置功能强、操作界面友好，有各种信息提示，大大方便了实际操作。

四、蔡司 DiNi12 电子水准仪的使用

蔡司 DiNi12 电子水准仪由下列几部分组成：望远镜、补偿器、光敏二极管、水准器及脚螺旋等。图 2-35(a) 为 DiNi12 电子水准仪的外观图，图 2-35(b) 为该仪器的操作面板及显示窗口，表 2-3 为 DiNi12 电子水准仪的主要技术参数。

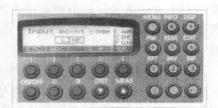

22键方便输入，菜单对话式操作，符合人体功能学的键盘

(a) (b)

图 2-35　DiNi12 电子水准仪的外观和操作面板

DiNi12 电子水准仪的主要技术参数　　　　表 2-3

项目	内容	项目	内容
仪器精度	双向水准测量每千米标准差 电子测量： 　因瓦精密编码尺　0.3mm 　折叠编码尺　　　1.0mm 光学水准测量：　　1.5mm （折叠尺，米制）	测量范围	电子测量： 　因瓦精密编码尺　1.5～100m 　折叠编码尺　　　1.5～100m 光学水准测量：　　从 1.3m 起 （折叠尺，米制）
测距精度	视距为 20m 的电子测距： 　因瓦精密编码尺　20mm 　折叠编码尺　　　25mm 光学水准测量 0.2m （折叠尺，米制）	最小显示单位	测高 0.01mm 测距 1.0mm
		补偿器	偏移范围±1.5′ 设置精度±0.2″

(一) 测量准备

1. 安置仪器

(1) 松开脚架的三个制动螺旋，展开架腿，将脚架升至合适高度(仪器安放后望远镜大致与眼睛平齐)并使架头基本水平，旋紧三个制动螺旋并将脚架踩入地

面使之稳定；

(2) 将仪器箱打开，把仪器安放在三脚架上，旋紧基座下面的连接螺旋；

(3) 调节脚螺旋使圆水准气泡居中；

(4) 在明亮背景下对望远镜进行目镜调焦，使十字丝清晰。

2. 照准目标

(1) 用手转动望远镜大致照准水准尺（注：该仪器为阻尼制动，无制动螺旋），用瞄准器进行粗瞄；

(2) 调节对光螺旋（俗称调焦）使尺像清晰，用水平微动螺旋使十字丝精确对准条码尺的中央；

(3) 消除十字丝视差。

3. 开机

(1) 开机前必须确认电池已充好电，仪器应和周围环境温度相适应；

(2) 用 ON/OFF 键启动仪器，在简短的显示程序说明和公司简介后，仪器进入工作状态。这时可根据选项设置测量模式；

(3) 选项有 3 种：单次测量、路线水准测量、校正测量；

(4) 测量模式有 8 种：后前、后前前后、后前后前、后后前前、后前（奇偶站交替）、后前前后（奇偶站交替）、后前后前（奇偶站交替）、后后前前（奇偶站交替），可选用适当的测量模式进行；

(5) 可直接输入点号、点名、线名、线号以及代号信息；

(6) 可直接设定正/倒尺模式。

(二) 测量过程

设置完成后，即可按照测量程序进行。

思 考 题 与 习 题

1. 简述望远镜的主要部件及各部件的作用。
2. 转点在水准测量中起什么作用？
3. 什么叫视差？产生视差的原因是什么？怎样消除视差？
4. 圆水准器和管水准器在水准测量中各起什么作用？
5. 水准测量时，前、后视距离相等可消除哪些误差？
6. S_3 水准仪有哪些轴线？它们之间应满足什么条件？什么是主要条件？为什么？
7. 什么是水准器的灵敏度？
8. 使用水准仪应注意哪些事项？
9. 单一水准路线的布设形式有哪几种？其检核条件是什么？
10. 电子水准仪采用了哪几种自动电子读数方法？
11. 电子水准仪有哪些特点？
12. 设 A 点为后视点，B 点为前视点，A 点高程为 72.338m。当后视读数为 1.667m，前视读数为 1.215m 时，求 A、B 两点的高差，并绘图说明。
13. 将图 2-36 中的水准测量观测数据填入记录手簿（表 2-4），计算出各点的高差及 B 点的高程，并检核。
14. 图 2-37 为附合水准路线的简图及观测成果。试在表 2-5 中完成水准测量成果计算。

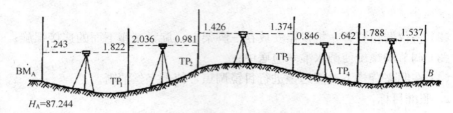

图 2-36 附合水准测量

水准测量记录手簿　　　　　　　　　表 2-4

测站	测点	后视读数 (m)	前视读数 (m)	高差(m) +	高差(m) −	高程 (m)	备注
Ⅰ	BM_A						
	TP_1						
Ⅱ	TP_1						
	TP_2						
Ⅲ	TP_2						
	TP_3						
Ⅳ	TP_3						
	TP_4						
Ⅴ	TP_4						
	B						
Σ							
校核计算		$\Sigma a - \Sigma b =$			$\Sigma h =$		

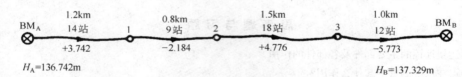

图 2-37 附合水准路线

水准测量成果计算表　　　　　　　　　表 2-5

点号	测站数 (个)	测得高差 (m)	高差改正数 (m)	改正后高差 (m)	高程 (m)	备注
Σ						
辅助计算						

15. 设 A、B 两点相距为 80m，水准仪安置在 A、B 两点中间，测得 A、B 两点的高差 $h_{AB}=+0.224$m。仪器搬至 B 点附近，读取 B 尺读数 $b=1.446$m，A 尺读数 $a=1.695$m。试问水准管轴是否平行于视准轴？为什么？若不平行，应如何校正？

第三章 角度测量

【学习重点】
- 了解经纬仪的精度分级和仪器精度的概念。
- 理解水平角、竖直角的测量原理,读数和置数方法,照准目标的位置,观测限差要求,水平角观测的误差来源和消减的措施。
- 掌握DJ6型经纬仪对中、整平的方法,测回法和竖直角的观测、记录和计算。经纬仪的检验和校正。

第一节 角度测量的基本概念

角度测量是测量的三项基本工作之一,其目的是为了确定地面点的位置,它包括水平角测量和竖直角测量。水平角测量用于确定地面点的平面位置,竖直角测量用于间接测定地面点的高程。既能测量水平角又能测量竖直角的仪器就是经纬仪。其测角原理如下。

一、水平角的测量原理

从一点到两目标的方向线垂直投影在水平面上所成的角称为水平角。如图 3-1 所示,A、B、C 是三个高度不同的地面点,B_1A_1、B_1C_1 为空间直线 BA、BC 在水平面上的投影,B_1A_1 与 B_1C_1 的夹角 β 即为地面点 B 上由 BA、BC 两方向线构成的水平角。

为了测定水平角 β,可以设想在过角顶 B 点上方安置一个水平的带有顺时针刻划、注记的圆盘,即水平度盘,并使其圆心 O 在过 B 点的铅垂线上,直线 BC、BA 在水平度盘上的投影为 Om、On;这时,若能读出 Om、On 在水平度盘上的读数 m 和 n,水平角 β 就等于 m 减 n,用公式表示为

$$\beta = 右目标读数 \ m - 左目标读数 \ n$$

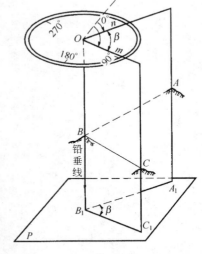

图 3-1 水平角的测量原理

由此可知,用于测量水平角的仪器,必须有一个能安置水平、且能使其中心处于过测站点铅垂线上的水平度盘;必须有一套能精确读取度盘读数的读数装置;还必须有一套不仅能上下转动成竖直面,还能绕铅垂线水平转动的照准设备——望远镜,以便精确照准方向、高度、远近不同的目标。

二、竖直角的测量原理

竖直角就是测站点到目标点的视线与水平线间的夹角。用 α 表示。如图 3-2

所示，视线 AB 与水平线 AB' 的夹角 α，为 AB 方向线的竖直角。其角值从水平线算起，向上为正，称为仰角；向下为负，称为俯角，范围为 $0°\sim\pm90°$。

视线与测站点天顶方向之间的夹角称为天顶距。图 3-2 中以 Z 表示，其数值为 $0°\sim180°$，均为正值。它与竖直角有如下关系

$$\alpha=90°-Z$$

为了观测天顶距或竖直角，经纬仪上必须装置一个带有刻划注记的竖直圆盘，即竖直度盘，该度盘中心在望远镜旋转轴上，并随望远镜一起上下转动；竖直度盘的读数指标线与竖盘指标水准管相连，当该水准管气泡居中时，指标线处于某一固定位置。显然，照准轴水平时的度盘读数与照准目标时度盘读数之差，即为所求的竖直角 α。

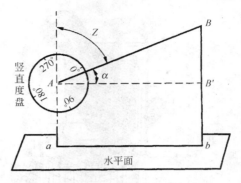

图 3-2 竖直角的测量原理

光学经纬仪就是根据上述原理而设计制造的一种测角仪器。

第二节 DJ$_6$ 型光学经纬仪

经纬仪的种类很多，但基本结构大致相同。目前，我国把经纬仪按精度不同分为 DJ$_{07}$、DJ$_1$、DJ$_2$ 和 DJ$_6$ 等几个等级，D、J 分别是"大地测量"和"经纬仪"汉语拼音的第一个字母，数字 07、1、2、6 等表示该类仪器的精度等级，以秒为单位。例如 DJ$_6$ 型光学经纬仪，则表示该型号仪器检定时水平方向观测一测回的中误差小于 $\pm6''$。若按测量方式来划分，则有方向经纬仪和复测经纬仪（复测经纬仪已很少用）；按度盘的性质划分，有金属度盘经纬仪、光学度盘经纬仪、自动记录的编码度盘经纬仪（电子经纬仪）及测角、测距、记录于一体的仪器（全站仪）等。

DJ$_6$ 型光学经纬仪是工程测量中最常用的一种测角仪器，由于生产厂家不同，仪器结构和部件也不尽相同。按照读数装置不同可分为两类：一类是测微尺读数装置；另一类是单平板玻璃测微器读数装置。

一、测微尺读数装置的光学经纬仪

国产 DJ$_6$ 型光学经纬仪由照准部、水平度盘和基座三大部分组成。它的外型及各部件名称和仪器主要部分的分装图如图 3-3、图 3-4 所示。

（一）基本构造

1. 照准部

照准部是光学经纬仪的重要组成部分，主要由望远镜、照准部水准管、竖直度盘（或简称竖盘）、光学对中器、读数显微镜及竖轴等各部分组成。照准部可绕竖轴在水平面内转动，它的转动由水平制动手柄 18 和水平微动螺旋 19 控制。

（1）望远镜：它固连在仪器横轴（又称水平轴）上，可绕横轴俯仰转动而照准高低不同的目标，并由望远镜制动手柄 15 和望远镜微动螺旋 17 控制。

（2）照准部水准管：用来精确整平仪器。

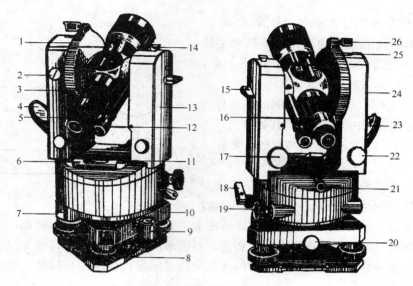

图 3-3 DJ₆ 型光学经纬仪

1—粗瞄准器；2—护盖；3—望远镜调焦环；4—照明反光镜；5—望远镜目镜；6—照准部水准器；7—度盘变换器；8—脚螺旋；9—圆水准器；10—底座；11—校正螺钉；12—读数显微镜目镜；13—右侧盖板；14—磁针差榫；15—望远镜制动手柄；16—分划板护罩；17—望远镜微动螺旋；18—水平制动手柄；19—水平微动螺旋；20—底座制动螺旋；21—光学对点器目镜；22—竖盘水准器微动螺旋；23—进光孔(照明窗)；24—左盖板；25—竖盘指标水准器；26—指标水准器反光镜

(3) 竖直度盘：用光学玻璃制成，可随望远镜一起转动，用来测量竖直角。

(4) 光学对中器：用来进行仪器对中，即使仪器中心位于过测站点的铅垂线上。

(5) 竖盘指标水准管：在竖直角测量中，利用竖盘指标水准管微动螺旋使气泡居中，保证竖盘读数指标线处于正确位置。

(6) 读数显微镜：用来精确读取水平度盘和竖直度盘读数。

2. 水平度盘

水平度盘是由光学玻璃制成的带有刻划和注记的圆盘，装在仪器竖轴上，在度盘的边缘按顺时针方向均匀刻划成 360 份，每一份就是 1°，并注记度数。在测角过程中，水平度盘和照准部分离，不随照准部一起转动，当望远镜照准不同方向的目标时，移动的读数指标线便可在固定不动的度盘上读得不同的度盘读数即方向值。如需要变换度盘位置时，可利用仪器上的度盘变换手轮，把度盘变换到需要的读数上。

3. 基座

基座就是仪器的底座。经纬仪的照准部通过竖直轴固定在基座轴座上，用中心锁紧螺旋固紧。在基座下面，用中心连接螺旋将经纬仪固定在三脚架上，基座上装有三个脚螺旋，用于整平仪器。

(二) 光路系统和读数方法

1. 光路系统

如图 3-5 所示为 DJ₆ 型光学经纬仪的光路系统。可以看出，光线经度盘照明反光镜进入仪器内部后分为两路：一路是水平度盘光路，另一路是竖直度盘光路。

第三章 角度测量

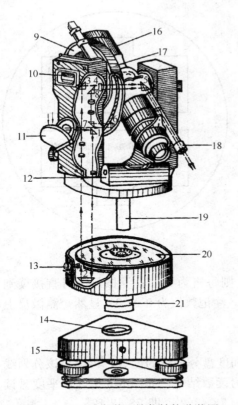 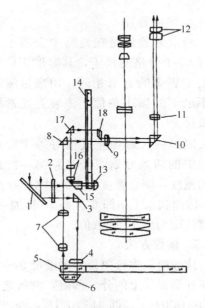

图 3-4　DJ₆ 型光学经纬仪结构分装图
1、2、3、5、6、7、8—光学读数系统棱镜；
4—分微尺指标镜；9—竖直度盘；10—竖
盘指标水准管；11—反光镜；12—照准部
水准管；13—度盘变换手轮；14—套轴；
15—基座；16—望远镜；17—竖直度
盘；18—读数显微镜；19—内轴；
20—水平度盘；21—外轴

图 3-5　DJ₆ 型光学经纬仪的光路系统
1—反光镜；2—照明进光窗；3—转向棱镜；4—水
平度盘聚光透镜；5—水平度盘；6—水平度盘照
明棱镜；7—水平度盘显微物镜组；8—水平度
盘转向棱镜；9—读数窗与场镜；10—转向棱
镜；11—转像透镜；12—读数显微镜目镜；
13—竖盘照明棱镜；14—竖盘；15—竖盘
转向棱镜；16—竖盘显微物镜组；17—竖
盘转向棱镜；18—菱形棱镜

（1）水平度盘光路：经适当转动和倾斜平面反光镜 1，使外界光线以最佳亮度进入照明进光窗 2，然后以均匀而柔和的漫射光线照明仪器内部。其中一部分光线经棱镜 3 向下转向 90°后，经聚光透镜 4 透过玻璃水平度盘 5 进入下方的照明棱镜 6，将光线转向 180°后，再透过水平度盘 5，使度盘分划和注记影像经过显微镜组 7 对影像进行第一次放大，再经转向棱镜 8 转向 90°成像在读数窗 9 的测微尺上。

（2）竖直度盘光路：另一部分光线经照明进光窗 2 进入仪器内部直达竖盘的照明棱镜 13，经 180°转向后透过竖盘 14，带着竖盘刻划注记影像经棱镜 15 折转 90°向上，通过显微镜组 16 对影像进行一次放大，再经转向棱镜 17 到达菱形棱镜 18，转向 90°也成像在读数窗 9 的另一块测微尺上。

水平和竖直两路光线透过读数窗 9 后，分别带着水平度盘、竖直度盘及两块测微尺的影像，经棱镜 10 转向 90°进入读数显微镜，通过透镜组 11 对影像进行第二次放大,观测时,调节读数显微镜目镜12即可同时清晰地看到水平度盘、竖直度盘及两块测微尺的影像,从而即可读出水平度盘和竖直度盘的读数,如图3-6所示。

2. 测微装置

测微装置就是在光路中安装了一个具有60个分格的尺子,其宽度正好与度盘上1°影像的宽窄相同,用来量测度盘上不足1°的微小角值,该装置通常称为测微尺。

因测微尺影像宽度恰好等于度盘上相差1°的两条分划线经光路第一次放大

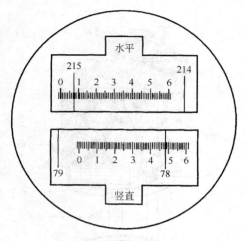

图3-6 测微尺读数窗

后的宽度,即总宽度为1°,共分60小格,则每格为1′。在测微尺上可直接读到1′,估读到0.1格即6″。每10格加一注记,注记数值为0～6,显然,测微尺上数值注记为整10′的数值。

3. 读数方法

读数时,先读出位于测微尺0～6之间度盘分划线的度数,再读出该分划线所在处测微尺上的分、秒值,两数之和即为读数结果。如图3-6中,水平度盘读数为215°07.3′,即215°07′18″;竖盘读数为78°48.2′,即78°48′12″。

二、单平板玻璃测微装置的光学经纬仪

我国北京光学仪器厂生产的DJ6-1型光学经纬仪就是采用单平板玻璃测微装置的仪器,如图3-7所示。图3-8为该仪器的光路示意图。

DJ6-1型光学经纬仪没有水平度盘变换手轮,而是采用离合器(又称复测扳手)装置。打开离合器(复测扳手向上扳)时,水平度盘与照准部分离,此时转动照准部照准不同方向的目标时,可读取不同的度盘读数;关上离合器(复测扳手向下扳)时,度盘与照准部扣合在一起,水平度盘随照准部一起转动,读数保持不变,主要用于测回间的度盘变换。

该类型仪器的水平度盘每隔30′有一刻划线,每隔1°注记,即度盘最小刻划值为30′。与最小度盘刻划相对应的测微器总宽度为30′,共刻有90小格,每5格有一注记。显然,测微器上最小刻划值为20″(不足20″的值可估读)。

图3-9所示为在读数显微镜中看到的度盘及测微器影像。最上面的小窗为测微器读数窗,中间和下面两窗内分别为竖直度盘和水平度盘的影像。读数时,需先转动测微器手轮(简称测微轮),使度盘分划线精确地移至双线指标的正中间,读出度和整30′数值,然后再读出单线指标在测微器读数窗中所指的分、秒值,两读数之和即为读数结果。

如图3-9(a)所示,双线指标所夹水平度盘数值为49°30′,单线指标在最上面测微器读数窗中读数为22′20″,故应有读数为49°30′+22′20″=49°52′20″。图3-9(b)中竖盘读数为107°00′+02′30″=107°02′30″。

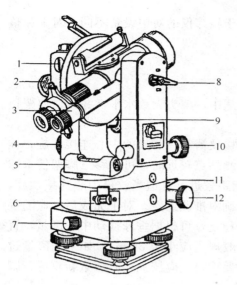
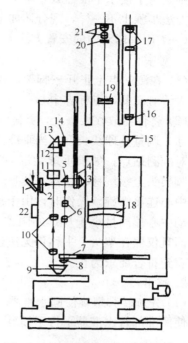

图 3-7 DJ6-1 型光学经纬仪

1—竖盘指标水准管；2—反光镜；3—读数显微镜；4—测微轮；5—照准部水准管；6—复测扳手；7—中心锁紧螺旋；8—望远镜制动螺旋；9—竖盘指标水准管微动螺旋；10—望远镜微动螺旋；11—水平制动螺旋；12—水平微动螺旋

图 3-8 DJ6-1 型经纬仪光路示意图

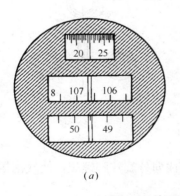
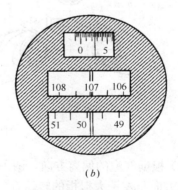

(a)　　　　　　　　(b)

图 3-9 单平板玻璃测微器的读数方法

第三节 经纬仪的使用

经纬仪的使用，主要包括安置经纬仪、照准目标、调焦、水平度盘配置和读数等工作。

一、安置经纬仪

进行角度测量时，首先要在测站上安置经纬仪，即进行对中和整平。对中的目的是使仪器中心（或水平度盘中心）与测站点的标志中心位于同一铅垂线上；而整平则是为了使水平度盘处于水平位置。由于经纬仪的对中设备不同，对中和整平的方法步骤也不一样，现分述如下。

（一）用垂球对中的安置方法

1. 对中

（1）在测站点上张开三脚架，使其高度适中，架头大致水平，并目估使架顶中心大致对准测站点标志中心；

（2）将仪器放在架头上，并随手拧紧连接仪器和三脚架的中心连接螺旋，挂上垂球，调整垂球线长度。当垂球尖端离开测站点较远时，可平移三脚架使垂球尖端对准测站点；如果垂球尖端与测站点相距较近，可适当放松中心连接螺旋，在三脚架头上缓缓移动仪器，使垂球尖端精确对准测站点。对中完成后，应随手拧紧中心连接螺旋。操作时，由于垂球难于稳定，可根据垂球摆动中心度量，直到摆动中心偏离量小于规定的限差为止（一般规定应小于 3mm）。如果偏离量过大，而且仪器在架头上平移仍无法达到限差要求时，应按上述方法重新整置三脚架，直到符合要求为止。

2. 整平

（1）先旋转脚螺旋使圆水准器气泡居中，然后，松开水平制动螺旋，转动照准部使照准部管水准器平行于任意两个脚螺旋的连线，如图 3-10(a)所示；

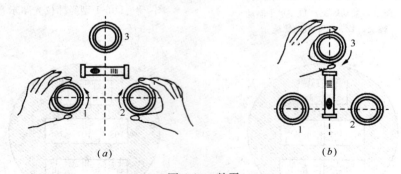

图 3-10 整平

（2）根据气泡的偏离方向，两手同时向内或向外旋转脚螺旋，使气泡居中（气泡移动方向与左手大拇指的转动方向一致）；

（3）转动照准部 90°，如图 3-10(b)所示，旋转第三个脚螺旋使气泡居中。如此反复进行，直至照准部转到任何位置时，气泡都居中为止。

（二）用光学对中器对中的安置方法

目前生产的经纬仪大多数都装置有光学对中器，图 3-11 为光学对中器光路图。测站点地面标志的影像经棱镜 4 转向 90°，通过物镜组 3 放大后成像在分划板 2 上，如果从目镜 1 处观察到测站点标志中心位于分划板 2 的圆圈中心，则说明水平度盘中心已位于过测站点的铅垂线上。

使用光学对中器对中，不但精度高，而且受外界条件影响小，在工作中被广泛采用。该项操作需使对中和整平反复交替进行，其操作步骤如下：

第三章 角度测量

（1）将仪器三脚架安置在测站点上，目估使架头水平，并使架头中心大致对准测站点标志中心；

（2）装上仪器，先将经纬仪的三个脚螺旋转到大致同高的位置上，再调节（旋转或抽动）光学对中器的目镜，使对中器内分划板上的圆圈（简称照准圈）和地面测站点标志同时清晰，然后，固定一条架腿，移动其余两条架腿，使照准圈大致对准测站点标志，并踩踏三脚架腿，使其稳固地插入地面；

（3）对中：旋转脚螺旋，使照准圈精确对准测站点标志；

（4）粗平：根据气泡偏离情况，分别伸长或缩短三脚架腿，使圆水准器气泡居中；

（5）精平：用前面垂球对中所述整平方法，使照准部管水准器气泡精确居中；

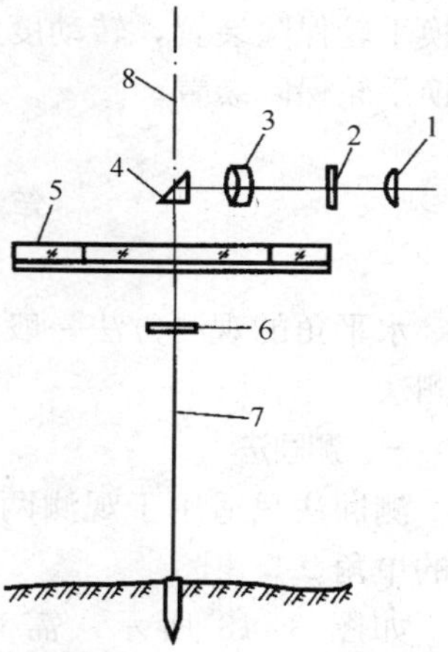

（6）检查仪器对中情况，若测站点标志不在照准圈中心且偏移量较小，可松开仪器中心连接螺旋，在架顶上平移（不要扭转）仪器使其精确对中，再重复步骤 5 进行整平；如偏移量过大，则重复操作（3）、（4）、（5）的步骤，直至对中和整平均达到要求为止。

图 3-11 光学对中器光路图
1—目镜；2—分划板；3—物镜；4—棱镜；5—水平度盘；6—保护玻璃；7—光学垂线；8—竖轴中心

二、照准目标

松开水平和望远镜制动螺旋，调节望远镜目镜使十字丝清晰；利用望远镜上的准星或粗瞄器粗略照准目标并拧紧制动螺旋；调节物镜调焦螺旋使目标清晰并消除视差；利用水平和望远镜微动螺旋精确照准目标。

照准时应注意：水平角观测时要尽量照准目标底部。目标离仪器较近时，成像较大，可用单丝平分目标；目标离仪器较远时，可用双丝夹住目标或用单丝和目标重合。竖直角观测时应照准目标顶部或某一预定部位。如图3-12所示。

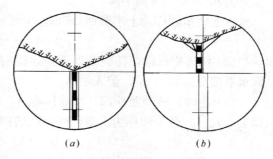

图 3-12 照准目标的方法
(a)水平角观测；(b)垂直角观测

三、读数或置数

（1）读数：读数方法如本章第二节所述。读数时要注意以下两点：一是应打开度盘照明反光镜，并调节反光镜方向使读数窗内亮度最大；二是应调节读数显微镜目镜使度盘影像清晰。

（2）置数：在水平角观测或建筑工程施工放样中，常常需要使某一方向的读数为零或某一预定值。照准某一方向时，使度盘读数为某一预定值的工作称为置数。测微尺读数装置的经纬仪多采用度盘变换器结构，其置数方法可归纳为"先照准后置数"，即先精确照准目标，并固紧水平及望远镜制动螺旋，再打开度盘变换手轮保险装置,转动度盘变换手轮,使度盘读数等于预定数值,然后,关上变换手轮保险装置。

第四节 水 平 角 观 测

水平角的观测方法一般应根据照准目标的多少而定,常用的有测回法和方向观测法。

一、测回法

测回法只适用于观测两个照准目标的单角。

如图 3-13 所示,需观测 OA、OB 两方向之间的水平角,先将经纬仪安置在测站 O 上,并在 A、B 两点上分别设置照准标志(竖立花杆或测钎),其观测方法和步骤如下:

(1) 使仪器竖盘位于望远镜左边(称盘左或正镜),照准目标 A,按置数方法配置起始读数,读取水平度盘读数为 $a_左$,记入观测手簿。

图 3-13 测回法观测示意图

(2) 松开水平制动螺旋,顺时针方向转动照准部照准目标 B,读取水平度盘读数为 $b_左$,记入观测手簿。

以上两步骤称为上半测回(或盘左半测回),测得角值为

$$\beta_左=(b_左-a_左)$$

(3) 纵转望远镜,使竖盘处于望远镜右边(称盘右或倒镜),照准目标 B,读取水平度盘读数为 $b_右$,记入手簿。

(4) 逆时针转动照准部,照准目标 A,读取水平度盘读数为 $a_右$,记入手簿。

以上(3)、(4)两步骤称为下半测回(或盘右半测回),测得角值为

$$\beta_右=(b_右-a_右)$$

上、下两个半测回合称为一个测回,当两个"半测回"角值之差不超过限差(DJ_6 经纬仪一般取 $36''$)要求时,取其平均值作为一测回观测成果,即

$$\beta=\frac{1}{2}(\beta_左+\beta_右)$$

为了提高观测精度,常需观测多个测回;为了减弱度盘分划误差的影响,各测回应均匀分配在度盘不同位置进行观测。若要观测 n 个测回,则每测回起始方向读数应递增 $180°/n$。例如当需要观测 3 个测回时,每测回应递增 $180°/3=60°$,即每测回起始方向读数应依次配置在 $00°00'$、$60°00'$、$120°00'$ 或稍大的读数处。各测回角值之差称为"测回差",应不超过 $36''$。当测回差满足限差要求时,取各测回平均角值作为本测站水平角观测成果。表 3-1 为测回法两个测回的记录、计算格式。

水平角观测手簿(测回法)　　　　　　　表 3-1

测站	测回	竖盘位置	目标	水平度盘读数 (° ′ ″)	半测回角值 (° ′ ″)	一测回角值 (° ′ ″)	各测回平均角值 (° ′ ″)	备注
O	1	左	A	0 02 18	79 22 24	79 22 18	79 22 22	
			B	79 24 42				
		右	A	180 02 24	79 22 12			
			B	259 24 36				
O	2	左	A	90 02 24	79 22 36	79 22 27		
			B	169 25 00				
		右	A	270 02 30	79 22 18			
			B	349 24 48				

注：表中两个半测回角值之差及各测回角值之差均不超过限差。

二、方向观测法

当一个测站上有三个或三个以上方向，需要观测多个角度时，通常采用方向观测法。方向观测法是以选定的起始方向(又称零方向)，依次观测出其余各个方向相对于起始方向的方向值，则任意两个方向的方向值之差即为该两方向线之间的水平角。若方向数超过三个，则须在每个半测回末尾再观测一次零方向(称归零)，两次观测零方向的读数应相等或差值不超过规定要求，其差值称"归零差"。由于重新照准零方向时，照准部已旋转了360°，故此法又称为全圆方向法或全圆测回法。

（一）观测程序

(1) 如图 3-14 所示，在测站 O 上安置经纬仪，选一成像清晰远近适中的目标 A 作为零方向，盘左照准 A 点标志，按置数方法使水平度盘读数略大于零，读数并记入表3-2第四栏中。

图 3-14　方向观测法示意图

水平角观测手簿(方向观测法)　　　　　　　表 3-2

仪器：J₆ 99687　　测站：O　　等级：5″　　日　期：2002 年 10 月 16 日
天气：晴　　观测者：赵 冰　　Y=B　　开始时间：8 时 23 分
成像：清晰　　记录者：孙 晴　　觇标类型：测钎　　结束时间：10 时 48 分

测回	测站	目标	水平度盘读数		平均读数 (° ′ ″)	一测回归零方向值 (° ′ ″)	各测回归零方向值 (° ′ ″)	水平角 (° ′ ″)	备注
			盘 左 (° ′ ″)	盘 右 (° ′ ″)					
1	2	3	4	5	6	7	8	9	

续表

测回	测站	目标	水平度盘读数		平均读数 (° ′ ″)	一测回归零方向值 (° ′ ″)	各测回归零方向值 (° ′ ″)	水平角 (° ′ ″)	备注
			盘 左 (° ′ ″)	盘 右 (° ′ ″)					
1	O	A	0 01 18	180 01 06	(0 01 15) 0 01 12	0 00 00	0 00 00		
		B	39 33 36	219 33 24	39 33 30	39 32 15	39 32 18	39 32 18	
		C	105 45 48	285 45 36	105 45 42	105 44 27	105 44 28	66 12 10	
		D	171 19 30	351 19 24	171 19 27	171 18 12	171 18 06	65 33 38	
		A	0 01 24	180 01 12	0 01 18				
			Δ左＝+6″	Δ右＝+6″					
2	O	A	90 02 24	270 02 18	(90 02 18) 90 02 18	0 00 00			
		B	129 34 48	309 34 30	39 34 39	39 32 21			
		C	195 46 54	15 46 42	195 46 48	105 44 30			
		D	261 20 24	81 20 12	261 20 18	171 18 00			
		A	90 02 18	270 02 18	90 02 18				
			Δ左＝−6″	Δ右＝0″					

(2) 顺时针转动照准部，依次照准 B、C、D 和 A，读取水平度盘读数并记入手簿第 4 栏(从上往下记)。以上为上半测回。

(3) 纵转望远镜，盘右逆时针方向依次照准 A、D、C、B 和 A，读取水平度盘读数并记入手簿第 5 栏(从下往上记)。称为下半测回。

以上操作过程称为一测回，表 3-2 为全圆方向观测法两个测回的记录计算格式。

(二) 外业手簿计算

1. 半测回归零差的计算

每半测回零方向有两个读数，它们的差值称归零差。如表 3-2 中第一测回上下半测回归零差分别为 $\Delta=24''-18''=+06''$；$\Delta=12''-06''=+06''$，对照表 3-3 中限差知不超限。

2. 平均读数的计算

平均读数为盘左读数与盘右读数±180°之和的平均值。表 3-2 第 6 栏中零方向有两个平均值，取这两个平均值的中数记在第 6 栏上方，并加上括号。

3. 归零方向值的计算

表 3-2 第 7 栏中各值的计算，是用第 6 栏中各方向值减去零方向括号内之值。例如：第一测回方向 C 的归零方向值为 $105°45'42''-0°01'15''=105°44'27''$。一测站按规定测回数测完后，应比较同一方向各测回归零后方向值，检查其较差是否超限，如表 3-2 中 D 方向两个测回较差为 12″。如不超限，则取各测回同一方向值的中数记入表 3-2 中第 8 栏。第 8 栏相邻两方向值之差即为该两方向线之间的

水平角，记入表3-2中第9栏。

一测回观测完成后，应及时进行计算，并对照检查各项限差，如有超限，应进行重测。水平角观测各项限差要求见表3-3。

水平角观测各项限差　　　　　　表 3-3

项　　目	DJ$_2$型	DJ$_6$型
半测回归零差	12″	24″
同一测回2C变动范围	18″	
各测回同一归零方向值较差	12″	24″

第五节　竖直角观测

一、竖直度盘结构

经纬仪的竖盘垂直安装在望远镜旋转轴（横轴）的一端，随望远镜一起转动，如图3-15所示。竖盘的影像通过棱镜和透镜所组成的光具组10，成像于读数显微镜的读数窗内。光具组10的光轴和读数窗中测微尺的零分划线构成竖盘读数指标线，读数指标线相对于转动的度盘是固定不动的。因此，当转动望远镜照准高低不同的目标时，用指标线便可在转动的度盘上读取不同的读数。光具组10又和竖盘指标水准管固定在一个微动支架上，并使竖盘指标水准管轴1和光具组光轴4相垂直，当转动竖盘指标水准管时，读数指标线作微小移动；当竖盘指标水准管气泡居中时，读数指标线处于正确位置。因此，在进行竖直角观测时，每次读取竖盘读数之前，都必须先使竖盘指标水准管气泡居中。

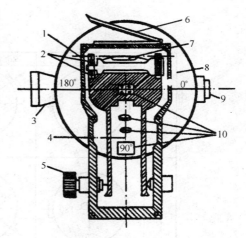

图 3-15　竖盘构造图
1—指标水准管轴；2—水准管校正螺钉；
3—望远镜；4—光具组光轴；5—指标水准管微动螺旋；6—指标水准管反光镜；7—指标水准管；8—竖盘；
9—目镜；10—光具组
（透镜和棱镜）

二、竖直角的计算

竖直角是测站点到目标点的倾斜视线和水平视线之间的夹角，因此，与水平角计算原理一样，竖直角也应是两个方向线的竖盘读数之差；但是，由于视线水平时的竖盘读数为一常数（90°的整倍数），故进行竖直角测量时，只需读取目标方向的竖盘读数，便可根据不同度盘注记形式相对应的计算公式计算出所测目标的竖直角。

竖盘注记形式很多，图3-16所示为DJ$_6$光学经纬仪常见的两种注记形式。

如图3-16(b)所示，设望远镜视线水平时，其竖盘读数盘左为L_0，盘右为R_0；望远镜照准目标时盘左、盘右竖盘读数分别为L和R。图3-17的上面部分为盘左时的三种情况,如果指标线位置正确,当视线水平且竖盘指标水准管气泡居中时,读数 $L_0=90°$。当视线向上倾斜时,竖直角为仰角,读数减小;当视线向下倾斜时,竖直角为俯角,读数增大。因此,盘左时竖直角应为视线水平时的读数减照准目标时的读数,即

$$\alpha_左=L_0-L=90°-L \tag{3-1}$$

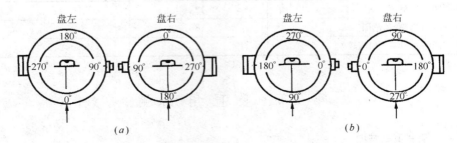

图 3-16 竖盘注记形式

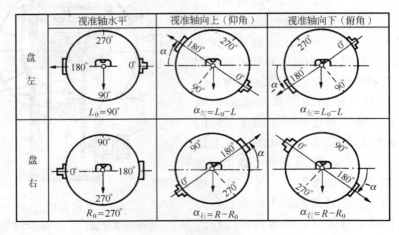

图 3-17 竖直角的计算

图 3-17 的下半部分是盘右时的三种情况,视线水平时读数 $R_0=270°$,仰角时读数增大,俯角时读数减小。因此,盘右时竖直角应为照准目标时的读数减视线水平时的读数,即

$$\alpha_右=R-R_0=R-270° \tag{3-2}$$

为了提高精度,盘左、盘右取中数,则竖直角计算公式为

$$\alpha=\frac{1}{2}(\alpha_左+\alpha_右)=\frac{1}{2}(R-L-180°) \tag{3-3}$$

计算结果为"+"时,α 为仰角;为"-"时,α 为俯角。
根据上述公式的推导,可得确定竖直角计算公式的通用判别法如下:
(1) 仪器在盘左位置,使望远镜大致水平,确定视线水平时的读数 L_0;
(2) 将望远镜缓慢上仰,观察读数变化情况,若读数减小,则 $\alpha_左=L_0-L$,若读数增大,则 $\alpha_左=L-L_0$;

(3) 同法确定盘右读数和竖直角的关系；
(4) 取盘左、盘右的平均值即可得出竖直角计算公式。

三、竖盘指标差

上述竖直角计算公式的推导条件，是假定视线水平、竖盘指标水准管气泡居中，读数指标线位置正确的情况下得出的。在实际工作中，由于仪器制造、运输和长期使用等方面的原因，读数指标线往往偏离正确位置，与正确位置相差一小角值，该角值称为指标差 x，如图 3-18 所示。也就是说，竖盘指标偏离正确位置而产生的读数误差称为指标差。

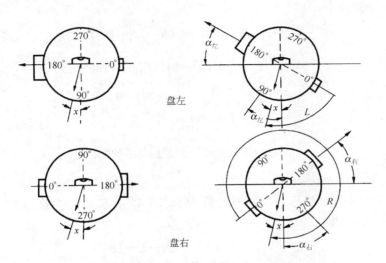

图 3-18 读数、竖直角和指标差的关系

指标差 x 对竖直角的影响从图 3-18 中可以看出

盘左时 $\qquad \alpha_左 = 90° - (L - x) \qquad$ (3-4)

盘右时 $\qquad \alpha_右 = (R - x) - 270° \qquad$ (3-5)

两式相加取平均值得

$$\alpha = \frac{1}{2}(R - L - 180°) \qquad (3-6)$$

两式相减得

$$x = \frac{1}{2}(L + R - 360°) \qquad (3-7)$$

式(3-7)即为竖盘指标差的计算公式。

通过上述分析可得到如下结论：

(1) 从式(3-6)可以看出，用盘左、盘右观测取平均值可消除指标差的影响；

(2) 当只用盘左或盘右观测时，应在计算竖直角时加入指标差改正。即可按式(3-7)求得 x 后，再按式(3-4)或式(3-5)计算竖直角。计算时 x 应带有正负号；

(3) 指标差 x 的值有"+"有"−"，当指标线沿度盘注记方向偏移时，造成读数偏大，则 x 为"+"，反之 x 为"−"。

四、竖直角观测

竖直角观测一测回的操作步骤如下：

(1) 将经纬仪安置在测站点上，经对中整平后，量取仪器高（测站点标志顶端至仪器竖盘中心位置的高度）；

(2) 用盘左（正镜）位置瞄准目标点，使十字丝中横丝精确切准目标的顶端或指定位置，调节竖盘指标水准管微动螺旋，使竖盘指标水准管气泡严格居中，读取盘左读数 L 并记入手簿，即为上半测回；

(3) 纵转望远镜，用盘右（倒镜）位置再瞄准目标点相同位置，调节竖盘指标水准管微动螺旋，使竖盘指标水准管气泡居中，读取盘右读数 R。

例如观测一高处目标，盘左时读数为 $81°47'36''$，盘右时读数为 $278°11'30''$，根据公式(3-3)可得：

$$\alpha = \frac{1}{2}(\alpha_左 + \alpha_右) = \frac{1}{2}(R - L - 180°)$$
$$= \frac{1}{2}(278°11'30'' - 81°47'36'' - 180°)$$
$$= +8°11'57''$$

其指标差

$$x = \frac{1}{2}(L + R - 360°)$$
$$= \frac{1}{2}(81°47'36'' + 278°11'30'' - 360°)$$
$$= -0°00'27''$$

又如观测一低处目标，盘左时读数为 $96°26'42''$，盘右时读数为 $263°34'06''$，根据公式(3-3)可得

$$\alpha = \frac{1}{2}(\alpha_左 + \alpha_右) = \frac{1}{2}(R - L - 180°)$$
$$= \frac{1}{2}(263°34'06'' - 96°26'42'' - 180°)$$
$$= -6°26'18''$$

其指标差

$$x = \frac{1}{2}(L + R - 360°)$$
$$= \frac{1}{2}(96°26'42'' + 263°34'06'' - 360°)$$
$$= +0°00'24''$$

竖直角计录、计算格式见表3-4。

竖直角观测手簿　　　　　　　表3-4

仪器：J_6 99687　　　测　站：O　　　日　期：2002年10月16日

天气：晴　　　　　观测者：赵 冰　　　开始时间：8时23分

成像：清晰　　　　记录者：孙 晴　　　结束时间：10时48分

测站	目标	竖盘位置	竖盘读数 (° ′ ″)	半测回竖直角 (° ′ ″)	指标差 (″)	一测回竖直角 (° ′ ″)	仪器高	觇标高	照准部位
O	A	左	81 47 36	+8 12 24	−27	+8 11 57	1.53	1.78	花杆顶部
		右	278 11 30	+8 11 30					
	C	左	96 26 42	−6 26 42	+24	−6 26 18	1.53	2.22	旗杆顶部
		右	263 34 06	−6 25 54					

在一个测站的观测过程中，其指标差值应是固定值，但由于受外界条件和观测误差的影响，使得各方向的指标差值往往不相等，为了保证观测精度，需要规定指标差变化的限差，对 DJ_6 型经纬仪一般规定：

同一测回中，各方向指标差互差不超过 24″；
同一方向各测回竖直角互差不超过 24″。
若指标差互差和竖直角互差符合要求，则取各测回同一方向竖直角的平均值作为各方向竖直角的最后结果。

五、竖盘指标自动归零补偿器

在竖直角观测中，为使指标处于正确位置，每次读数都必须转动竖盘指标水准管微动螺旋使气泡居中。这样操作很不方便。为了克服这一缺点，有些光学经纬仪采用竖盘指标自动归零补偿装置代替竖盘指标水准管。当仪器在一定范围内稍有倾斜时，由于自动补偿器的作用，可使读数指标线自动居于正确位置。在进行竖直角观测时，瞄准目标即可读取竖盘读数，从而提高了竖直角观测的速度和精度。经纬仪竖盘指标自动归零补偿装置常见结构有悬吊透镜、液体盒两种。如图 3-19 所示为悬吊透镜补偿器结构示意图。读数棱镜系统是悬挂在一个弹性摆上，依靠摆的重力和空气阻尼盒的共同作用，能使弹性摆迅速处于静止位置。此种补偿器结构简单，未增加任何光学零件，只是将原有的成像透镜进行悬吊，当仪器在一定范围内稍倾斜时，达到自动补偿的目的。

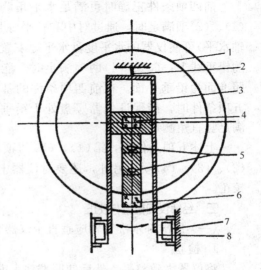

图 3-19 竖盘指标自动归零补偿装置
1—竖直度盘；2—弹簧片；3—垂直吊架；
4—转像棱镜；5—透镜组；6—竖直度
盘棱镜；7—阻尼盒；8—阻尼器

第六节 经纬仪的检验和校正

由于经纬仪长期在野外使用，其轴线关系可能被破坏，若不进行检验校正，就会产生测量误差，因此，测量规范要求，在正式作业前，应对经纬仪进行检验校正，使之满足作业要求。在经纬仪进行检验校正前，应先进行一般的检视。如：度盘和照准部旋转是否灵活，各部位螺旋是否灵活有效；望远镜视场是否清晰，有无灰尘、水珠、斑点；度盘有无损伤，分划线是否清晰；分微尺分划是否清晰；仪器及各种附件是否齐全等。这项检视非常重要，在经纬仪进行检验校正前一定要认真检查。符合要求后再进行经纬仪的检验校正。

一、经纬仪应满足的几何条件

如图 3-20 所示，经纬仪的主要轴线有：横轴（或水平轴）HH；竖轴（或垂直轴)VV；望远镜视准轴(或照准轴)CC；照准部管水准器轴LL。

经纬仪各主要轴线应满足下列条件：
(1) 竖轴应垂直于水平度盘且过其中心；
(2) 照准部管水准管轴应垂直于仪器竖轴($LL \perp VV$)；
(3) 视准轴应垂直于横轴($CC \perp HH$)；
(4) 横轴应垂直于竖轴($HH \perp VV$)；
(5) 横轴应垂直于竖盘且过其中心。

前四项条件正确时可满足水平角测量要求。即(1)、(2)项满足时，通过对中和整平(照准部水准管轴水平)可使仪器的水平度盘水平地安置在过测站点的铅垂线上；(3)、(4)两项满足时，能保证仪器的照准面为铅垂平面。在前四项条件的基础上满足第五项条件时，能保证仪器竖盘处于铅垂位置，从而满足竖直角测量要求。

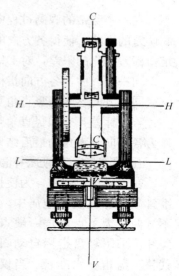

图 3-20 经纬仪主要轴线关系

上述五项条件中，第(1)、(5)两项仪器出厂时已保证满足，作业时只检查(2)、(3)、(4)项。另外，还要对仪器十字丝、指标差及光学对中器进行检验和校正。

二、经纬仪的检验与校正

(一) 照准部水准管轴应垂直于仪器竖轴

1. 检验

将仪器大致整平，然后使照准部水准管平行于任意两个脚螺旋的连线，相对旋转两脚螺旋使气泡居中；将照准部旋转180°，如果气泡仍居中或偏离中心不超过1格，则说明条件满足，否则，应进行校正。

2. 校正

相对旋转这两个脚螺旋，使气泡向中央返回所偏格数的一半，用校正针拨动水准管一端的上、下两个校正螺钉，使水准管一端升高或降低，改正偏移量的另一半使气泡居中。此项检验校正应反复进行，直至照准部旋转到任意位置时，气泡偏移量均不超过1格为止。

3. 检校原理

如图 3-21(a)所示，显然是由于水准器两端支架不等高造成了该项条件不满足。当照准部水准管轴水平(即气泡居中)时，水平度盘倾斜了α角，竖轴也偏离了铅垂线α角。转动照准部180°后，由于竖轴方向不变，水准管轴与水平度盘的夹角仍为α，但与水平面的夹角则为2α，如图 3-21(b)所示。此时气泡偏移量e是水准管轴倾斜2α造成的。校正时，先用脚螺旋改正气泡偏移量的一半(即$e/2$)，此时，竖轴处于铅垂位置，水准管轴仍不水平，它与水平面的夹角为α，如图 3-21(c)所示。当用校正螺钉改正气泡偏移量的另一半使气泡居中时，水准管轴处于水平位置并且和处于铅垂状态的竖轴相垂直，如图 3-21(d)所示。

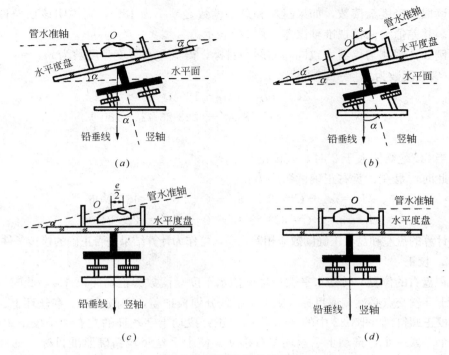

图 3-21 水准管轴检校原理

(a)管水准轴水平；(b)仪器旋转 180°；(c)用脚螺旋改正 $\frac{e}{2}$；(d)用管水准器校正螺钉改正 $\frac{e}{2}$

（二）十字丝的竖丝应垂直于横轴

1. 检验

检验的目的是使十字丝竖丝铅直，保证精确照准目标。

该项检验可分别采用以下两种方法：

方法 1：整平仪器，用十字丝竖丝的上端（或下端）照准远处一清晰的固定点，旋紧照准部和望远镜制动螺旋，用望远镜微动螺旋使望远镜向上或向下慢慢移动，若十字丝竖丝和远处的固定点始终重合，则表示该条件满足，否则，需进行校正。

方法 2：整平仪器，用十字丝竖丝照准适当距离处悬挂的稳定不动的垂球线，如果竖丝与垂球线完全重合，则条件满足，否则应进行校正。

2. 校正

打开望远镜目镜一端的十字丝分划板护盖，用螺钉刀轻轻松开四个固定螺钉（图 3-22 中的 2），转动十字丝环，使竖丝处于铅垂位置，然后拧紧四个固定螺钉，并拧上护盖。

（三）视准轴应垂直于横轴

1. 检验

用盘左和盘右分别照准与仪器大致同高的同一目

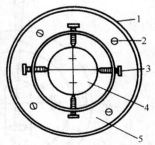

图 3-22 十字丝环结构

1—望远镜筒；2—压环螺钉；3—十字丝校正螺钉；4—十字丝分划板；5—压环

标并读取水平度盘读数，如果盘左和盘右读数之差不为180°，则说明该项条件不满足。其差值为两倍视准轴误差，用$2C$表示。

例如：观测与仪器大致同高的同一目标，得盘左水平度盘度数为$m_左=43°18'30''$，盘右读数为$m_右=223°23'42''$，则

$$2C=m_左-(m_右\pm 180°)$$
$$=43°18'30''-(223°23'42''-180°)$$
$$=-5'12''$$

当$2C$绝对值大于$2'$时，应校正。

此时，盘左、盘右正确读数应为：
$$M_左=m_左-C=43°18'30''-(-2'36'')=43°21'06''$$
$$M_右=m_右+C=223°23'42''+(-2'36'')=223°21'06''$$

计算的盘左和盘右正确读数应相差180°，可作为计算结果是否正确的检核条件。

2. 校正

在盘右的位置，转动水平微动螺旋使水平度盘读数为正确读数$M_右$，此时，望远镜十字丝交点必然偏离目标。旋下十字丝分划板护盖，稍微松开十字丝环上、下两个校正螺钉（如图3-22中的3），再用校正针拨动十字丝环的左右两个校正螺钉，松一个，紧一个，推动十字丝环左右移动，使十字丝竖丝精确照准目标。如此反复检校几次，直至符合要求后，拧紧上下两螺钉，旋上十字丝分划板护盖。

3. 检校原理

视准轴是十字丝中心和物镜光心的连线，当视准轴不垂直于横轴时，说明视准轴位置发生了变动，由于物镜光心一般不会变动，所以视准轴位置的变动是由于十字丝中心位置不正确所引起的。

如图3-23(a)所示，盘左位置时，设十字丝交点在正确位置K处，照准与仪器大致同高的目标P时，水平度盘读数为M，当十字丝交点偏离到K'位置时，视准轴偏离正确位置一个C角，这时，如要照准P点，则照准部必须向右转一个C角，设度盘读数为m，显然，m比正确读数M大了一个C角，所以有

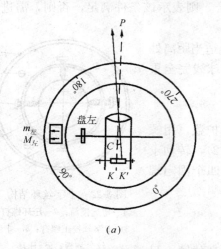
(a)

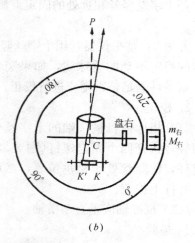
(b)

图3-23 视准轴垂直于横轴的检校原理

$$M_左 = m_左 - C \qquad (a)$$

盘右位置时，指标也转到了右边位置，如图3-23(b)所示，情况与盘左相反。即

$$M_右 = m_右 + C \qquad (b)$$

同一目标盘左、盘右正确读数应相差180°，即

$$M_左 = M_右 \pm 180° \qquad (c)$$

将(a)、(b)两式相加并顾及(c)式得

$$M = \frac{1}{2}(m_左 - m_右 \pm 180°) \qquad (3-8)$$

将(a)、(b)两式相减，得

$$2C = m_左 - m_右 \pm 180° \qquad (3-9)$$

从公式(3-8)可看出，取盘左、盘右的读数平均值，可以消除视准轴误差C的影响。

（四）横轴应垂直于竖轴

1. 检验

在离房屋的墙壁约20m处安置仪器，如图3-24所示，盘左照准墙上高处一点P，固定水平制动螺旋，然后置望远镜于水平位置，在墙壁上标出十字丝中心点P_1，松开水平制动螺旋，盘右位置再照准高点P，然后置望远镜于水平位置，在墙壁上标出十字丝中心点P_2，若水平位置上的P_1、P_2两点重合，则条件满足，否则，说明横轴不水平，倾斜了一个i角。设P_1、P_2两点距离为Δ，则有

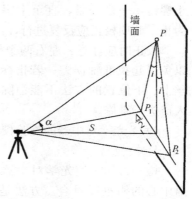

图3-24 横轴垂直于竖轴的检验

$$i = \frac{\Delta \cdot \cot\alpha}{2S} \cdot \rho \qquad (3-10)$$

式中 $\rho = 206265''$；

α——照准高点P的竖直角；

S——仪器中心至墙壁之间的距离，m。

2. 校正

当i角大于$1'$时，应进行校正。校正时先启开仪器支架一侧的盖板，放松有关压紧螺钉，使横轴一端升高或降低，如此反复检校几次，直至符合要求为止。应注意，此项校正比较困难，通常由技术熟练的仪器维修人员进行。

（五）竖盘指标差的检验校正

1. 检验

安置仪器后，盘左、盘右分别照准同一目标，整平竖盘指标水准管，读取两个盘位的竖盘读数L和R，按式(3-7)计算指标差x。若指标差x的绝对值大于$1'$时，则应进行校正。

2. 校正

(1) 竖盘指标水准管装置的经纬仪。对于竖盘指标水准管装置的经纬仪，主

要是通过竖盘指标水准管校正螺钉来消除指标差。具体方法是：先计算盘左或盘右的正确读数（$R_0=R-x$ 或 $L_0=L-x$），再转动竖盘指标水准管微动螺旋，使竖盘指标对准正确读数（R_0 或 L_0），此时，竖盘指标水准管气泡不居中，用校正针拨动水准管一端的上、下两个校正螺钉，使气泡居中。如此反复检校几次，直至符合要求为止。

（2）竖盘指标自动归零装置的经纬仪。竖盘指标自动归零装置的经纬仪，其校正部件一般都在仪器内部，需要由专业仪器维修人员进行维修。在外业测量时，若遇到指标差 x 超出规定时，也可通过调整十字丝上、下位置的方法来校正指标差 x。具体方法是：先求出盘左或盘右的正确读数 R_0 或 L_0，再转动望远镜微动螺旋，使竖盘指标对准正确读数（R_0 或 L_0），此时，望远镜目镜十字丝中心向上或向下偏离了原照准目标。此时，先拧下十字丝分划板护盖，稍微旋松十字丝分划板左右两个校正螺钉（图 3-22 中的 3），然后，用校正针拨动上、下两个校正螺钉，一松一紧，直至十字丝中丝精确照准原目标为止。此项校正应反复进行，使指标差满足要求。

校正时应注意：左右两个校正螺钉不能松的太多，以免引起视准轴误差；若指标差过大，通过调整十字丝上、下位置的方法不能消除时，应交专业仪器维修人员进行维修。

（六）光学对中器的检验校正（见图 3-25）

1. 检验

检验目的是使光学对中器的视准轴与通过水平度盘中心的铅垂线重合。方法是：整平仪器，在仪器的正下方水平放置一十字标志，转动仪器基座的三个脚螺旋，使对中器分划板中心与地面十字标志重合，将仪器转动 180°，观察对中器分划板中心与地面十字标志是否重合；如果重合，则无须校正；如果有偏移，则需进行调整。

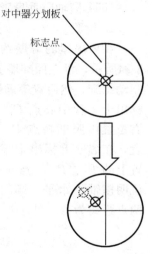

图 3-25 光学对中器的检验和校正

2. 校正

将仪器安置在三脚架上并固定好，在仪器正下方放置一十字标志，转动仪器基座的三个脚螺旋，使对中器分划板中心与地面十字标志重合，将仪器转动 180°，并拧下对点器目镜护盖，用校正针调整 4 个调整螺旋，使地面十字标志在分划板上的像向分划板中心移动一半，重复以上步骤，直至转动仪器到任何位置，地面十字标志与分划板中心始终重合为止。若目标偏离过大时，应交仪器修理人员校正。

第七节 水平角观测误差来源及消减措施

水平角观测的误差来源大致可归纳为三种类型：仪器误差、观测误差和外界条件的影响。

一、仪器误差

仪器误差可分为两个方面：一方面是仪器制造加工不完善而引起的误差，主要有度盘刻划不均匀误差、照准部偏心差(照准部旋转中心与度盘刻划中心不一致)和水平度盘偏心差(度盘旋转中心与度盘刻划中心不一致)，这一类误差一般都很小，并且大多数都可以在观测过程中采取相应的措施消除或减弱它们的影响。例如：通过观测多个测回，并在测回间变换度盘位置，使读数均匀地分布在度盘各个位置，以减小度盘分划误差的影响；水平度盘和照准部偏心差的影响可通过盘左、盘右观测取平均值消除。另一方面是仪器检验校正后的残余误差。它主要是仪器的三轴误差(即视准轴误差、横轴误差和竖轴误差)，其中，视准轴误差和横轴误差，均可通过盘左、盘右观测取平均值消除，而竖轴误差不能用正、倒镜观测消除。因此，在观测前除应认真检验、校正照准部水准管外，还应仔细地进行整平。

二、观测误差

1. 仪器对中误差

水平角观测时，由于仪器对中不精确，致使仪器中心没有对准测站点 O 而偏于 O' 点，OO' 之间的距离 e 称为测站点的偏心距。如图 3-26 所示。

仪器在 O 点观测的水平角应为 β，而在 O' 处测得角值为 β'，过 O' 点作 $O'A' // OA$，$O'B' // OB$，则对中误差对水平角的影响为

$$\Delta\beta = \beta - \beta' = \delta_1 + \delta_2$$

因偏心距 e 较小，故 δ_1 和 δ_2 为小角度，于是可近似地把 e 看做一段小圆弧。设 $O'A = S_1$，$O'B = S_2$，则有

$$\delta_1 = \frac{e}{S_1} \cdot \rho$$

$$\delta_2 = \frac{e}{S_2} \cdot \rho$$

$$\Delta\beta = \delta_1 + \delta_2 = \left(\frac{1}{S_1} + \frac{1}{S_2}\right) e\rho \tag{3-11}$$

从式(3-11)可看出，对中误差对水平角的影响与偏心距 e、偏心距 e 的方向、水平角大小以及测站到目标的距离有关。因此，在边长较短或观测角度接近 180°时，应特别注意对中。

2. 目标偏心误差

因照准标志没有竖直，使照准部位和地面测站点不在同一铅垂线上，将产生照准点上的目标偏心误差，如图 3-27 所示。其影响与仪器对中误差的影响类同。即

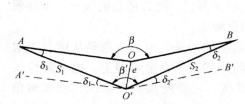

图 3-26 对中误差对水平角的影响

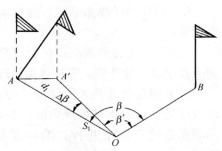

图 3-27 目标偏心误差对水平角的影响

$$\Delta\beta=\beta-\beta'=\frac{d_1}{S_1}\cdot\rho \qquad (3\text{-}12)$$

从式(3-12)可看出，$\Delta\beta$ 与 d_1 成正比，与 S_1 成反比。因此，进行水平角观测时，应将观测标志竖直，并尽量照准目标底部；当边长较短时，更应特别注意精确照准。

3. 整平误差

因照准部水准管气泡不居中，将导致竖轴倾斜而引起的角度误差，该项误差不能通过正倒镜观测消除。竖轴倾斜对水平角的影响，和测站点到目标点的高差成正比。因此，在观测过程中，尤其是在山区作业时，应特别注意整平。

4. 照准误差

照准误差与人眼的分辨能力和望远镜放大率有关。一般认为，人眼的分辨率为 $60''$。若借助于放大率为 V 倍的望远镜，则分辨能力就可以提高 V 倍，故照准误差为 $60''/V$。DJ_6 型经纬仪放大倍率一般为 28 倍，故照准误差大约为 $\pm2.1''$。在观测过程中，若观测员操作不正确或视差没有消除，都会产生较大的照准误差。因此，观测时应仔细地做好调焦和照准工作。

5. 读数误差

读数误差与读数设备、照明情况和观测员的经验有关，其中主要取决于读数设备。DJ_6 型经纬仪一般只能估读到 $\pm6''$，如照明条件不好，操作不熟练或读数不仔细，读数误差可能超过 $\pm6''$。

三、外界条件影响

角度观测是在自然界中进行的，自然界中各种因素都会对观测的精度产生影响。例如，地面不坚实或刮风会使仪器不稳定；大气能见度的好坏和光线的强弱会影响照准和读数；温度变化使仪器各轴线几何关系发生变化等。要完全消除这些影响是不可能的，只能采取一些措施，如选择成像清晰、稳定的天气条件和时间段观测，观测中给仪器打伞避免阳光对仪器直接照射等，以减弱外界不利因素的影响。

第八节 电子经纬仪简介

电子经纬仪是在光学经纬仪的基础上发展起来的新一代的测角仪器，是全站型电子速测仪的过渡产品，其主要特点是：

（1）采用电子测角系统，能自动显示测量结果，减轻外业劳动强度，提高工作效率；

（2）可与电磁波测距仪组合成全站型电子速测仪，配合适当的接口，可将观测的数据输入计算机，实现数据处理和绘图自动化。

电子测角仍然是采用度盘，与光学测角不同的是，电子测角是从度盘上取得电信号，然后再转换成角度，并以数字的形式显示在显示器上。电子经纬仪的测角系统有以下几种：编码度盘测角系统、光栅度盘测角系统、动态测角系统。

1. 编码度盘测角系统

如图 3-28 所示,光电编码度盘是在光学度盘刻度圈圆周设置等间隔的透光与不透光区域,称白区与黑区,由它们组成的分度圈称为码道,一个编码度盘有很多同心的码道,码道越多,编码度盘的角度分辨率越高。

电子计数采用二进制编码方法,码盘上的白区与黑区分别表示二进制代码"0"和"1"。为了读取编码,需在编码度盘的每一个码道的一侧设置发光二极管,另一侧设置光敏二极管,它们严格地沿度盘半径方向成一直线。发光二极管发出的光通过码盘产生透光或不透光信号,由光敏二极管转换成电信号,经处理后,以十进制或 60 进制自动显示。

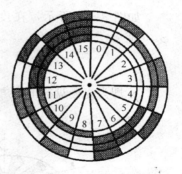

图 3-28 4 个码道的编码度盘

2. 光栅度盘测角系统

如图 3-29 所示,在圆盘上均匀地刻有许多等间隔的狭缝,称为光栅。光栅的线条处为不透光区,缝隙处为透光区。在光栅盘上下对应位置设置发光二极管光敏二极管,则可使计数器累计求得所移动的栅距数,从而得到转动的角度值。

为了提高测角精度,在光栅测角系统中采用了莫尔条纹技术,如图 3-30 所示。产生莫尔条纹的方法是:取一小块与光栅盘具有相同密度和栅距的光栅,与光栅盘以微小的间距重叠,并使其刻线互成一微小夹角 θ,这时就会出现放大的明暗交替的莫尔条纹(栅距由 d 放大到 W)。

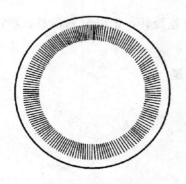

图 3-29 径向光栅

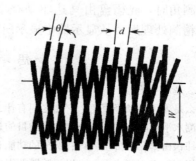

图 3-30 光栅莫尔条纹

测角过程中,转动照准部时,产生的莫尔条纹也随之移动。设栅距和纹距的分划值均为 δ,移动条纹的个数 n,和计数不足整条纹距的小数 $\Delta\delta$,则角度值 φ 可写为

$$\varphi = n\delta + \Delta\delta$$

北京拓普康仪器有限公司生产的 DJD_2 型电子经纬仪即采用光栅度盘测角系统,测角精度为 $2''$。

3. 动态测角系统

如图 3-31 所示，在度盘上刻有 1024 个分划，两条分划条纹的角距为 φ_0，则

$$\varphi_0 = \frac{360°}{1024} = 21'05.625''$$

φ_0 即为光栅盘的单位角度。

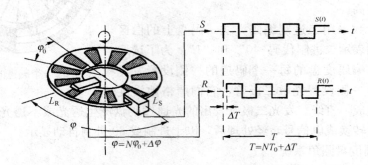

图 3-31 动态测角原理

在光栅盘条纹圈外缘，按对径设置一对固定检测光栅 L_S，在靠近内缘处设置一对与照准部相固联的活动检测光栅 L_R（图 3-31 中仅画出其中的一个）。对径设置的检测光栅可用来消除光栅盘的偏心差。φ 表示望远镜照准某方向后 L_S 和 L_R 之间的角度。由图 3-31 可以看出

$$\varphi = N\varphi_0 + \Delta\varphi \tag{3-13}$$

式中　N——φ 角内所包含的条纹间隔数；

　　　$\Delta\varphi$——不足一个单位角度 φ_0 的小数。

测角时，光栅盘由马达驱动绕中心轴作匀速旋转，记取分划信息，经过粗测、精测处理后，从显示器中显示所测角度值。

思 考 题 与 习 题

1. 什么是水平角？
2. 什么是天顶距和竖直角？它们之间有什么关系？
3. 观测水平角时，仪器对中和整平的目的是什么？
4. 经纬仪由哪几部分组成，各部分的功能有哪些？
5. 采用正倒镜观测水平角可以消除哪些误差的影响？
6. 观测水平角时，什么情况下采用测回法？什么情况下采用方向观测法？
7. 计算水平角时，如果被减数不够减，为什么可以再加 360°？
8. 观测竖直角时，在读数前为什么要将竖盘指标水准管气泡居中？
9. 电子经纬仪有哪些主要特点？
10. 试述用测回法测量水平角的操作步骤。
11. 经纬仪有哪些主要轴线？各轴线之间应满足什么条件？
12. 什么是竖盘指标差？如何消除？
13. 试完成表 3-5 中测回法观测水平角的计算。
14. 试完成表 3-6 中方向观测法观测水平角的计算。

水平角观测手薄(测回法) 表 3-5

测站	测回	竖盘位置	目标	水平度盘读数 (° ′ ″)	半测回值 (° ′ ″)	一测回角值 (° ′ ″)	各测回平均角值 (° ′ ″)	备注
O	1	左	A	0 02 48				
			B	45 48 36				
		右	A	180 02 36				
			B	225 48 30				
O	2	左	A	90 03 30				
			B	135 49 24				
		右	A	270 03 24				
			B	315 49 24				

水平角观测手薄(方向观测法) 表 3-6

测站	测回	目标	水平度盘读数 盘左 (° ′ ″)	水平度盘读数 盘右 (° ′ ″)	平均读数 (° ′ ″)	一测回归零方向值 (° ′ ″)	各测回归零方向值 (° ′ ″)	水平角 (° ′ ″)	备注
1	2	3	4	5	6	7	8	9	
1	1	A	0 02 12	180 02 06					
		B	43 18 30	223 18 36					
		C	121 33 18	301 33 12					
		D	165 19 24	345 19 18					
		A	0 02 06	180 02 06					
			Δ左=	Δ右=					
2	O	A	90 03 24	270 03 30					
		B	133 19 42	313 19 54					
		C	211 34 30	31 34 24					
		D	255 20 24	75 20 36					
		A	90 03 30	270 03 36					
			Δ左=	Δ右=					

15. 试完成表 3-7 中观测竖直角的计算。

竖直角观测手簿 表 3-7

测站	目标	竖盘位置	竖盘读数 (° ′ ″)	半测回竖直角 (° ′ ″)	指标差 (″)	一测回竖直角 (° ′ ″)	备注
A	B	左	63 27 18				
		右	296 32 24				
	D	左	97 12 48				
		右	262 47 24				

第四章 距离测量与直线定向

【学习重点】

* 了解距离测量的目的就是测量地面两点之间的水平距离。直线定线的方法有：两点间目测定线、过高地定线和经纬仪定线三种。
* 理解标准方向线有三种：真子午线方向、磁子午线方向、坐标纵轴方向。同理，由于采用的标准方向不同，直线的方位角也有如下三种：真方位角、磁方位角和坐标方位角。
* 掌握用钢尺进行精密量距时，在丈量前首先必须对所用钢尺进行检定，以便在丈量结果中加入尺长改正、温度改正和倾斜改正。以及坐标正算和坐标反算的计算方法。

距离测量是测量的三项基本工作之一。距离测量是指测量地面两点间的水平距离。根据使用的工具和方法的不同，常用的距离测量方法有钢尺量距、视距测量和电磁波测距。

地面上两点间的相对位置，除确定两点间的水平距离以外，尚需确定两点连线的方向。确定一条直线与标准方向之间的角度关系，称为直线定向。

第一节 钢 尺 量 距

一、量距工具

钢尺量距的首要工具是钢尺。又称钢卷尺，其长度有 20、30、50m 等几种。最小刻划到毫米，有的钢尺仅在零至一分米之间刻划到毫米，其他部分刻划到厘米。在分米和米的刻划处，注有数字。钢尺卷在圆形金属盒或铁架内，便于携带使用，如图 4-1 所示。

钢卷尺由于尺的零点位置不同，有刻线尺和端点尺之分，如图 4-2 所示。刻

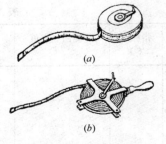

图 4-1 钢卷尺
(a)钢尺卷在圆形金属盒内；(b)钢尺卷在铁架中

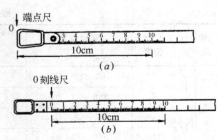

图 4-2 刻线尺和端点尺
(a)端点尺；(b)刻线尺

线尺是在尺上刻出零点的位置；端点尺是以尺的端部、金属环的最外端为零点，从建筑物的边缘开始丈量时用端点尺很方便。

钢尺量距的辅助工具有测钎、标杆、垂球等。如图 4-3 所示，测钎亦称测针，用直径 5mm 左右的粗钢丝制成，长 30～40cm，上端弯成环形，下端磨尖，一般以 11 根为一组，穿在铁环中，用来标定尺的端点位置和计算整尺段数。标杆又称花杆，直径 3～4cm，长 2～3m，杆身涂以 20cm 间隔的红、白漆，下端装有锥形铁尖，主要用于标定直线方向。垂球亦称线锤，是对点的工具。当进行精密量距时，还需配备弹簧秤和温度计。

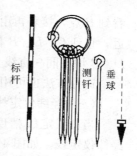

图 4-3 辅助工具

二、直线定线

当两个地面点之间的距离较长或地势起伏较大时，为方便量距工作，需分成若干尺段进行丈量，这就需要在直线的方向上插上一些标杆或测钎，在同一直线上定出若干点，这项工作被称为直线定线。

（一）两点间目测定线

如图 4-4 所示，A 和 B 为地面上相互通视、待测距离的两点。现要在直线 AB 上定出 1、2 等点。先在 A、B 两点上竖立花杆，甲站在 A 杆后约 1～2m 处，指挥乙左右移动花杆，直到甲以 A 点沿标杆同一侧看见 A、1、B 三花杆在同一直线上。用同样方法可定出 2 点。直线定线一般应由远到近，即先定 1 点，再定 2 点。

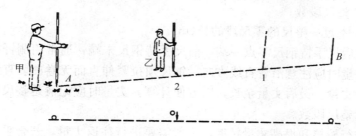

图 4-4 目测定线

（二）过高地定线

如图 4-5 所示，A、B 两点在高地两侧，互不通视，欲在 AB 两点间标定直线，可采用逐渐趋近法。先在 A、B 两点上竖立标杆，甲、乙两人各持标杆分别选择 C_1 和 D_1 处站立，要求 B、D_1、C_1 位于同一直线上，且甲能看到 B 点，乙能看到 A 点。可先由甲站在 C_1 处指挥乙移动至 BC_1 直线上的 D_1 处。然后，由站在 D_1 处的乙指挥甲移动至 AD_1 直线上的 C_2 点，要求 C_2 能

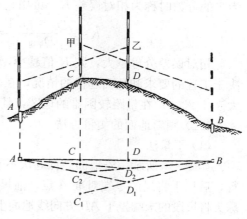

图 4-5 过高地定线

看到 B 点，接着再由站在 C_2 处的甲指挥乙移至能看到 A 点的 D_2 处，这样逐渐趋近，直到 C、D、B 在一直线上，同时 A、C、D 也在一直线上，这时说明 A、C、D、B 均在同一直线上。

这种方法也可用于分别位于两座建筑物上的 A、B 两点间的定线。

（三）经纬仪定线

当直线定线精度要求较高时，可用经纬仪定线。如图 4-6 所示，欲在 AB 直线上精确定出 1、2、3 点的位置，可将经纬仪安置于 A 点，用望远镜照准 B 点，固定照准部制动螺旋，然后将望远镜向下俯视，将十字丝交点投测到木桩上，并钉小钉以确定出 1 点的位置。同法标定出 2、3 点的位置。

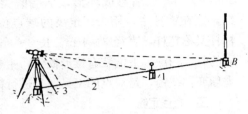

图 4-6　经纬仪定线

三、距离丈量

（一）平坦地面的丈量方法

沿地面直接丈量水平距离，可先在地面定出直线方向，然后逐段丈量，则直线的水平距离按下式计算：

$$D = n \cdot l + q \tag{4-1}$$

式中　l——钢尺的一整尺段长(m)；

n——整尺段数；

q——不足一整尺的零尺段的长(m)。

丈量时后手手持钢尺零点一端，前尺手持钢尺末端，通常用测钎标定尺段端点位置。丈量时应注意沿着直线方向，钢尺须拉紧伸直而无卷曲。直线丈量时尽量以整尺段丈量，最后丈量余长，以方便计算。丈量时应记清楚整尺段数，或用测钎数表示整尺段数。

为了进行校核和提高丈量精度，一般需要进行往返丈量。若合乎要求，取往返平均数作为丈量的最后结果。往返丈量的距离之差与平均距离之比，化成分子为 1 的分数时称为相对误差 K，可用它来衡量丈量结果的精度。即：

$$K = \frac{|D_{往} - D_{返}|}{D_{平均}} = \frac{1}{D_{平均}/|D_{往} - D_{返}|} \tag{4-2}$$

相对误差分母越大，则 K 值越小，精度越高；反之，精度越低。量距精度取决于工程的要求和地面起伏的情况，在平坦地区，钢尺量距的相对误差一般不应大于 1/2000；在量距较困难的地区，其相对误差也不应大于 1/1000。

（二）倾斜地面的丈量方法

（1）平量法

如图 4-7 所示，若地面高低起伏不平，可将钢尺拉平丈量。丈量由 A 向 B 进行，后尺手将尺的零端对准 A 点，前尺手将尺抬高，并且目估使尺子水平，用垂球尖将尺段的末端投于 AB 方向线地面上，再插以测钎。依次进行，丈量 AB 的水平距离。若地面倾斜较大，将钢尺整尺拉平有困难时，可将一尺段分成几段来平量。

（2）斜量法

当倾斜地面的坡度比较均匀时，如图4-8所示，可沿斜面直接丈量出AB的倾斜距离D'，测出地面倾斜角α或AB两点间的高差h，按下式计算AB的水平距离D：

$$D=D'\cos\alpha \tag{4-3}$$

$$D=\sqrt{D'^2-h^2} \tag{4-4}$$

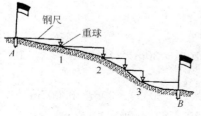

图4-7 平量法

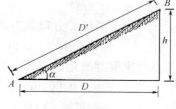

图4-8 斜量法

四、钢尺的检定

由于钢尺材料质量及制造误差等因素的影响，其实际长度和名义长度（即尺上所注的长度）往往不一样，而且钢尺在长期使用中因受外界条件变化的影响也会引起尺长的变化。因此，在精密量距中，距离丈量精度要求达到1/10000时，在丈量前必须对所用钢尺进行检定，以便在丈量结果中加入尺长改正。

（一）尺长方程式

所谓尺长方程式即在标准拉力下（30m钢尺用100N，50m钢尺用150N）钢尺的实长与温度的函数关系式。其形式为：

$$l_t = l_0 + \Delta l + \alpha l_0(t-t_0) \tag{4-5}$$

式中　l_t——钢尺在温度t℃时的实际长度；

　　　l_0——钢尺的名义长度；

　　　Δl——尺长改正数，即钢尺在温度t_0时的改正数，等于实际长度减名义长度；

　　　α——钢尺的线膨胀系数，其值取为1.25×10^{-5}/℃；

　　　t_0——钢尺检定时的标准温度（20℃）；

　　　t——钢尺使用时的温度。

每根钢尺都须有尺长方程式才能得出其实际长度，但尺长方程式中的Δl会起变化，待尺子使用一段时间后必须重新检定，得出新的尺长方程式。

（二）尺长检定方法

1. 与标准尺比长

钢尺检定最简单的方法是将欲检定的钢尺与检定过的已有尺长方程式的钢尺进行比较（认定它们的线膨胀系数相同），求出尺长改正数，再进一步求出欲检定钢尺的尺长方程式。

例如：设1号标准尺的尺长方程式为：

$$l_{t1}=30\text{m}+0.004\text{m}+1.25\times10^{-5}\times30\times(t-20℃)\text{m}$$

被检定的2号钢尺，其名义长度也为30m，比较时的温度为24℃。当两尺末端刻划对齐并施加标准拉力后，2号钢尺比1号钢尺短0.007m，根据比较结果，可以得出：
$$l_{t2}=l_{t1}-0.007\text{m}$$
即 $l_{t2}=30\text{m}+0.004\text{m}+1.25\times10^{-5}\times30\text{m}\times(24-20)-0.007\text{m}$
$=30\text{m}+0.004\text{m}+(1.25\times10^{-5}\times30\text{m}\times24-1.25\times10^{-5}\times30\text{m}\times20)-0.007\text{m}$
$=30\text{m}+0.004\text{m}+(0.009\text{m}-0.008\text{m})-0.007\text{m}$
$=30\text{m}+0.004\text{m}+0.001\text{m}-0.007\text{m}$
$=30\text{m}-0.002\text{m}$

故 2 号钢尺的尺长方程式为：
$$l_{t2}=30\text{m}-0.002\text{m}+1.25\times10^{-5}\times30\text{m}\times(t-24℃)$$

若将检定温度改化成 20℃，则：
$$l_{t2}=30\text{m}+0.004\text{m}+1.25\times10^{-5}\times(t-20℃)\times30\text{m}-0.007\text{m}$$
即 $l_{t2}=30\text{m}-0.003\text{m}+1.25\times10^{-5}\times(t-20℃)\times30\text{m}$

2. 在已知长度的两固定点间量距

如果检定精度要求更高一些，可在国家测绘机构已测定的已知精确长度的基线场进行量距，用欲检定的钢尺多次丈量基线长度，推算出尺长改正数及尺长方程式。

设基线长度为 D，丈量结果为 D'，钢尺名义长度为 l_0，则尺长改正数 Δl 为：

$$\Delta l=\frac{D-D'}{D'}\cdot l_0 \tag{4-6}$$

再将结果改化为标准温度 20℃时的尺长改正数，即得到标准尺长方程式。

五、钢尺的精密量距

当用钢尺进行精密量距时，要求钢尺有毫米分划，至少尺的零点端有毫米分划。钢尺须经检定，得出在检定时拉力与温度的条件下应有的尺长方程式。丈量前应先用经纬仪定线。如地势平坦或坡度均匀，可测定直线两端点高差作为倾斜改正的依据；若沿线坡度有变化，地面起伏，标定木桩时应注意坡度变化处，两木桩间距离略短于钢尺全长，木桩顶高出地面 2～3cm，桩顶用"十"来标示点的位置，用水准仪测定各坡度变换点木桩桩顶间的高差，作为分段倾斜改正的依据。丈量时钢尺两端都对准尺段端点进行读数，如钢尺仅零点端有毫米分划，则须以尺末端某分米分划对准尺段一端以便零点端读出毫米数。每尺段丈量三次，以尺子的不同位置对准端点，其移动量一般在 1 分米以内。三次读数所得尺段长度之差视不同要求而定，一般不超过 2～5mm，若超限，须进行第四次丈量。丈量完成后还须进行成果整理，即改正数计算，最后得到精度较高的丈量成果。

（一）尺长改正 Δl_l

由于钢尺的名义长度和实际长度不一致，丈量时就产生误差。设钢尺在标准温度，标准拉力下的实际长度为 l，名义长度为 l_0，则一整尺的尺长改正数为：
$$\Delta l=l-l_0$$

每量一米的尺长改正数为：
$$\Delta l_{\text{米}}=\frac{l-l_0}{l_0}$$

丈量 D' 距离的尺长改正数为：
$$\Delta l_l=\frac{l-l_0}{l_0}\cdot D' \tag{4-7}$$

钢尺的实长大于名义长度时，尺长改正数为正，反之为负。

（二）温度改正 Δl_t

丈量距离都是在一定的环境条件下进行，温度的变化，对距离将产生一定的影响。设钢尺检定时温度为 $t_0℃$，丈量时温度为 $t℃$，钢尺的线膨胀系数 α 一般为 $0.0000125\text{m}/℃$，则丈量一段距离 D' 的温度改正数 Δl_t 为：

$$\Delta l_t = \alpha(t-t_0)D' \tag{4-8}$$

当丈量时温度大于检定时温度，改正数 Δl_t 为正；反之为负。

（三）倾斜改正 Δl_h

设量得的倾斜距离为 D'，两点间测得高差为 h，将 D' 改算成水平距离 D 需加倾斜改正 Δl_h，一般用下式计算：

$$\Delta l_h = -\frac{h^2}{2D'} \tag{4-9}$$

倾斜改正数 Δl_h 永远为负值。

（四）全长计算

将测得的结果加上上述三项改正值，即得

$$D = D' + \Delta l_l + \Delta l_t + \Delta l_h \tag{4-10}$$

相对误差在限差范围之内，取平均值为丈量的结果，如相对误差超限，应重测。钢尺丈量手簿见表 4-1。对表 4-1 中 A-1 段距离进行三项改正计算：

尺长改正：$\Delta l_l = \dfrac{30.0015 - 30}{30} \times 29.9218 = 0.0015\text{m}$

钢尺量距记录计算手簿　　　　　　　　　　　　　　　　　表 4-1

钢尺号：No：98-3　钢尺线膨胀系数：0.0000125m/1℃　检定温度 20℃　计算者：任 伟
名义尺长：30m　钢尺检定长度：30.0015m　检定拉力：10kg　日期：2002.10

尺段	丈量次数	前尺读数(m)	后尺读数(m)	尺段长度(m)	温度(℃)	高差(m)	温度改正(mm)	高差改正(mm)	尺长改正(mm)	改正后尺段长(m)
1	2	3	4	5	6	7	8	9	10	11
A-1	1	29.9910	0.0700	29.9210	25.5	−0.152	+2.0	−0.4	+1.5	29.9249
	2	29.9920	0.0695	29.9225						
	3	29.9910	0.0690	29.9220						
	平均			29.9218						
1-2	1	29.8710	0.0510	29.8200	25.4	−0.071	+1.9	−0.08	+1.5	29.8228
	2	29.8705	0.0515	29.8190						
	3	29.8715	0.0520	29.8195						
	平均			29.8195						
2-B	1	24.1610	0.0515	24.1095	25.7	−0.210	+1.6	−0.9	+1.2	24.1121
	2	24.1625	0.0505	24.1120						
	3	24.1615	0.0524	24.1091						
	平均			24.1102						
总和										83.8598

温度改正：$\Delta l_t = 0.0000125 \times (25.5 - 20) \times 29.9218 = 0.0020 \text{m}$

倾斜改正：$\Delta l_h = -\dfrac{(-0.152)^2}{2 \times 29.9218} = -0.0004 \text{m}$

经上述三项改正后的 A-1 段的水平距离：

$$D_{A-1} = 29.9218 + 0.020 + (-0.0004) + 0.0015 = 29.9249 \text{m}$$

其余各段改正计算与 A-1 段相同，然后将各段相加为 83.8598m。如表 4-1 中，设返测的总长度为 83.8524m，可以求出相对误差，用来检查量距的精度。

相对误差 $\quad K = \dfrac{|D_{往} - D_{返}|}{D_{平均}} = \dfrac{0.0074}{83.8561} = \dfrac{1}{11332}$

若将平均值保留 3 位小数，则最后结果为 83.856m。

六、钢尺量距的误差分析及注意事项

影响钢尺量距精度的因素很多，下面简要分析一下产生误差的主要来源和注意事项。

（一）尺长误差

钢尺的名义长度与实际长度不符，就产生尺长误差，用该钢尺所量距离越长，则误差累积越大。因此，新购的钢尺必须进行检定，以求得尺长改正值。

（二）温度误差

钢尺丈量的温度与钢尺检定时的温度不同，将产生温度误差。尺温每变化 8.5℃，尺长将改变 1/10000，在一般量距时，丈量温度与标准温度之差不超过 ±8.5℃时，可不考虑温度误差。但精密量距时，必须进行温度改正。

（三）拉力误差

钢尺在丈量时拉力与检定时拉力不同而产生误差。拉力变化 68.6N，尺长将改变 1/10000。丈量时拉力可用弹簧秤衡量，30m 钢尺施力 100N，50m 钢尺施力 150N。

（四）钢尺倾斜和垂曲误差

量距时钢尺两端不水平或中间下垂成曲线，都会产生误差。因此丈量时必须注意保持尺子水平，整尺段悬空时，中间应有人托一下尺子，精密量距时需用水准仪测定两端点高差，以便进行高差改正。

（五）定线误差

由于定线不准确，所量得的距离是一组折线而产生的误差称为定线误差。在一般量距中，用标杆目估定线能满足要求。但精密量距需用经纬仪定线。

（六）丈量误差

丈量时插测钎或垂球落点不准，前、后尺手配合不好以及读数不准等产生的误差均属于丈量误差。这种误差对丈量结果影响可正可负，大小不定。因此，在操作时应认真仔细、配合默契，以尽量减少误差。

第二节 视 距 测 量

视距测量是用望远镜内的视距装置，根据光学和三角学原理测定距离和高差

的一种方法。特点是操作简便、速度快、不受地形的限制，但测距精度较低，一般相对误差为 1/300～1/200，高差测量的精度也低于水准测量和三角高程测量。它主要用于地形图的碎部测量。

一、视距测量原理

（一）视线水平时的视距测量

如图 4-9 所示，在经纬仪、水准仪等仪器的望远镜十字丝分划板上，有两条平行于横丝且与横丝等距的短丝，称为视距丝，也叫上下丝。要测出地面上 A、B 两点间的水平距离及高差，先在 A 点安置仪器，在 B 点立视距尺（图 4-10）。将望远镜视线调至水平位置并瞄准尺子，这时视线与视距尺垂直。下丝在标尺上的读数为 a，上丝在标尺上的读数为 b（设为倒像望远镜）。上、下丝读数之差称为视距间隔 n，则 $n=a-b$。

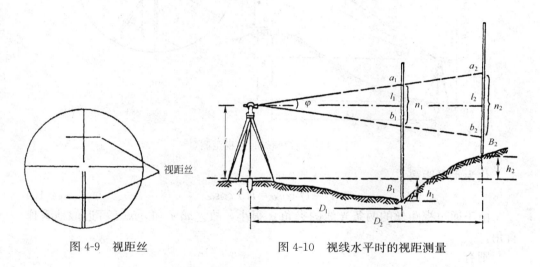

图 4-9 视距丝　　　图 4-10 视线水平时的视距测量

由于上下视距丝固定在十字丝分划板上，它们的间距是一定的，因此，从两根视距丝引出去的视线在竖直面内的夹用 φ 也是一个固定的角值，由图 4-10 可知，视距间隔 n 和立尺点离开测站的水平距离 D 成线性关系，即：

$$D=Kn+C \tag{4-11}$$

式中 K 和 C 分别称为视距乘常数和视距加常数，在仪器制造时，使 $C=0$，$K=100$。因此，视线水平时，计算水平距离的公式为：

$$D=Kn=100n=100 \cdot (a-b) \tag{4-12}$$

从图 4-10 中还可看出，量取仪器高 i 之后，便可根据视线水平时的横丝读数或称中丝读数 l 来计算两点间的高差：

$$h=i-l \tag{4-13}$$

即为视线水平时高差计算公式。

如果 A 点高程 H_A 为已知，则可求得 B 点的高程 H_B 为：

$$H_B=H_A+i-l \tag{4-14}$$

（二）视线倾斜时的视距测量

当地面上 A、B 两点的高差较大时，必须使视线倾斜一个竖直角 α，才能在标尺上进行读数，这时视线不垂直于视距尺，不能用前述公式计算距离和高差。

如图 4-11 所示，设想将标尺以中丝读数 l 这一点为中心，转动一个 α 角，使标尺仍与视准轴垂直，此时上下视距丝的读数分别为 b' 和 a'，视距间隔 $n'=a'-b'$，则倾斜距离为：

$$D'=Kn'=K(a'-b') \tag{4-15}$$

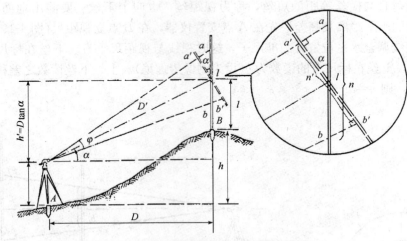

图 4-11 视线倾斜时的视距测量

化为水平距离：

$$D=D'\cos\alpha=Kn'\cos\alpha \tag{4-16}$$

由于通过视距丝的两条光线的夹角 φ 很小，故 $\angle aa'l$ 和 $\angle bb'l$ 可近似地看作直角，

则有：

$$n'=n\cdot\cos\alpha \tag{4-17}$$

将式(4-17)代入式(4-16)，得到视准轴倾斜时水平距离的计算公式：

$$D=Kn\cdot\cos^2\alpha \tag{4-18}$$

同理，由图 4-11 可知，A、B 两点之间的高差为：

$$h=h'+i-l=D\cdot\mathrm{tg}\alpha+i-l=\frac{1}{2}Kn\cdot\sin2\alpha+i-l \tag{4-19}$$

式中　α——垂直角；

i——仪器高；

l——中丝读数。

二、视距测量的观测和计算

(1) 如图 4-11 所示，安置经纬仪于 A 点，量取仪器高 i，在 B 点竖立视距尺；

(2) 用盘左或盘右，转动照准部瞄准 B 点的视距尺，分别读取上、中、下三丝在标尺上的读数 b、l、a，计算出视距间隔 $n=a-b$。在实际视距测量操作中，为了使计算方便，读取视距时，可使下丝或上丝对准尺上一个整分米处，直接在尺上读出尺间隔 n，或者在瞄准读中丝时，使中丝读数 l 等于仪器高 i。

(3) 转动竖盘指标水准管微动螺旋，使竖盘指标水准管气泡居中，读取竖盘读数，并计算竖直角 α；

(4) 将上述观测数据分别记入视距测量手簿表 4-2 中相应的栏内。再根据视距尺间隔 n、竖直角 α、仪器高 i 及中丝读数 l，按式(4-18)和式(4-19)计算出水平距离 D 和高差 h。最后根据 A 点高程 H_A 计算出待测点 B 的高程 H_B。

视距测量计算表　　　　　　　　　　　　　　表 4-2

测站：F		测站高程：86.45m		仪器高：1.435m		仪器：J6				
日期：2002.8.9		视线高：7.885m		观测：刘建军		记录：王晓刚				
点号	下丝读数(m)	上丝读数(m)	中丝读数(m)	视距间隔(m)	竖盘读数(° ′)	竖直角(° ′)	水平距离(m)	高差(m)	高程(m)	备注
1	1.718	1.192	1.455	0.526	85 32	+4 28	52.28	+4.06	10.51	$\alpha=90°-L$
2	1.944	1.346	1.645	0.598	83 45	+6 15	59.09	+6.26	12.71	
3	2.153	1.627	1.890	0.526	92 13	-2 13	52.52	-2.49	3.96	
4	2.226	1.684	1.955	0.542	84 36	+5 24	53.72	+4.56	11.01	

三、视距测量的误差来源及消减方法

影响视距测量精度的因素主要有以下几方面：

（一）视距乘常数 K 的误差

通常认定视距乘常数 $K=100$，但由于视距丝间隔有误差，视距尺有系统性刻划误差，以及仪器检定的各种因素影响，都会使 K 值不为 100。K 值一旦确定，其误差对视距的影响是系统性的。

（二）用视距丝读取尺间隔的误差

视距丝的读数是影响视距精度的重要因素，视距丝的读数误差与尺子最小分划的宽度，距离的远近，成像清晰情况有关。在视距测量中一般根据测量精度要求来限制最远视距。

（三）标尺倾斜误差

视距计算的公式是在视距尺严格垂直的条件下得到的。若视距尺发生倾斜，将给测量带来不可忽视的误差影响，因此，测量时立尺要尽量竖直。在山区作业时，由于地表有坡度而给人以一种错觉，使视距尺不易竖直，因此，应采用带有水准器装置的视距尺。

（四）外界条件的影响

1. 大气竖直折光的影响

大气密度分布是不均匀的，特别在晴天接近地面部分密度变化更大，使视线弯曲，给视距测量带来误差。根据试验，只有在视线离地面超过 1m 时，折光影响才比较小。

2. 空气对流使视距尺的成像不稳定

这种现象在晴天，视线通过水面上空和视线离地表太近时较为突出，成像不稳定造成读数误差的增大，对视距精度影响很大。

3. 风力使尺子抖动

如果风力较大使尺子不易立稳而发生抖动，分别用两根视距丝读数又不可能严格在同一个时候进行，所以对视距间隔将产生影响。

减少外界条件影响的唯一办法，只有根据对视距精度的需要而选择合适的天气作业。

第三节 直 线 定 向

在测量工作中常常需要确定两点平面位置的相对关系，此时仅仅测得两点间的距离是不够的，还需要知道这条直线的方向，才能确定两点间的相对位置，在测量工作中，一条直线的方向是根据某一标准方向线来确定的，确定直线与标准方向线之间的夹角关系的工作称为直线定向。

一、标准方向线

（一）真子午线方向

通过地面上一点并指向地球南北极的方向线，称为该点的真子午线方向。真子午线方向是用天文测量方法测定的。指向北极星的方向可近似地作为真子午线的方向。

（二）磁子午线方向

通过地面上一点的磁针，在自由静止时其轴线所指的方向（磁南北方向），称为磁子午线方向。磁子午线方向可用罗盘仪测定。

由于地磁两极与地球两极不重合，致使磁子午线与真子午线之间形成一个夹角 δ，称为磁偏角。磁子午线北端偏于真子午线以东为东偏，δ 为正；以西为西偏，δ 为负。

（三）坐标纵轴方向

测量中常以通过测区坐标原点的坐标纵轴为准，测区内通过任一点与坐标纵轴平行的方向线，称为该点的坐标纵轴方向。

真子午线与坐标纵轴间的夹角 γ 称为子午线收敛角。坐标纵轴北端在真子午线以东为东偏，γ 为"＋"；以西为西偏，γ 为"－"。

图 4-12 所示为三种标准方向间关系的一种情况，δ_m 为磁针对坐标纵轴的偏角。

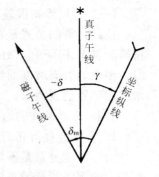

图 4-12 磁偏角和子午线收敛角

二、方位角

由标准方向的北端起，按顺时针方向量到某直线的水平角，称为该直线的方位角，角值范围为 $0°\sim360°$。由于采用的标准方向不同，直线的方位角有如下三种：

（一）真方位角

从真子午线方向的北端起，按顺时针方向量至某直线间的水平角，称为该直线的真方位角，用 A 表示。

（二）磁方位角

从磁子午线方向的北端起，按顺时针方向量至某直线间的水平角，称为该直线的磁方位角，用 A_m 表示。

（三）坐标方位角

从平行于坐标纵轴的方向线的北端起，按顺时针方向量至某直线的水平角，称为该直线的坐标方位角，以 α 表示，通常简称为方向角。

三、用罗盘仪测定磁方位角

当测区内没有国家控制点可用，需要在小范围内建立假定坐标系的平面控制网时，可用罗盘仪测量磁方位角，作为该控制网起始边的坐标方位角。将过起始点的磁子午线作为坐标纵轴线，下面简单介绍罗盘仪的构造和使用方法。

（一）罗盘仪的构造

罗盘仪（compass）是测量直线磁方位角的仪器，如图 4-13 所示。仪器构造简单，使用方便，但精度不高，外界环境对仪器的影响较大，如钢铁建筑和高压电线都会影响其精度。

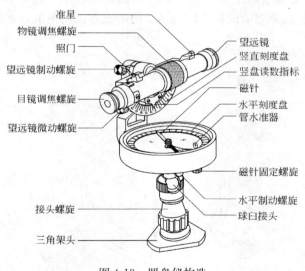

图 4-13 罗盘仪构造

罗盘仪的主要部件有磁针、刻度盘、望远镜和基座，如图 4-14 所示。

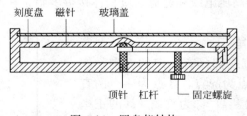

图 4-14 罗盘仪结构

（1）磁针：磁针用人造磁铁制成，磁针在度盘中心的顶针尖上可自由转动。为了减轻顶针尖的磨损，在不用时，可用位于底部的固定螺旋升高杠杆，将磁针固定在玻璃盖上。

(2) 刻度盘：用钢或铝制成的圆环，随望远镜一起转动，每隔 10° 有一注记，按逆时针方向从 0° 注记到 360°，最小分划为 1° 或 30′。刻度盘内装有一个圆水准器或者两个相互垂直的管水准器，用手控制气泡居中，使罗盘仪水平。

(3) 望远镜：与经纬仪的望远镜结构基本相似，也有物镜对光、目镜对光螺旋和十字丝分划板等，其望远镜的视准轴与刻度盘的 0° 分划线共面，如图 4-15 所示。

(4) 基座：采用球臼结构，松开球臼接头螺旋，可摆动刻度盘，使水准气泡居中，度盘处于水平位置，然后拧紧接头螺旋。

(二) 用罗盘仪测定直线磁方位角的方法

欲测直线 AB 的磁方位角，将罗盘仪安置在直线起点 A，挂上垂球对中，松开球臼接头螺旋，用手前、后、左、右转动刻度盘，使水准器气泡居中，拧紧球臼接头螺旋，使仪器处于对中和整平状态。松开磁针固定螺旋，让它自由转动，然后转动罗盘，用望远镜照准 B 点标志，待磁针静止后，按磁针北端（一般为黑色一端）所指的度盘分划值读数，即为 AB 边的磁方位角角值，如图 4-15 所示。

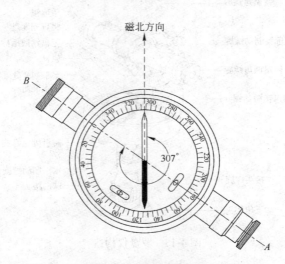

图 4-15 用罗盘仪测定直线磁方位角的原理

使用时，要避开高压电线和避免铁质物体接近罗盘，在测量结束后，要旋紧固定螺旋将磁针固定。

四、正反坐标方位角

测量工作中的直线都具有一定的方向，如图 4-16 所示，以 A 点为起点，B 点为终点的直线 AB 的坐标方位角 α_{AB}，称为直线 AB 的正坐标方位角。而直线 BA 的坐标方位角 α_{BA}，称为直线 AB 的反坐标方位角。同理，α_{BA} 为直线 BA 的正坐标方位角，α_{AB} 为直线 BA 的反坐标方位角，由图 4-16 中可以看出，正、反坐标方位角

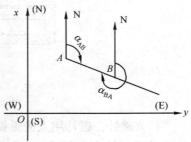

图 4-16 正、反坐标方位角

间的关系为：
$$\alpha_{BA} = \alpha_{AB} \pm 180° \quad (4\text{-}20)$$

五、象限角

由坐标纵轴的北端或南端起，顺时针或逆时针至某直线间所夹的锐角，并注出象限名称，称为该直线的象限角，以 R 表示之，角值范围为 $0°\sim90°$。如图 4-17 所示，直线 01、02、03、04 的象限分别为北东 R_{01}、南东 R_{02}、南西 R_{03} 和北西 R_{04}。

由图 4-17 可推算出坐标方位角与象限角的换算关系见表 4-3。

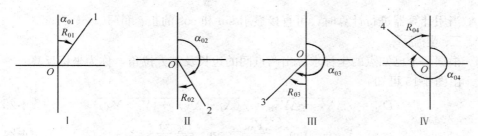

图 4-17 象限角

坐标方位角与象限角的换算关系表　　　　表 4-3

直线方向	由坐标方位角推算象限角	由象限角推算坐标方位角
北东，第Ⅰ象限	$R = \alpha$	$\alpha = R$
南东，第Ⅱ象限	$R = 180° - \alpha$	$\alpha = 180° - R$
南西，第Ⅲ象限	$R = \alpha - 180°$	$\alpha = 180° + R$
北西，第Ⅳ象限	$R = 360° - \alpha$	$\alpha = 360° - R$

第四节　坐标正、反算

一、坐标正算

根据已知点的坐标，已知边长及该边的坐标方位角，计算未知点的坐标的方法，称为坐标正算。

如图 4-18 所示，A 为已知点，坐标为 X_A、Y_A，已知 AB 边长为 D_{AB}，坐标方位角为 α_{AB}，要求 B 点坐标 X_B、Y_B。由图 4-15 可知

$$\left.\begin{array}{l} X_B = X_A + \Delta X_{AB} \\ Y_B = Y_A + \Delta Y_{AB} \end{array}\right\} \quad (4\text{-}21)$$

其中

$$\left.\begin{array}{l} \Delta X_{AB} = D_{AB} \cdot \cos\alpha_{AB} \\ \Delta Y_{AB} = D_{AB} \cdot \sin\alpha_{AB} \end{array}\right\} \quad (4\text{-}22)$$

式中 sin 和 cos 的函数值随着 α 所在象限

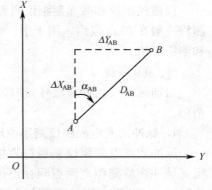

图 4-18 坐标正、反算

的不同有正、负之分,因此,坐标增量同样具有正、负号。其符号与 α 角值的关系见表 4-4。

坐标增量的正负号　　　　　　　　表 4-4

象限	方向角 α	cosα	sinα	ΔX	ΔY
I	0°～90°	+	+	+	+
II	90°～180°	−	+	−	+
III	180°～270°	−	−	−	−
IV	270°～360°	+	−	+	−

当用计算器进行计算时,可直接显示 sin 和 cos 的正、负号。

二、坐标反算

根据两个已知点的坐标求算出两点间的边长及其方位角,称为坐标反算。
由图 4-15 可知

$$D_{AB}=\sqrt{\Delta X_{AB}^2+\Delta Y_{AB}^2}=\sqrt{(X_B-X_A)^2+(Y_B-Y_A)^2} \tag{4-23}$$

$$\alpha_{AB}=\tan^{-1}\frac{\Delta Y_{AB}}{\Delta X_{AB}}=\tan^{-1}\frac{Y_B-Y_A}{X_B-X_A} \tag{4-24}$$

注意在用计算器按式(4-24)计算坐标方位角时,得到的角值只是象限角,还必须根据坐标增量的正负,按表 4-4 决定坐标方位角所在象限,再按表 4-3 将象限角换算为坐标方位角。

第五节　电　磁　波　测　距

传统的距离测量采用钢尺丈量,劳动强度大,效率低,在复杂的地形条件下甚至无法工作。而普通的视距测量方法虽然迅速、简便,但测程较短,精度较低。随着光电技术的发展,电磁波测距法应运而生。与传统测距工具和方法相比,具有高精度,高效率,不受地形限制等优点。电磁波测距仪分为微波测距仪和光电测距仪,以微波作为载波的测距仪称微波测距仪,以激光为光源的称激光测距仪,以砷化镓(GaAs)发光二极管发出的红外光作光源的红外测距仪和其他光源作为载波的测距仪统称为电磁波测距仪。

微波测距仪和激光测距仪测程可达数十千米,多用于长程测距。红外测距仪测程一般在 5km 以内,用于中、短程测距。本节主要介绍红外测距仪的基本原理和测距方法。

一、测距原理

目前测距仪品种和型号繁多,但其测距原理基本相同,分为脉冲式和相位式两种。

1. 脉冲式光电测距仪测距原理

脉冲式光电测距仪是通过直接测定光脉冲在待测距离两点间往返传播的时间 t,来测定测站至目标的距离 D。如图 4-19 所示,用测距仪测定两

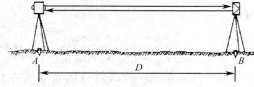

图 4-19　脉冲式光电测距原理

点间的距离 D，在 A 点安置测距仪，在 B 点安置反射棱镜。由测距仪发射的光脉冲，经过距离 D 到达反射棱镜，再反射回仪器接收系统，所需时间为 t，则距离 D 即可按下式求得：

$$D = \frac{1}{2} C \cdot t \quad (4\text{-}25)$$

式中：C 为光波在大气中的传播速度，根据物理学的基本公式有：

$$C = \frac{C_\circ}{n} \quad (4\text{-}26)$$

$C_\circ$ 为光波在真空中的传播速度，为一常数，$C_\circ = (299792458 \pm 1.2\text{m})/\text{s}$；$n$ 为大气的折射率，是温度、湿度、气压和工作波长的函数，即 $n = f(t_1、e_1、p_1、\lambda)$。因而有：

$$D = \frac{C_\circ}{2n} \cdot t \quad (4\text{-}27)$$

由上式可看出，在能精确测定大气折射率 n 的条件下，光电测距仪的精度取决于测定光波的往返传播时间的精确度。由于精确测定光波的往返传播时间较困难，因此脉冲式测距仪的精度难以提高，目前市场上计时脉冲测距仪多为厘米级精度范围，要提高精度，必须采用间接测时手段——相位法测时。

2. 相位式光电测距仪测距原理

相位式光电测距仪是通过光源发出连续的调制光，通过往返传播产生相位差，间接计算出传播时间，从而计算距离。

红外测距仪以砷化镓发光二极管作为光源。若给砷化镓发光二极管注入一定的恒定电流。它发出的红外光，其光强恒定不变；若改变注入电流的大小，砷化镓发光二管发射的光强也随之变化，注入电流大，光强就强，注入电流小，光强就弱。若在发光二极管上注入的是频率为 f 的交变电流，则其光强也按频率 f 发生变化，这种光称为调制光。相位法测距发出的光就是连续的调制光。

调制光波在待测距离上往返传播，其光强变化一个整周期的相位差为 2π，将仪器从 A 点发出的光波在测距方向上展开，如图 4-20 所示，显然，返回 A 点时的相位比发射时延迟了 φ 角，其中包含了 N 个整周 ($2\pi N$) 和不足一个整周的尾数 $\Delta \varphi$，即：

$$\varphi = 2\pi N + \Delta \varphi \quad (4\text{-}28)$$

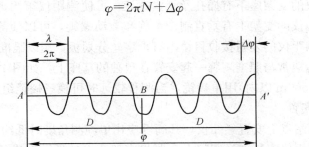

图 4-20 相位式光电测距原理

若调制光波的频率为 f，波长为 $\lambda = \dfrac{C}{f}$，则有：

$$\varphi = 2\pi f t = 2\pi C t / \lambda \tag{4-29}$$

将式(4-28)代式(4-29)，可得：

$$t = \dfrac{\lambda}{C}\left(N + \dfrac{\Delta\varphi}{2\pi}\right) \tag{4-30}$$

将式(4-30)代入式(4-25)，得：

$$D = \dfrac{\lambda}{2}\left(N + \dfrac{\Delta\varphi}{2\pi}\right) \tag{4-31}$$

与钢尺量距公式相比，若把 $\lambda/2$ 视为整尺长，则 N 为整尺段数，$(\lambda/2)\times(\Delta\varphi/2\pi)$ 为不足一个整尺的余数，所以通常就把 $\lambda/2$ 称为"光尺"长度。

由于测距仪的测相装置只能测定不足一个整周期的相位差 $\Delta\varphi$，不能测出整周数 N 的值，因此只有当光尺长度大于待测距离时，此时 $N=0$，距离方可以确定，否则就存在多值解的问题。换句话说，测程与光尺长度有关。要想使仪器具有较大的测程，就应选用较长的"光尺"。例如用 10m 的"光尺"，只能测定小于 10m 的数据；若用 1000m 的"光尺"，则能测定 1000m 的距离。但是，由于仪器存在测相误差，它与"光尺"长度成正比，约为 1/1000 的光尺长度，因此"光尺"长度越长，测距误差就越大。10m 的"光尺"测距误差为 ±10mm，而 1000m 的"光尺"测距误差则达到 ±1m。为解决测程产生的误差问题，目前多采用两把"光尺"配合使用。一把的调制频率为 15MHz，"光尺"长度为 10m，用来确定分米、厘米、毫米位数，以保证测距精度，称为"精尺"；一把的调制频率为 150kHz，"光尺"长度为 1000m，用来确定米、十米、百米位数，以满足测程要求，称为"粗尺"。把两尺所测数值组合起来，即可直接显示精确的测距数字。

二、红外测距仪及使用

目前国内外生产的红外测距仪型号很多，虽然它们的基本工作原理和结构大致相同，但具体的操作方法还是有所差异。因此，使用时应认真阅读说明书，严格按照仪器的使用手册进行操作。

下面以日本索佳的 REDmini2 测距仪为例，进行简要介绍。

1. 仪器构造

REDmini2 仪器的各操作部件如图 4-21 所示。测距仪常安置在经纬仪上同时使用。测距仪的支架座下有插孔及制紧螺旋，可使测距仪牢固地安装在经纬仪的支架上。测距仪的支架上有垂直制动螺旋和微动螺旋，可以使测距仪在竖直面内俯仰转动。测距仪的发射接收目镜内有十字丝分划板，用以瞄准反射棱镜。

反射棱镜通常与照准靶牌一起安置在单独的基座上，如图 4-22 所示，测程较近时(通常在 500m 以内)用单棱镜，当测程较远时可换三棱镜组。

2. 仪器安置

(1) 在测站点上安置经纬仪，其高度应比单纯测角度时低约 25cm；

(2) 将测距仪安装到经纬仪上，要将支架座上的插孔对准经纬仪支架上的插栓，并拧紧固定螺旋；

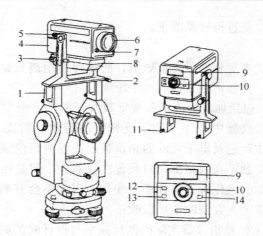

图 4-21　REDmini2 测距仪

1—支架座；2—水平方向调节螺旋；3—垂直微动螺旋；4—测距仪主机；5—垂直制动螺旋；
6—发射接收镜物镜；7—数据传输接口；8—电池；9—显示窗；10—发射接收镜目镜；
11—支架固定螺旋；12—测距模式键；13—电源开关；14—测量键

(3) 在主机底部的电池夹内装入电池盒，按下电源开关键，显示窗内显示"8888888"约 2s，此时为仪器自检，当显示"—30.000"时，表示自检结果正常；

(4) 在待测点上安置反射棱镜，用基座上的光学对中器对中，整平基座，使觇牌面和棱镜面对准测距仪所在方向。

3. 距离测量

(1) 用经纬仪望远镜中的十字丝中心瞄准目标点上的觇牌中心，读取竖盘读数，计算出竖直角 α；

(2) 上、下转动测距仪，使其望远镜的十字丝中心对准棱镜中心，左、右方向如果不对准棱镜中心，则调整支架上的水平方向调节螺旋，使其对准；

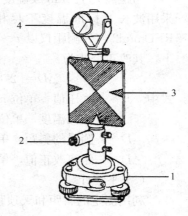

图 4-22　反射棱镜与觇牌
1—基座；2—光学对中目镜；
3—照准觇牌；4—反射棱镜

(3) 开机，主机发射的红外光经棱镜反射回来，若仪器收到足够的回光量，则显示窗下方显示"*"。若"*"不显示，或显示暗淡，或忽隐忽现，则表示未收到回光，或回光不足，应重新瞄准棱镜；

(4) 显示窗显现"*"后，按测量键，发生短促声响，表示正在进行测量，显示测量记号"⊿"，并不断闪烁，测量结束时，又发生短促声响，显示测得斜距；

(5) 初次测距显示后，继续进行距离测量和斜距数值显示，直至再次按测量键，即停止测量；

(6) 如果要进行跟踪测距，则在按下电源开关键后，再按测距模式键，则每 0.3s 显示一次斜距值(最小显示单位为厘米)，再次按测距模式键，则停止跟踪测量；

(7) 当测距精度要求较高时(例如相对精度为 1/10000 以上)，则测距同时应测定气温和气压，以便进行气象改正。

4. 距离计算

测距仪器由于受本身和外界因素影响，所测得的距离只是斜距的初步值，还需进行改正数计算，才能得到正确的水平距离。

(1) 常数改正：包括加常数改正和乘常数改正两项。加常数 C 是由于发光管的发射面、接收面与仪器中心不一致；反光镜的等效反射面与反光镜中心不一致；内光路产生相位延迟及电子元件的相位延迟使得测距仪测出的距离值与实际距离值不一致。此常数差在仪器出厂时预置在仪器中。但是由于仪器在搬运过程中的震动、电子元件的老化等，常数还会变化，因此还会有剩余加常数，这个常数要经过仪器检测求定，在测距中加以改正。

仪器乘常数 R 主要是指仪器实际的测尺频率与设计时的频率有了偏移，使测出的距离存在着随距离而变化的系统误差，其比例因子称为乘常数。此项差值也应通过检测求定，在测距中加以改正。

(2) 气象改正：

当距离大于 2km 或温度变化较大时，要求进行气象改正计算。由于各类仪器采用波长及标准温度不尽相同，因此气象改正公式中个别系数也略有不同。REDmini2 红外测距仪以 $t=15℃$，$P=101.3\text{kPa}$ 为标准状态。在一般大气状态下，其改正公式为：

$$\Delta D = [278.96 - 0.3872P/(1+0.00366t)]D \qquad (4-32)$$

式中 P——气压值，单位 mmHg；

t——摄氏温度，单位 ℃；

D——测量的斜距，单位 km；

ΔD——距离改正值，单位 mm。

(3) 平距计算：

利用测定的斜距和天顶距用下式计算平距：

$$D = D_{斜} \cdot \sin(z) \qquad (4-33)$$

三、使用测距仪的注意事项

(1) 仪器在运输时必须注意防潮、防震和防高温。测距完毕立即关机。迁站时应先切断电源，切忌带电搬动。电池要经常进行充、放电保养。

(2) 测距仪物镜不可对着太阳或其他强光源（如探照灯等），以免损坏光敏二极管，在阳光下作业须撑伞。

(3) 防止雨淋仪器，若经雨淋，须烘干（不高于 50℃）或晾干后再通电，以免发生短路，烧毁电气元件。

(4) 设置测站时，应远离变压器、高压线等，以防强电磁场的干扰。

(5) 应避免测线两侧及镜站后方有反光物体（如房屋玻璃窗、汽车挡风玻璃等），以免背景干扰产生较大测量误差。

(6) 测线应高出地面和离开障碍物 1.3m 以上。

(7) 选择有利的观测时间，一天中，上午日出后 0.5~1.5h，下午日落前 3~0.5h 为最佳观测时间，阴天、有微风时，全天都可以观测。

思考题与习题

1. 什么叫直线定线？量距时为什么要进行直线定线？如何进行直线定线？
2. 测量中的水平距离指的是什么？什么叫相对误差？它如何计算？
3. 哪些因素会对钢尺量距产生误差？应注意哪些事项？
4. 何谓真子午线、磁子午线、坐标子午线？何谓真方位角、磁方位角、坐标方位角？正反坐标方位角关系如何？试绘图说明。
5. 光电测距的基本原理是什么？光电测距成果计算时，要进行哪些改正？
6. 全站仪名称的含义是什么？仪器主要由哪些部分组成？
7. 使用一根 30m 的钢尺，其实际长度为 29.985m，现用该钢尺丈量两段距离，使用拉力为 10kg，$\alpha=0.0000125\text{m}/1℃$，丈量结果如下表所示，试进行尺长、温度及倾斜改正，求出各段的实际长度。

尺　段	丈量结果(m)	温度(℃)	高差(m)
1	29.997	6	1.71
2	29.902	15	0.56

8. 用一把尺长方程式为 $30\text{m}+0.0032\text{m}+1.25\times10^{-5}\times30(t-20℃)\text{m}$ 的钢尺，量得 AB 两点间的倾斜距离 $D'=143.9987\text{m}$，量距时测得钢尺平均温度为 16℃，两点间高差为 1.2m，试求该段距离的实际水平长度。
9. 由 1、2、3…… 等点所组成的一条导线，已知第一条边的方位角 $\alpha_{12}=75°18'$，各导线的左转角如下表所示，求 α_{23}、α_{34}、α_{45} 和 α_{56} 各边的方位角，并绘图表示。

点　号	左　转　角	点　号	左　转　角
1		4	151°38'
2	209°59'	5	235°50'
3	130°46'	6	

10. 已知 A 点的磁偏角为西偏 21'，过点 A 的真子午线与中央子午线的收敛角为东偏 3'，直线 AB 的方向角为 60°20'，求 AB 直线的真方位角与磁方位角，并绘图表示。
11. 已知下列各直线的坐标方位角 $\alpha_{AB}=38°30'$，$\alpha_{CD}=175°35'$，$\alpha_{EF}=230°20'$，$\alpha_{GH}=330°58'$，试分别求出它们象限角和反坐标方位角。
12. 用经纬仪进行距离测量的记录表如下，仪器高 $i=1.532\text{m}$，测站点高程为 7.481m。试计算测站点至各照准点的水平距离及各照准点的高程。

点号	下丝读数(m)	上丝读数(m)	中丝读数(m)	视距间隔(m)	竖盘读数(°′)	竖直角(°′)	水平距离(m)	高差(m)	高程(m)	备注
1	1.766	0.902	1.383		84　32					$\alpha=90°-L$
2	2.165	0.555	1.360		87　25					
3	2.570	1.428	2.000		93　45					
4	2.871	1.128	2.000		86　13					

13. 用红外测距仪测得某一导线边的斜距为 150.143m，竖直角 $\alpha=2°17'24''$，量得仪器高 $i=1.575\text{m}$，棱镜高 $I=2.150\text{m}$，丈量时温度为 24℃，大气压为 765mmHg（1mmHg = 133.3224Pa），试计算水平距离 D 及高差 Δh。

第五章 测量误差的基本知识

【学习重点】
- 了解测量误差产生的原因概括起来有仪器误差、观测者和外界条件的影响等三个方面。
- 理解按获得观测值的方式、观测值之间的关系、观测值的可靠程度可分为直接观测与间接观测、独立观测与相关观测、必要观测与多余观测和等精度观测与不等精度观测等四个类型。
- 掌握产生系统误差的原因和偶然误差的产生。

第一节 测量误差及其分类

在测量工作中，无论测量仪器多么精密，观测多么仔细，测量结果总是存在着差异。例如，对同一段距离丈量两次、对同一个角度进行多次观测、对两点之间的高差进行往返观测，所得结果总会有差异。这种现象的产生，说明观测结果存在着各种测量误差。

一、测量误差产生的原因
测量误差产生的原因概括起来有下列三个方面：

1. **仪器误差**

测量工作是通过仪器进行的，而任何一种仪器都具有一定的精度，尽管仪器通过检验和校正，都会有一些剩余误差。因此，使观测结果受到影响。

2. **人为误差**

观测者是通过自身的感觉器官来进行工作的，由于人的感觉器官鉴别能力的局限性，使得在安置仪器、瞄准读数等方面都会产生误差。此外，观测者技术熟练程度、工作态度也会直接影响观测成果的质量。

3. **外界条件的影响**

观测时所处的外界自然环境，如温度、湿度、风力、日照、气压、大气折光等因素，必然使观测结果带有误差。

通常把观测误差来源的三个方面，称为观测条件，观测条件的好坏与观测成果的质量有着密切的联系。

在测量中，除了误差之外，有时还可能发生错误。例如测错、读错、算错等，这是由于观测者的疏忽大意造成的。只要观测者仔细认真地作业并采取必要的检核措施，错误就可以避免。

二、测量误差的分类
测量误差按其性质可分为系统误差和偶然误差两类。

1. 系统误差

在相同观测条件下，对某量进行一系列的观测，如果误差的大小及符号表现出一致性倾向，即按一定的规律变化或保持为常数，这种误差称为系统误差。例如，用一把名义长度为 30m，而实际长度为 30.010m 的钢尺丈量距离，每量一尺段就要少量 0.010m，这 0.010m 的误差，在数值上和符号上都是固定的，丈量距离愈长，误差也就愈大。

系统误差具有累积性，对测量成果影响较大，应设法消除或减弱。常用的方法有：对观测结果加改正数；对仪器检验与校正；采用适当的观测方法。

2. 偶然误差

在相同观测条件下，对某量进行一系列的观测，如果误差的大小及符号都没有表现出一致性的倾向，表面上看没有任何规律，这种误差称为偶然误差。例如，瞄准目标的照准误差；读数的估读误差等。

偶然误差是不可避免的。为了提高观测成果的质量，常用的方法是采用多余观测结果的算术平均值作为最后观测结果。

在观测中，系统误差和偶然误差通常总是同时产生的。当系统误差设法消除和减弱后，决定观测精度的关键就是偶然误差。因此，在测量误差理论中主要是讨论偶然误差。

第二节 偶然误差的特性

从单个偶然误差而言，其大小和符号均没有规律性，但就其总体而言，却呈现出一定的统计规律性。例如，在相同观测条件下，对一个三角形的内角进行观测，由于观测带有误差，其内角和观测值（l_i）不等于它的真值（$X=180°$），两者之差称为真误差（Δ_i），即

$$\Delta_i = l_i - X \quad (i=1, 2\cdots\cdots n) \tag{5-1}$$

现观测 162 个三角形的全部三个内角，将其真误差按绝对值大小排列组成表 5-1。

真误差绝对值大小排列表　　　　　　　　　　　　　表 5-1

误差区间 (3″)	正误差 个数 k	正误差 频率 k/n	负误差 个数 k	负误差 频率 k/n	合计 个数 k	合计 频率 k/n
0～3	21	0.130	21	0.130	42	0.260
3～6	19	0.117	19	0.117	38	0.234
6～9	12	0.074	15	0.093	27	0.167
9～12	11	0.068	9	0.056	20	0.124
12～15	8	0.049	9	0.056	17	0.105
15～18	6	0.037	5	0.030	11	0.067
18～21	3	0.019	1	0.006	4	0.025
21～24	2	0.012	1	0.006	3	0.018
24 以上	0	0	0	0	0	0
Σ	82	0.506	80	0.494	162	1.000

从上表可以看出，偶然误差具有以下四个特性：
(1) 有限性　偶然误差的绝对值不会超过一定的限值；
(2) 聚中性　绝对值小的误差比绝对值较大的误差出现的机会多；
(3) 对称性　绝对值相等的正、负误差出现的机会相等；
(4) 抵消性　随着观测次数的无限增加，偶然误差的理论平均值趋近于零。即

$$\lim_{n \to \infty} \frac{[\Delta]}{n} = 0 \tag{5-2}$$

由偶然误差特性可知：当对某量有足够的观测次数，其正、负误差是可以相互抵消的。

第三节　衡量精度的标准

衡量精度的标准有多种，常用的评定标准有中误差、容许误差、相对误差三种。

1. 中误差

在相同观测条件下，作一系列的观测，并以各个真误差的平方和的平均值的平方根作为评定观测质量的标准，称为中误差 m，即

$$m = \pm \sqrt{\frac{[\Delta\Delta]}{n}} \tag{5-3}$$

由上式可见，中误差不等于真误差，它仅是一组真误差的代表值，中误差的大小反映了该组观测值精度的高低。因此，通常称中误差为观测值的中误差。

2. 容许误差

由于偶然误差具有有限性，所以偶然误差的绝对值不会超过一定的限值。如果在测量过程中某一观测值超过了这个限值，就认为这次观测值不符合要求，应该舍去重测。测量上把这个限值称为容许误差。根据误差理论和测量实验证明：绝对值大于二倍中误差的偶然误差出现的概率约有5%，绝对值大于三倍中误差的偶然误差出现的概率仅有0.3%。因此，在工程规范中，通常以二倍中误差作为偶然误差的容许值，即

$$\Delta_\text{限} = 2m$$

3. 相对误差

对于某些观测成果，用中误差还不能完全判断测量精度。例如，用钢尺丈量100m和200m两段距离，观测值的中误差均为0.01m，但不能认为两者的测量精度是相同的，因为量距误差与其长度有关。为了能客观反映实际精度，通常用相对误差来表达边长观测值的精度。相对误差 K 就是观测值中误差 m 的绝对值与观测值 D 的比，并将其化成分子为1的形式，即

$$K = \frac{|m|}{D} = \frac{1}{\frac{D}{|m|}} \tag{5-4}$$

上述丈量两段距离的相对中误差分别为1/10000和1/20000，显然后者比前者的测量精度高。

第四节　算术平均值及其观测值的中误差

一、算术平均值

设在相同观测条件下，对某量观测了 n 次，其观测值为 l_1，l_2……，l_n，则该量算术平均值为

$$x=\frac{l_1+l_2+\cdots+l_n}{n}=\frac{[l]}{n} \tag{5-5}$$

设该量的真值为 X，其相应的真误差为 Δ_1，Δ_2……Δ_n，根据真误差的定义，得

$$\Delta_n = l_n - X$$

将上式两端相加，并除以 n，得

$$\frac{[\Delta]}{n}=\frac{[l_n]}{n}-X$$

根据偶然误差的抵消性，即可得出　　$x=X$

由此可知，当观测次数趋于无限时，算术平均值趋近于该量的真值。在实际工作中，观测次数是有限的，而算术平均值不是最接近于真值，但比每一个观测值更接近于真值。因此，通常总是把有限次观测值的算术平均值称为该量的最可靠值或最或然值。

二、观测值的中误差

在实际工作中，由于未知量的真值往往是不知道的，真误差也就无法求得，所以不能直接利用(5-3)式求得中误差。但是未知量的算术平均值是可以求得的，因此通常采用算术平均值 x 与观测值 l_i 之差的改正数 v_i（也称为最或然误差）来计算误差。

由改正数定义，得

$$v_i = x - l_i \quad (i=1, 2\cdots\cdots n) \tag{5-6}$$

将上式两端相加，顾及(5-5)式，得　　$[v]=0$

因此，在相同观测条件下，一组观测值的改正数之和恒等于零。这个结论常用于检核计算。

把(5-1)式和(5-6)式相加，再将式的两端平方，求其总和，并顾及 $[v]=0$，得

$$[\Delta\Delta] = [vv] + n(x-X)^2$$

在上式中顾及(5-5)式和(5-1)式，得

$$(x-X)^2 = \left(\frac{[l]}{n}-X\right)^2 = \frac{1}{n^2}([l]-nX)^2 = \frac{1}{n^2}(\Delta_1+\Delta_2+\cdots+\Delta_n)^2$$

$$= \frac{\Delta_1^2+\Delta_2^2+\cdots+\Delta_n^2}{n^2} + \frac{2(\Delta_1\Delta_2+\Delta_2\Delta_3+\cdots\Delta_{n-1}\Delta_n)}{n^2}$$

上式右端第二项中 $\Delta_i\Delta_j (i\neq j)$ 为两个偶然误差的乘积。由偶然误差抵消性可知，当 $n\to\infty$ 时，该项趋近于零；当 n 为有限次时，该项为一微小量，可忽略不计，因此

$$(x-X)^2 = \frac{[\Delta\Delta]}{n^2}$$

将上式代入原式,得

$$[\Delta\Delta] = [vv] + \frac{[\Delta\Delta]}{n}$$

$$\frac{[\Delta\Delta]}{n} = \frac{[vv]}{n-1}$$

根据中误差定义,得

$$m = \pm\sqrt{\frac{[vv]}{n-1}} \tag{5-7}$$

上式,就是利用观测值的改正数计算等精度观测值中误差的公式,m 代表每一次观测值的精度,故称为观测值中误差。

三、算术平均值中误差的计算公式

根据算术平均值和线性函数,得出算术平均值中误差的计算公式为

$$M = \pm\sqrt{\frac{1}{n^2}m_1^2 + \frac{1}{n^2}m_2^2 + \cdots + \frac{1}{n^2}m_n^2}$$
$$= \pm\sqrt{\frac{m^2}{n}} = \pm\frac{m}{\sqrt{n}} = \pm\sqrt{\frac{[vv]}{n(n-1)}} \tag{5-8}$$

由上式可知,算术平均值的精度比观测值的精度提高了 $\sqrt{n}$ 倍。

例如等精度观测了某段距离五次,各次观测值列于 5-2 表中。试求该段距离的观测值的中误差及算术平均值的中误差。

观 测 值 表　　　　　　　　　表 5-2

观测次数	观测值 l(m)	改正数 v(mm)	vv	计　　算
1	148.641	−14	196	
2	148.628	−1	1	
3	148.635	−8	64	$m = \pm\sqrt{\frac{[vv]}{n-1}} = \pm 12.1\text{mm}$
4	148.610	+17	289	$M = \pm\frac{m}{\sqrt{n}} = \pm 5.4\text{mm}$
5	148.621	+6	36	
Σ	743.135	0	586	

第五节　误差传播定律

在测量工作中,有一些未知量是不能直接测定,而且与观测值有一定的函数关系,通过间接计算求得。例如:高差 $h = a - b$,是独立观测值后视读数 a 和前视读数 b 的函数。建立独立观测值中误差与观测值函数中误差之间的关系式,测量上称为误差传播定律。

一、线性函数

1. 倍数函数

设函数
$$Z = kx$$
式中，k 为常数；x 为独立观测值；Z 为 x 的函数。当观测值 x 含有真误差 Δx 时，使函数 Z 也将产生相应的真误差 Δz，设 x 值观测了 n 次，则
$$\Delta Z_n = k \Delta x_n$$
将上式两端平方，求其总和，并除以 n，得
$$\frac{[\Delta Z \Delta Z]}{n} = k^2 \frac{[\Delta x \Delta x]}{n}$$
根据中误差的定义，则有
$$m_Z^2 = k^2 m_x^2$$
或
$$m_Z = k m_x \tag{5-9}$$
由此得出结论：倍数函数的中误差，等于倍数与观测值中误差的乘积。

【例 5-1】 在 1：500 的图上，量得某两点间的距离 $d = 123.4$mm，d 的量测中误差 $m_d = \pm 0.2$mm。试求实地两点间的距离 D 及其中误差 m_D。

【解】 $D = 500 \times 123.4$mm $= 61.7$m

$m_D = 500 \times (\pm 0.2mm) = \pm 0.1$m

所以 $D = 61.7$m ± 0.1m

2. 和差函数

设有函数
$$Z = x \pm y$$
式中 x 和 y 均为独立观测值；Z 是 x 和 y 的函数。当独立观测值 x、y 含有真误差 $\Delta x \Delta y$ 时，函数 Z 也将产生相应的真误差 ΔZ，如果对 x、y 观测了 n 次，则
$$\Delta Z_n = \Delta x_n + \Delta y_n$$
将上式两端平方，求其总和，并除以 n，得
$$\frac{[\Delta z \Delta z]}{n} = \frac{[\Delta x \Delta x]}{n} + \frac{[\Delta y \Delta y]}{n} + \frac{2[\Delta z \Delta z]}{n}$$
根据偶然误差的抵消性和中误差定义，得
$$m_Z^2 = m_x^2 + m_y^2$$
或
$$m_Z = \pm \sqrt{m_x^2 + m_y^2} \tag{5-10}$$
由此得出结论：和差函数的中误差，等于各个观测值中误差平方和的平方根。

【例 5-2】 分段丈量一直线上两段距离 AB、BC，丈量结果及其中误差为：$AB = 180.15$m ± 0.01m，$BC = 200.18$m ± 0.13m。试求全长 AC 及其中误差。

【解】 $AC = 180.15$m $+ 200.18$m $= 380.33$m

$m_{AC} = \pm \sqrt{0.10^2 + 0.13^2} = \pm 0.17$m

3. 一般线性函数

设有线性函数
$$Z = k_1 x_1 + k_2 x_2 + \cdots + k_n x_n$$
式中 $x_1, x_2 \cdots \cdots x_n$ 为独立观测值；$k_1, k_2 \cdots \cdots k_n$ 为常数，根据(5-9)和(5-10)式可得
$$m_Z^2 = (k_1 m_1)^2 + (k_2 m_2)^2 + \cdots + (k_n m_n)^2$$

式中 m_1，m_2……m_n 分别是 x_1，x_2……x_n 观测值的中误差。

二、非线性函数

设有函数 $$Z=f(x_1, x_2……x_n)$$

上式中，x_1，x_2……x_n 为独立观测值，其中误差为 m_1，m_2……m_n。当观测值 x_i 含有真误差 Δx_i 时，函数 Z 也必然产生真误差 ΔZ，但这些真误差都是很小值，故对上式全微分，并以真误差代替微分，即

$$\Delta z = \frac{\partial f}{\partial x_1}\Delta x_1 + \frac{\partial f}{\partial x_2}\Delta x_2 + \cdots + \frac{\partial f}{\partial x_n}\Delta x_n$$

上式中 $\frac{\partial f}{\partial x_1}$，$\frac{\partial f}{\partial x_2}$……$\frac{\partial f}{\partial x_n}$ 是函数 Z 对 x_1，x_2……x_n 的偏导数，当函数值确定后，则偏导数值恒为常数，故上式可以认为是线性函数，于是有

$$m_Z = \pm\sqrt{\left(\frac{\partial F}{\partial x_1}\right)m_{x_1}^2 + \left(\frac{\partial F}{\partial x_2}\right)m_{x_2}^2 + \cdots + \left(\frac{\partial F}{\partial x_n}\right)m_{x_n}^2} \qquad (5-11)$$

由此得出结论：非线性函数中误差等于该函数按每个观测值所求得的偏导数与相应观测值中误差乘积之和的平方根。

思 考 题 与 习 题

1. 观测值中为什么会存在误差？如何发现？
2. 偶然误差与系统误差有何区别？偶然误差具有哪些特性？
3. 什么叫中误差？容许误差？相对误差？
4. 为什么说观测值的算术平均值是最或然值？
5. 在一组等精度观测中，观测值中误差与算术平均值中误差有什么区别？
6. 在水准测量中，设每个测站的观测值中误差为 ±5mm，若从已知点到待定点一共测 10 个测站，试求其高差中误差。
7. 同精度观测了某角四个测回，各测回观测值分别为：128°17′24″，128°17′48″，128°17′54″，128°17′30″。试求该角度的算术平均值、一测回观测值的中误差和算术平均值的中误差。
8. 同精度丈量了某段距离五次，各次长度分别为：121.314m，121.330m，121.320m，121.327m，121.335m。试求该段距离的算术平均值、观测值的中误差、算术平均值的中误差及其相对误差。
9. 设在图上量得某一圆的半径 $R=31.33$mm，中误差为 ±0.5mm。试求圆周长的中误差。
10. 有一长方形，测得其边长为 15m±0.003m 和 20m±0.004m。试求该长方形面积及其中误差。

第六章 全站仪及 GPS 测量原理

【学习重点】
- 了解全站仪测量及 GPS 定位的基本原理。
- 理解全站仪测量及 GPS 定位测量的基本方法。
- 掌握全站仪测量及 GPS 测量的外业实施以及实时动态(RTK)定位技术。

电子速测仪,又称全站型电子速测仪,简称全站仪,是光电测距仪与电子经纬仪及数据终端机(数据记录兼数据处理)结合的仪器。人工设站瞄准目标后,按仪器上的操作电钮键即可自动显示并记录被测距离、角度及计算数据。

第一节 全站型电子速测仪

20 世纪 60 年代末期,原西德奥普托(Opton)在 1968 年生产出世界第一台全站型电子速测仪 RegEltal 4,测距精度为 $\pm(5\sim10)$mm,水平方向和垂直方向观测中误差分别为 $\pm3''$ 和 $\pm5''$,质量达 21.5kg。20 世纪 70 年代是全站仪生产相对稳定和探索的阶段,典型产品有 1977 年美国休利特-帕卡德公司(Hewlett-Packand)生产的 HP3820A,其测距精度为 $\pm(5mm+5\times10^{-6}\cdot D)$,水平方向和垂直方向观测中误差分别为 $\pm2''$ 和 $\pm4''$,质量(含电池)9.1kg。随着电子测角技术和数据处理与存储性能的提高,全站仪在 20 世纪 80 年代得到了迅速的发展。1983 年瑞士威特厂生产了采用动态测角原理的全站仪 TC2000,其测距精度为 $\pm(3mm+2\times10^{-6}\cdot D)$,水平方向和垂直方向观测中误差均为 $\pm0.5''$,主机重量为 9.6kg。20 世纪 90 年代,全站仪的功能进一步丰富和完善,并在测绘等领域得到普遍应用。

全站仪有整体式和组合式两种。组合式全站仪是电子经纬仪和光电测距仪及电子手簿组合成一体,并通过电子经纬仪两个数据输入输出接口与测距仪相联接组成的仪器。它也可以将测距部分和测角部分分开使用。整体式全站仪是测距部分和测角部分设计成一体的仪器。它可同时进行水平角、垂直角测量和距离测量;望远镜的光轴(视准轴)和光波测距部分的光轴是同轴的,并可通过电子处理记录和传输测量数据。整体式全站仪系列型号很多,国内外生产的高、中、低各等级精度的仪器达几十种。目前在国内市场销售的国外品牌全站仪的厂商有:瑞士徕卡(Leica)、美国天宝(Trimble)、日本尼康(Nikon)、日本拓普康(Topcon)、日本宾得(Pentax)、日本索佳(Sokkia)等;国内生产全站仪的主要厂家有苏州一光仪器有限公司、北京博飞仪器股份有限公司、常州大地测距仪厂、南方测绘仪器有限公司、中翰仪器有限公司、励精科技有限公司、广州三鼎光电仪器有限公司、常州大地仪器有限公司等。

因整体式全站仪有使用方便，功能强大，自动化程度高，兼容性强等诸多优点，已作为常用测量仪器普遍使用。

全站仪是一种多功能仪器，除能自动测距、测角和测高差三个基本要素外，还能直接测定坐标以及放样等。具有高速、高精度和多功能的特点。因此，它既能完成一般的控制测量，又能进行建筑工程施工放样和数字地形图的测绘。

下面以尼康 DTM-532C 全站仪系列为例作一简要介绍。

尼康电子全站仪简介：

（一）仪器的基本构造和主要特点

1. 仪器结构

尼康 DTM-532C 全站仪的外貌和结构如图 6-1 所示。该仪器属于整体式结构，测角、测距等使用同一望远镜和同一微处理系统，盘左和盘右各设一组键盘和液晶显示器，以方便操作。在基座下方设有 RS-232C 串行信号接口，用于仪器与外部设备间数据互传。

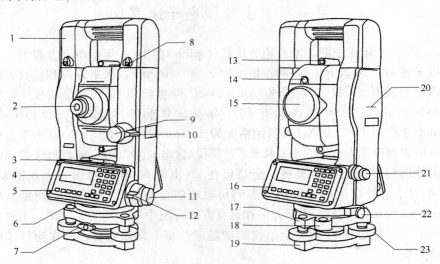

图 6-1 尼康 DTM-532C 全站仪

1—C-80 电池；2—望远镜目镜；3—管水准器；4—显示屏；5—盘左键盘；6—存储标记；7—基座固定钮；8—电池安装按钮；9—垂直微动螺旋；10—垂直制动钮；11—水平微动螺旋；12—水平制动钮；13—光学瞄准器；14—红光导向发生器；15—望远镜物镜；16—盘右键盘；17—三角基座；18—圆水准器；19—基座底板；20—水平轴指示标记；21—光学对中器；22—RS-232C 接口；23—脚螺旋

仪器采用中文显示，DTM-532C 的测角精度为 $\pm 2''$，一般气象条件下测程为 3.6km，测距精度为 2mm+2ppm。

2. 键盘设置

仪器共设置有 21 个键，其主要功能见表 6-1。

键盘设置及主要功能　　　　　　　　　　　　　　　　　表 6-1

键	功　能　说　明
PWR	电源开关
☼	背景照明开关
MENU	显示功能菜单：1. 工作，2. 坐标几向，3. 设置，4. 数据，5. 通信，6. 快捷键，7. 校正，8. 时间
MODE	改变输入键的模式：字母，数字或列表/堆栈；在基本测量屏中调用快速代码模式
REC/ENT	接受输入或记录数据：在基本测量屏中按此键 1s 可将数据作为 CP 存储而不是 SS 记录。在基本测量屏和放样中可通过 COM 口输出数据
ESC	返回上一屏幕：取消输入数据
MSR1	基于对该键的设置，开始测距。按此键 1s。
MSR2	可进入对该键的测量模式设置。
DSP	换屏显示键：如按 1s 可改变 DSP1/4，2/4，3/4 以及 S-O3/7，S-O4/7，S-O5/7 的显示内容
ANG	显示测角菜单：水平角置零；重复角度观测；F1/F2 测角；保持水平角
STN ABC 7	显示建站菜单：以及输入数字 7，字母 A，B，C
S-O DEF 8	显示放样菜单：按此键 1s，显示与 S-O 有关的设置；以及输入数字 8，字母 D，E，F
O/S GHI 9	显示偏心测量菜单：输入 9，G，H，I
PRG JKL 4	显示附加的测量程序菜单：输入 4，J，K，L
MNO 5	输入 5，m，n，o
DAT PQR 6	根据设置，显示 RAW/XYZ 或站点 STN 数据；输入 P，Q，R，6

续表

键	功 能 说 明
USR STU 1 USR VWX 2	执行赋予 USR 键的测量功能；输入 S，T，U，1 和 V，W，X，2
COD YZ 3	找开 CD(代码)输入窗口：上一次输入的 CD 将作为缺省的 CD 值被显示；用于输入 Y，Z，3 及空格
HOT −+ ·	显示 HOT(热键)菜单：用于输入−，+，·
*/= 0	显示电子气泡指示：用于输入 *，/，= 和 0

3. 主要特点

（1）重量轻、主机及电池仅重 5.5kg；

（2）电池使用时间长，连续测距/测角可达 10.5h，如果间隔 30s 测角/测距可连续使用 24 小时；

（3）操作简便，直接面谈操作，数字和字母输入方便，适合外业工作，简洁的屏幕数据显示，可任意切换显示画面；

（4）高密度集成 EDM，测距更快，更稳健，精确测距仅需 1.0s，跟踪测距 0.5s；

（5）国际标准 IPX4 级防水设计，适应全天候作业；

（6）独有的红光导向系统，带有前、后、左、右四个方向指示。

（二）全站仪的操作与使用

1. 测前的准备工作

首先安装电力充足的配套电池，也可使用外部电源。对中、整平工作与普通经纬仪操作方法相同，如要测距离等则需在目标处设置反光棱镜。

2. 开机（见表 6-2）

开机的操作步骤及显示　　　　　表 6-2

操 作 步 骤	操作键	显 示 屏	说 明
1）按[PWR]（开/关）键，打开仪器	[PWR]	上下转动望远镜 温度 20℃ 气压 1011hPa	用上/下键和[ENT]可以改变"温度"、"气压"的数值
2）上下转动望远镜，出现基本测量屏幕		HA：180°3′24″ VA：89°45′56″ SDX：345.1230m PT：3 HT：2.000m	HA：水平角读数 VA：竖直角读数 SDX：平均斜距 PT：点号 HT：目标高

3. 角度测量(见表 6-3)

角度测量的操作步骤及显示　　　　　　　　　表 6-3

操作步骤	操作键	显示屏	说　明
1) 仪器瞄准角度起始方向目标，按［ANG］(角度)键显示角度菜单屏幕	［ANG］	角度 HA：45°00′00″ 1. 置零　4. F1/F2 2. 输入　5. 保持 3. 重复	按相应的数字键 1、2、3、4、5 可选择所需的功能
2) 按［1］键可将水平角读数 HA 设置为 0°00′00″，然后返回基本测量屏	［1］	HA：0°00′00″ VA：89°45′56″ SD：m PT：3 HT：2.000m	
3) 照准目标方向即显示角度值		HA：78°54′28″ VA：93°30′42″ SD：m PT：3 HT：2.000m	

若要将起始目标的读数设置一个 0°以外的度数可按［2］键输入；选择［3］键可重复测同一角度取平均值；选择［4］键可进行盘左、盘右测量。

4. 距离测量(见表 6-4)

距离测量的操作步骤及显示　　　　　　　　　表 6-4

操作步骤	操作键	显示屏	说　明
1) 在任何观测屏按［MSR1］(测量 1)键或［SMR2］(测量 2)键即可进行距离测量	［MSR1］或［MSR2］	HA：45°00′00″ VA：58°36′48″ SD —＜0mm＞m PT：A106 HT：2.3600m	其中第三行显示的是当前使用的棱镜常数
2) 按住［MSR1］或［MSR2］1s 后进入设置屏，可对棱镜常数、测量模式和次数等进行设置	［MSR1］或［MSR2］	目标：棱镜 常数：0　　mm 模式：精确 0.1mm 平均：3 记录模式：仅测量	用上/下箭头和左/右箭头进行改变设置
3) 设置完成后按［ESC］或［ENT］回到基本测量屏。照准目标棱镜后按［MSR1］或［MSR2］即可得到测量结果	［ESC］或［ENT］［MSR1］或［MSR2］	HA：45°00′00″ VA：58°36′48″ SDX：425.726m PT：A106 HT：2.3600m	如测距平均次数为 1～99，测完后显示的是平均距离，如果平均次数设为 0，则不断量测更新距离，直至按下［MSR1］或［MSR2］

若在测量中想要改变目标高 HT 或温度、气压等，按［HOT］热键进行选择输入。

5. 坐标测量(见表 6-5)

坐标测量的操作步骤及显示　　　　　　表 6-5

操作步骤	操作键	显示屏	说明
1）在基本测量屏中，按[STN]（建站）键进入建站菜单	[STN]	建站 1. 已知　2. 后交 3. 快速 4. 远程水准点 5. BS 检查	1、2、3 为建站方式，4 为遥测高程确定站点高程，5 为后视检查
2）按[1]键，可输入点名或点号	[1]	输入站 ST： HI：0.0000m CD：	ST：站点 HI：仪器高 CD：代码
3）若输入点为已存在点，屏幕直接显示坐标并自动进入仪器高栏，若输入新点，则须输入坐标和代码，并按[ENT]输入和存储	[ENT] [ENT]	X： Y： Z： PT：A-123 CD： ST：A-123 HI：0.0000m CD：1	PT：点 A-123 为输入的点名
4）输入仪器高[HI]后按[ENT]，可选择后视点输入坐标还是方位角	[ENT]	后视： 1. 坐标 2. 角度	
5）按[1]键可输入后视点坐标，方法步骤同 3)	[1]	输入后视点： BS： HI： CD：	BS：后视点 HT：目标高 CD：代码
6）用盘左位置照准后视点，按[ENT]，完成设置。若需观测后视点，按测量键，否则按回车键返回基本测量屏	[ENT]	AZ：56°18′36″ HD： SD：	AZ：方位角 HD：平距 SD：斜距
7）照准未知点，即可进行坐标测量，按[MSR1]键或[MSR2]键，其操作步骤与距离测量相同	[MSR1] 或[MSR2]	HA：316°52′30″ VA：296°36′48″ SDX：723.148m PT：A-221 HT：2.0600m	

　　实际上坐标测量也是测量角度和距离，再通过机内软件由已知点坐标计算未知点坐标，因此坐标测量须先输入测站点坐标和后视点坐标或已知方位角，现以直接输入测站点和后视点坐标为例说明。

　　按[DSP]换屏显示键 1 秒钟，可改变屏幕显示内容，有角度、距离、坐标等，按需选择。

6. 放样测量

进行放样测量前亦需先设站，其操作步骤同坐标测量的 1)～6)。

(1) 按水平角和距离进行放样（见表 6-6）

水平角和距离放样的操作步骤及显示　　　　　　　　　表 6-6

操 作 步 骤	操作键	显 示 屏	说　　明
1) 按［S-O］放样键，可显示放样菜单	［S-O］	放样： 1. HA-HD 2. XYZ 3. 分割线放样 4. 参考线放样	1 为用角度和距离放样，2 为用坐标放样
2) 按［1］键，可输入目标点的水平角 HA 和距离 HD	［1］	角度&距离 HD: 0.000m dVD: m HA:	HD：从站点到放样点的水平距离 dVD：从站点到放样点的垂距 HA：至放样点的水平角 ［测量］键即［MSR1］或［MSR2］
3) 数据输入后按［ENT］键，旋转仪器直至 dHA 闭合至 0°00′00″	［ENT］	S-O dHA: 0°00′00″ HD: 154.0000m 照准目标 并按［测量］键	dHA：至目标点的水平角之差 左或右：横向差值 近或远：远近差值 挖或填：高低差值
4) 照准目标按［MSR1］键或［MSR2］键，显示目标点与放样点的差值	［MSR1］或［MSR2］	S-O dHA: 0°00′00″ 左: 0.0000m 近↓4.0473m 挖↓0.1947m	
5) 根据各项差值调整棱镜位置，再次按［MSR1］或［JMSR2］进行量测，直至满足要求			

(2) 按坐标进行放样（见表 6-7）

按坐标进行放样的操作步骤及显示　　　　　　　　　表 6-7

操 作 步 骤	操作键	显 示 屏	说　　明
1) 在放样菜单中选择 2 即按［2］键即可进入坐标放样	［2］	输入点： PT: A100* Rad: m CD:	PT：点号 Rad：半径 CD：代码
2) 输入要放样的点名或点号后按［ENT］键。也可输入代码或距仪器的半径来指定放样点。如果找到了多个点，会列表显示	［ENT］	UP, A 100, FENCE UP, A 101 UP, A 100-1, MA NHO UP, A 100-2 UP, A 100-3 UP, A 100-4	点的列表

续表

操作步骤	操作键	显示屏	说明
3) 用左/右和上/下箭头键选中所需的点后按 [ENT]，会显示一个角度误差 dHA 和目标的距离 HD	[ENT]	点：1 dHA→74°54′16″ HD：472.2976m 照准目标 并按 [测量] 键	
4) 旋转仪器直至 dHA 接近 0°00′00″，余下操作同按水平角放样中的 4)、5)		S-O dHA：0°00′00″ HD：72.0150m 照准目标 并按 [测量] 键	

在放样中，亦可用 [DSP] 键切换屏幕显示内容。

以上只是介绍了尼康 DTM-532C 全站仪的一些基本操作，还有许多其他功能，可参阅随机的操作手册进行操作。

第二节　GPS 全球卫星定位系统简介

全球定位系统(Global Positioning System-GPS)是美国国防部研制的全球性、全天候、连续的卫星无线电导航系统，在 1994 年 3 月 28 日全面建成，它可提供实时的三维位置、三维速度和高精度的时间信息，还为测绘工作提供了一个崭新的定位测量手段。近年来，GPS 定位技术给测绘领域带来一场深刻的技术革命，它标志着测量工程技术的重大突破和深刻变革，对测量科学和技术的发展，具有划时代的意义。目前，GPS 技术的应用已遍及国民经济各个部门，并逐步深入人们的日常生活。

由于 GPS 定位技术具有精度高、速度快、成本低的显著优点，因而在城市控制网与工程控制网的建立、更新与改造中得到了日益广泛的应用。尤其是实时动态(GPS-RTK)测量技术的应用，更显示了全球卫星定位系统的强大生命力，本节仅概略介绍 GPS 定位技术的有关情况。

一、GPS 全球定位系统的建立

1973 年 12 月，美国国防部批准它的陆海空三军联合研制 GPS 全球定位系统。该系统的英文全称为"Navigation by satellite Timing And Ranging/Global Positioning System(NAVSTAR/GPS)"，其中文意思为"用卫星定时和测距进行导航/全球定位系统"，简称 GPS。自 1974 年以来，GPS 计划已经历了方案论证(1974～1978 年)、系统论证(1979～1987 年)、生产实验(1988～1993 年)三个阶段。总投资超过 300 亿美元。整个系统分为卫星星座、地面控制和监测站、用户设备三大部分。

(一) GPS 卫星星座

GPS 卫星星座如图 6-2 所示。其基本参数是：卫星颗数为 21+3(21 颗工作卫星，3 颗备用卫星)，6 个卫星轨道面，卫星高度为 20200km，轨道倾角为 55°，卫星运行周期为 11h58min(12 恒星时)，载波频率为 1.575GHz 和 1.227GHz，卫星通过天顶时，卫星的可见时间为 5 小时，在地球表面上任何地点任何时刻，在卫星高度角 15°以上，平均可同时观测到 6 颗卫星，最多可达 11 颗卫星。截至 2007 年 3 月，现在正在运行的 GPS 卫星有 29 颗，例如在我国北纬 34°48′，东经 114°28′一天内能够看到的 GPS 卫星数，全天有 50%的时间，能够看到 7 颗 GPS 卫星。有 30%的时间，能够看到 6 颗 GPS 卫星。有 15%的时间，能够看到 8 颗 GPS 卫星。有 5%的时间，能够看到 5 颗 GPS 卫星。这表明，在我国境内全天能够见到 5～8 颗 GPS 卫星，已利于我国用户进行连续不断的导航定位测量。

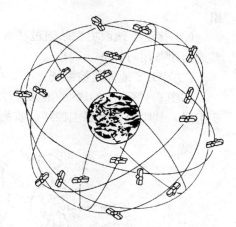

图 6-2　GPS 卫星星座

GPS 卫星的发射情况　　　　　　　表 6-8

顺序	卫星类型	卫星数量(颗)	发射时间(年)	用途
第一代	BLOCK Ⅰ	11	1978～1985	试验
第二代	BLOCK Ⅱ、ⅡA	9、15	1989～1996	正式工作
第三代	BLOCK ⅡR、ⅡF	33	1997～2010	改进 GPS 系统
第四代	BLOCK Ⅲ	未知	2010	增强 GPS 系统

注：BLOCK ⅡA(A=Advanced)，ⅡR(R=Replacement)，ⅡF(F=Follow on)。

如图 6-3 所示，GPS 工作卫星的主体呈圆柱形，直径为 1.5m，在轨重量为 843.68kg，两侧安装有 4 片拼接成的双叶太阳能电池翼板，总面积为 $7.2m^2$，设计寿命为 7.5 年，实际上均能超过该设计寿命而正常工作。卫星上安设有四台高精度的原子钟(一台使用，三台备用)，两台铷原子钟(频率稳定度为 $1×10^{-12}$)，两台铯原子钟(频率稳定度为 $1×10^{-13}$)，以减少时间误差引起的站星距离误差。卫星姿态采用三轴稳定方式，致使螺旋天线阵列所辐射的电磁波束对准卫星的可见地面。

GPS 工作卫星的作用可概括为如下几点：

(1) 用 L 波段的两个无线载波(L_1=1575.42MHz 波长约 19cm 和 L_2=1227.60MHz 波长约 24.4cm 波段)向地面用户连续不断地发送导航定位信号（简称 GPS 信号），并用导航电文报告自己的现势位置以及其他在轨卫星的概略位置。

(2) 在飞越地面注入站上空时，接受由地面注入站用 S 波段(10cm 波段)发送的导航电文和其他有关信息，适时地发送给广大

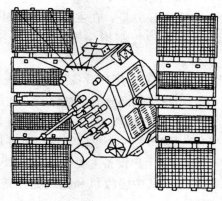

图 6-3　GPS 工作卫星

用户。

(3) 接受由地面主控站通过注入站发送的卫星调度命令，适时地改正运行偏差或启用备用时钟等。

(二) GPS 地面监控系统

如图 6-4 所示，GPS 的地面监控系统，目前主要由分布在全球的 5 个地面站所组成，其中包括卫星主控站、监测站和注入站。

图 6-4 地面监控系统分布图

(1) 主控站 (1 个)

主要任务是：根据所有观测资料编算各卫星的星历、卫星钟差和大气层的修正参数，提供全球定位系统的时间基准，调整卫星运行姿态，启用备用卫星。

(2) 监测站 (5 个)

主要任务是：对 GPS 卫星进行连续观测，以采集数据和监测卫星的工作状况，经计算机初步处理后，将数据传输到主控站。

(3) 注入站 (3 个)

主要任务是：在主控站的控制下，将主控站编算的卫星星历、钟差、导航电文和其他控制指令等，注入到相应的卫星存储系统，并监测注入信息的正确性。

(三) GPS 用户设备部分

用户接收部分的基本设备，就是 GPS 信号接收机、机内软件以及 GPS 数据的后处理软件包。GPS 接收机硬件，一般包括主机、天线和电源，也有的将主机和天线制作成一个整体，观测时将其安置在测站点上。

GPS 用户设备主要包括有 GPS 接收机及其天线，微处理机及其终端设备和电源等。其中接收机和天线是用户设备的核心部分，它们的基本结构如图 6-5 所示。

如果把 GPS 信号接收设备作为一个用户测量系统，按其结构和作用可以

第六章　全站仪及 GPS 测量原理

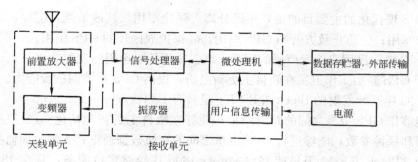

图 6-5　GPS 信号接收系统的结构

分为：
(1) 天线（带前置放大器）；
(2) 信号处理器，用于信号接收、识别和处理；
(3) 微处理器，用于接收机的控制、数据采集和导航计算；
(4) 用户信息传输，包括操作板、显示板和数据存储器；
(5) 精密振荡器，用以产生标准频率；
(6) 电源。

GPS 信号接收机的任务是：跟踪可见卫星的运行，捕获一定卫星高度截止角的待测卫星信号，并对 GPS 信号进行变换、放大和处理，解译出 GPS 卫星所发送的导航电文，测量出 GPS 信号从卫星到接收机天线的传播时间，实时地计算出测站的三维位置、三维速度和时间。

GPS 接收机一般用蓄电池作电源。同时采用机内、机外两种直流电源。设置机内电池的目的在于更换外电池时不中断连续观测。在用机外电池的过程中，机内电池自动充电。关机后，机内电池为 RAM 存储器供电，以防止丢失数据。

近年来，国内引进了许多种类型的 GPS 测地型接收机。各种类型的 GPS 测地型接收机用于精密相对定位时，其双频接收机精度可达 $5mm+1\times10^{-6}\cdot D$，单频接收机在一定距离内精度可达 $10mm+2\times10^{-6}\cdot D$。用于差分定位时其精度可达亚米级至厘米级。GPS 和 GLONASS 兼容的全球导航定位系统接收机也已经被一些部门采用。

国产的 GPS 测地型接收机也已经批量生产。其主要厂家有苏州一光仪器有限公司、南方测绘仪器有限公司、上海华测仪器有限公司、广州中海达仪器有限公司等。

目前，各种类型的 GPS 信号接收机体积越来越小，重量越来越轻，便于野外观测。它们按用途的不同，可分为导航型、测地型和授时型等三种；按携带形式的不同可分为袖珍式、背负式、车载式、舰用式、空（飞机）载式、弹载式和星载式等七种；按工作原理可分为码接收机和无码接收机，前者动态、静态定位都能用，后者只能用于静态定位。按使用载波频率的多少可分为单频接收机（用一个载波频率 L_1）和用两个载波频率（L_1，L_2）的双频接收机，以双频接收机为今后精度定位的主要用机。按型号分，种类就更多。

(四) GPS 现代化

GPS 现代化的主要目的是，军民分离，强化军用。其政策是：①保护战区内的美方军用；②防止敌方开拓 GPS 军用；③保护战区外的 GPS 民用。

1. 分离军民用户伪噪声码的频带，增强军用伪噪声码的发射功率。
2. GPS 新型工作卫星在轨自主更新星历，提高 GPS 系统的抗毁能力。

2003 年开始发射的 Block ⅡR-M 卫星具有下列特点：

能够作 GPS 卫星之间的距离测量；能够在轨自主更新和精化 GPS 卫星的广播星历和星钟参数；能够进行 GPS 卫星之间的在轨数据通讯；无需地面监控系统的干预，Block ⅡR-M 卫星能够自主运行 180d 作导航定位服务，且在 180d 时，用户测距误差仍可达到±7.4m；比 Block ⅡA 卫星的测距误差小 1350 倍。在 180d 的自主运行周期内，为了使测距误差达到±5.3m，每隔 30d 由地面监控系统作 210d 的星历和星钟参数的更新。

3. 第二导航定位信号增设 C/A 码和军用 M_E 码
4. Block ⅡF 卫星增设第三导航定位信号(L5)

2005 年发射的 Block ⅡF 卫星将增设第三民用信号(L5)，其载波频率为 1176.45MHz。分为载波频道和数据频道，该信号既提供民用，又提供军用。

5. 第四代 GPS 工作卫星 BLOCK Ⅲ

第四代 GPS 工作卫星 BLOCK Ⅲ 卫星除了具有现行 GPS 卫星的全部功能以外，还将增强下列作用：①维护航空、航天和火车行驶的安全；②提供飞机精密着陆导航服务；③跟踪货物安全运输；④精细农业；⑤城市规划；⑥矿藏开采。

预计将在 2010 年发射第一颗 BLOCK Ⅲ 卫星，当 GPSⅢ 卫星全部投入运行后，将改变现行的六轨道 24 颗 GPSⅡ/ⅡA/ⅡR 卫星星座的布局和结构，用 33 颗卫星构建成高椭圆轨道(HEO)和地球静止轨道(GEO)相结合的新型 GPS 混合星座。将大大改善现有的定位精度和定位速度，使测量工作提高到一个崭新的阶段。

二、GPS 定位的基本原理

利用 GPS 进行定位，就是把卫星视为"动态"的控制点，在已知其瞬时坐标（可根据卫星轨道参数计算）的条件下，以 GPS 卫星和用户接收机天线之间的距离（或距离差）为观测量，进行空间距离后方交会，从而确定用户接收机天线所处的位置。

（一）静态定位与动态定位（图 6-6）

静态定位是指 GPS 接收机在进行定位时，待定点的位置相对其周围的点位没有发生变化，其天线位置处于固定不动的静止状态。此时接收机可以连续地在不同历元同步观测不同的卫星，获得充分的多余观测量，根据 GPS 卫星的已知瞬间位置，解算出接收机天线相位中心的三维坐标。由于接收机的位置固定不动，就可以进行大量的重复观测，所以静态定位可靠性强，定位精度高，在大地测量、工程测量

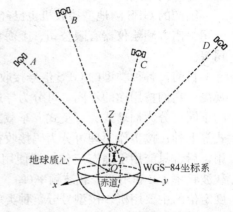

图 6-6 GPS 绝对定位示意图

中得到了广泛的应用,是精密定位中的基本模式。

准静态定位是指静止不动只是相对的。在卫星大地测量学中,在两次观测之间(一般为几十天到几个月)才能反映出发生的变化。

动态定位是指在定位过程中,接收机位于运动着的载体,天线也处于运动状态的定位。动态定位是用 GPS 信号实时地测得运动载体的位置。如果按照接收机载体的运行速度,还可将动态定位分为低动态(几十米/秒)、中等动态(几百米/秒)、高动态(几千米/秒)三种形式。其特点是测定一个动点的实时位置,多余观测量少、定位精度较低。

(二) 单点定位和相对定位

众所周知,测量工作的直接目的是要确定地面点在空间的位置。早期解决这一问题都是采用天文测量的方法,即通过测定北极星、太阳或其他天体的高度角和方位角以及观测时间,进而确定地面点在该时间的经纬度位置和某一方向的方位角。这种方法受到气候条件的制约,而且定位精度较低。

20 世纪 60 年代以后,随着空间技术的发展和人造卫星的相继升空,人们设想,如果在绕地球运行的人造卫星上装置有无线电信号发射机,则在接收机钟的控制下,可以测定信号到达接收机的时间 Δt,进而求出卫星和接收机之间的距离:

$$s = c \cdot \Delta t + \Sigma \delta_i \quad (6-1)$$

式中　c——信号传播的速度;

　　　δ_i——各项改正数。

但是,卫星上的原子钟和地面上接收机的钟不会严格同步,假如卫星的钟差 v_t,接收机的钟差为 v_T,则由于卫星上的原子钟和地面上接收机的钟不同步对距离的影响为:

$$\Delta s = c \cdot (v_t - v_T) \quad (6-2)$$

现在欲确定待定点 P 的位置,可以在该处安置一台 GPS 接收机。如果在某一时刻 t_i 同时测得了 4 颗 GPS 卫星(A, B, C, D)的距离 S_{AP}、S_{BP}、S_{CP}、S_{DP},则可列出 4 个观测方程为:

$$\left. \begin{aligned} S_{AP} &= [(x_P - x_A)^2 + (y_P - y_A)^2 + (z_P - z_A)^2]^{\frac{1}{2}} + c(v_{tA} - v_T) \\ S_{BP} &= [(x_P - x_B)^2 + (y_P - y_B)^2 + (z_P - z_B)^2]^{\frac{1}{2}} + c(v_{tB} - v_T) \\ S_{CP} &= [(x_P - x_C)^2 + (y_P - y_C)^2 + (z_P - z_C)^2]^{\frac{1}{2}} + c(v_{tC} - v_T) \\ S_{DP} &= [(x_P - x_D)^2 + (y_P - y_D)^2 + (z_P - z_D)^2]^{\frac{1}{2}} + c(v_{tD} - v_T) \end{aligned} \right\} \quad (6-3)$$

式中 (x_A, y_A, z_A),(x_B, y_B, z_B),(x_C, y_C, z_C),(x_D, y_D, z_D) 分别为卫星(A, B, C, D)在 t_i 时刻的空间直角坐标;v_{tA}, v_{tB}, v_{tC}, v_{tD} 分别为 t_i 时刻 4 颗卫星的钟差,它们均由卫星所广播的卫星星历来提供。

求解上列方程,即得待定点的空间直角坐标 x_P,y_P,z_P。

由此可见,GPS 定位的实质就是根据高速运动的卫星瞬间位置作为已知的起算数据,采取空间距离后方交会的方法,确定待定点的空间位置。

GPS 单点定位也叫绝对定位，就是采用一台接收机进行定位的模式，它所确定的是接收机天线相位中心在 WGS-84 世界大地坐标系统中的绝对位置，所以单点定位的结果也属于该坐标系统。其基本原理是以 GPS 卫星和用户接收机天线之间的距离（或距离差）观测量为基础，并根据已知可见卫星的瞬时坐标，来确定用户接收机天线相位中心的位置。该定位方法广泛地应用于导航和测量中的单点定位工作。

GPS 单点定位的实质，即是空间距离后方交会。对此，在一个测站上观测 3 颗卫星获取 3 个独立的距离观测量就够了。但是由于 GPS 采用了单程测距原理，此时卫星钟与用户接收机钟不能保持同步，所以实际的观测距离均含有卫星钟和接收机钟不同步的误差影响，习惯上称之为伪距。其中卫星钟差可以用卫星电文中提供的钟差参数加以修正，而接收机的钟差只能作为一个未知参数，与测站的坐标在数据的处理中一并求解。因此，在一个测站上为了求解出 4 个未知参数（3 个点位坐标分量和 1 个钟差系数），至少需要 4 个同步伪距观测值。也就是说，至少必须同时观测 4 颗卫星。

单点定位的优点是只需一台接收机即可独立定位，外业观测的组织及实施较为方便，数据处理也较为简单。缺点是定位精度较低，受卫星轨道误差、钟同步误差及信号传播误差等因素的影响，精度只能达到米级。所以该定位模式不能满足大地测量精密定位的要求。但它在地质矿产勘查等低精度的测量领域，仍然有着广泛的应用前景。

GPS 相对定位又称为差分 GPS 定位，是采用两台以上的接收机（含两台）同步观测相同的 GPS 卫星，以确定接收机天线间的相互位置关系的一种方法。其最基本的情况是用两台接收机分别安置在基线的两端（图 6-7），同步观测相同的 GPS 卫星，确定基线端点在世界大地坐标系统中的相对位置或坐标差（基线向量），在一个端点坐标已知的情况下，用基线向量推求另一待定点的坐标。相对定位可以推广到多台接收机安置在若干条基线的端点，通过同步观测 GPS 卫星确定多条基线向量。

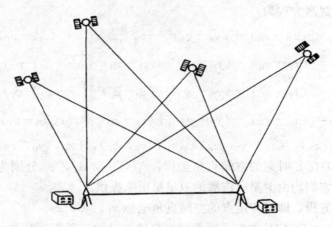

图 6-7 GPS 相对定位示意图

由于同步观测值之间有着多种误差，其影响是相同的或大体相同的，这些误差在相对定位过程中可以得到消除或减弱，从而使相对定位获得极高的精度。当然，相对定位时需要多台（至少两台以上）接收机进行同步观测。故增加了外业观测组织和实施的难度。

在单点定位和相对定位中，又都可能包括静态定位和动态定位两种方式。其中静态相对定位一般均采用载波相位观测值为基本观测量。这种定位方法是当前GPS测量定位中精度最高的一种方法，在大地测量、精密工程测量、地球动力学研究和精密导航等精度要求较高的测量工作中被普遍采用。

三、用GPS定位的基本方法

前面所述的静态定位或动态定位，所依据的观测量都是所测的卫星至接收机天线的伪距。但是，伪距的基本观测量又区分为码相位观测（简称测码伪距）和载波相位观测（简称测相伪距）。这样，根据GPS信号的不同观测量，可以区分为四种定位方法：

1. 卫星射电干涉测量

利用GPS卫星射电信号具有白噪声的特性，由两个测站同时观测一颗GPS卫星，通过测量这颗卫星的射电信号到达两个测站的时间差，可以求得站间距离。由于在进行干涉测量时，只把GPS卫星信号当作噪声信号来使用，因而无需了解信号的结构，所以这种方法对于无法获得P码的用户很有吸引力。其模型与在接收机间求一次差的载波相位测量定位模型十分相似。

2. 多普勒定位法

根据多普勒效应原理，利用GPS卫星较高的射电频率，由积分多普勒计数得出伪距差。当采用积分多普勒计数法进行测量时，所需观测时间一般较长（数小时），同时在观测过程中接收机的振荡器要求保持高度稳定。为了提高多普勒频移的测量精度，卫星多普勒接收机不是直接测量某一历元的多普勒频移，而是测量在一定时间间隔内多普勒频移的积累数值，称之为多普勒计数。

对于静态用户而言，GPS多普勒频移的最大值约为± 4.5kHz。如果知道用户的概略位置和可见卫星的历书，便可估算出GPS多普勒频移，而实现对GPS信号的快速捕获和跟踪，这很有利于GPS动态载波相位测量的实施。

3. 伪距定位法

伪距定位法是利用全球卫星定位系统进行导航定位的最基本的方法，其基本原理是：在某一瞬间利用GPS接收机同时测定至少四颗卫星的伪距，根据已知的卫星位置和伪距观测值，采用距离交会法求出接收机的三维坐标和时钟改正数。伪距定位法定一次位的精度并不高，但定位速度快，经几小时的定位也可达到米级的精度，若再增加观测时间，精度还可提高。

4. 载波相位测量

载波信号的波长很短，L_1载波信号波长为19cm，L_2载波信号波长为24.4cm。若把载波作为量测信号，对载波进行相位测量可以达到很高的精度。通过测量载波的相位而求得接收机到GPS卫星的距离，是目前大地测量和工程测量中的主要测量方法。

在载波相位测量基本方程中，包含着两类不同的未知数：一类是必要参数，如测站的坐标；另一类是多余参数，如卫星钟和接收机的钟差、电离层和对流层延迟等。并且多余参数在观测期间随时间变化，给平差计算带来麻烦。

解决这个问题有两种办法：一种是找出多余参数与时空关系的数学模型，给载波相位测量方程一个约束条件，使多余参数大幅度减少；另一种更有效、精度更高的办法是，按一定规律对载波相位测量值进行线性组合，通过求差达到消除多余参数的目的。

考虑到 GPS 定位时的误差源，常用的差分法有三种：在接收机间求一次差；在接收机和卫星间求二次差；在接收机、卫星和观测历元间求三次差。

本节所讲的接收机位置实际是指接收机天线相位中心的位置，而标石中心位置尚须进行归算。为了方便，有时简称为测站位置。

四、GPS 导航定位系统的特点

1. 定位精度高

应用实践证明，GPS 相对定位精度在 50km 以内可达 10^{-6}，100～500km 可达 10^{-7}，1000km 以上可达 10^{-9}。在 300～1500m 的工程精密定位中，1h 以上观测的解其平面位置误差小于 1mm，与 ME-5000 电磁波测距仪测定的边长比较，其边长较差最大为 0.5mm，较差中误差为 0.3mm。

2. 观测时间短

随着 GPS 系统的不断完善，软件的不断更新，目前，20km 以内的相对静态定位，仅需 15～20min；快速静态相对定位测量时，当每个流动站与基准站相距在 15km 以内时，流动站观测时间只需 1～2min；动态相对定位测量时，流动站出发时观测 1～2min，然后可随时定位，每站观测仅需几秒钟。

3. 测站间无需通视

GPS 测量不要求测站之间互相通视，只需测站上空开阔即可，因此可节省大量的造标费用。由于无需点间通视，点位位置可根据需要，可稀可密，使选点工作甚为灵活，也可省去经典大地网中的传算点、过渡点的测量工作。

4. 可提供三维坐标

经典大地测量将平面与高程采用不同方法分别施测。GPS 可同时精确测定测站点的三维坐标。目前 GPS 水准可满足四等水准测量的精度。

5. 操作简便

随着 GPS 接收机不断改进，自动化程度越来越高；接收机的体积越来越小；重量越来越轻，极大地减轻测量工作者的工作紧张程度和劳动强度，使野外工作变得轻松愉快。

6. 全天候作业

目前 GPS 观测可在一天 24h 内的任何时间进行，不受阴天黑夜、起雾刮风、下雨下雪等气候的影响。但雷雨天气不要进行 GPS 观测，要注意防雷电。

7. 功能多，应用广

GPS 系统不仅可用于测量、导航，还可用于测速、测时。测速的精度可达 0.1m/s，测时的精度可达几十毫微秒。其应用领域不断扩大。

五、RTK 测量概述

RTK(Real-Time-Kinematic)技术是 GPS 实时载波相位差分的简称。这是一种将 GPS 与数传技术相结合,实时处理两个测站载波相位观测量的差分方法,经实时解算进行数据处理,在 1~2s 的时间里得到高精度位置信息的技术,自 20 世纪 90 年代初这项技术一经问世,就极大地拓展了 GPS 的使用空间,使 GPS 从只能做控制测量的局面中摆脱出来,而开始广泛运用于工程测量。使碎部测量和高精度的工程放样测量成为现实,给定位导航及工程测量带来广阔的应用前景。

(一) RTK 的工作原理

RTK 的工作原理是在基准站上安置一台 GPS 接收机,另一台或几台接收机置于载体(称为流动站)上,基准站和流动站同时接收同一时间相同 GPS 卫星发射的信号,基准站所获得的观测值与已知位置信息进行比较,得到 GPS 差分改正值。然后将这个改正值及时地通过无线电数据链电台传递给共视卫星的流动站以精化其 GPS 观测值,得到经差分改正后流动站较准确的实时位置(图 6-8)。

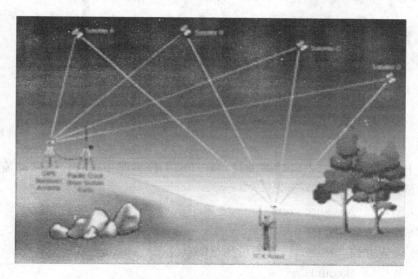

图 6-8　RTK 测量的工作原理

(二) RTK 的系统组成和优点

RTK 的系统组成

(1) 基准站:RTK 系统基准站由基准站 GPS 接收机及卫星接收天线、无线电数据链电台及发射天线、直流电源等组成,如图 6-9 所示。

(2) 流动站:RTK 系统流动站由流动站 GPS 接收机及卫星接收天线、无线电数据链接收机及天线、电子手簿控制器等组成,如图 6-10 所示。

(三) RTK 的作业方法

RTK 定位测量实施的具体方法如下:

架设基准站

将基准站 GPS 接收机安置在开阔的地方,架设脚架、安置基座和卫星天线,对中整平,用天线高量尺在天线相隔 120°的三个位置量取天线高,并记录。

建筑工程测量

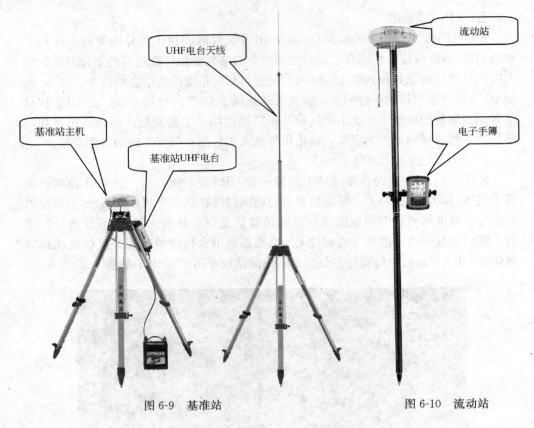

图 6-9　基准站　　　　　　　　图 6-10　流动站

连上电缆后开机，先启动基准站，在 TSC1 控制器中进行；再启动流动站；开始测量，可以分为几种形式：

(1) 测量点（Measure points）；
(2) 连续的碎部点的采集（Continuous topo）；
(3) 输入方位、距离、计算不可到达的点位（Offsets）；
(4) 放样（Stakeout）。

1) 点的放样；
2) 直线的放样；
3) 道路的放样。

测量结束后，在（Survey）测量菜单中选 End Survey（结束测量）。

目前，RTK 技术的最大基线距离为 10～20km。RTK 测量系统的开发成功，为 GPS 测量工作的可靠性和高效率提供了保障。是 GPS 定位技术发展史上又一个辉煌的里程碑。

六、GPS 网络 RTK 技术

GPS 实时差分定位 RTK 技术是目前广泛使用的测量技术之一，但它的应用受到电离层延迟和对流层延迟的影响，使原始数据产生了系统误差并导致以下缺点：

(1) 用户需要架设本地参考站；

(2) 误差随距离的增加而增长；

(3) 误差增长使流动站和参考站的距离受到限制，一般小于 15km；

(4) 精度为 1cm+1ppm，可靠性随距离增大而降低。

GPS 网络 RTK 技术的出现，弥补了 GPS 实时差分定位 RTK 技术的缺点，它代表了未来 GPS 发展的方向，由此可带来巨大的社会效益和经济效益。目前应用于 GPS 网络 RTK 数据处理的方法有：虚拟参考站法（Virtual Reference Station—VRS）、偏导数法、线性内插法和条件平差法，其中虚拟参考站法 VRS 技术最为成熟。

虚拟参考站法 VRS 的实施将使一个地区的测绘工作成为一个有机的整体，改变了以往 GPS 作业单打独斗的局面，同时它使 GPS 技术的应用更为广泛，精度和可靠性得到进一步的提高，使许多从前难以完成的任务成为可能，最重要的是建立 GPS 网络的成本反而降低了很多。由于 VRS 技术的种种先进性，一经问世就受到世界各国的广泛关注，并得到积极的实施，自 1998 年以来，VRS 的应用得到迅速发展。德国、瑞士、瑞典、日本、新加坡、中国香港等地先后建成了区域性或全国范围的 VRS 系统。我国的深圳市第一个建成了 VRS 技术卫星定位服务系统，为深圳市的经济发展、城市信息化和数字化发挥了重要的作用。

所有参考站与控制中心相连接。控制中心的计算机运行 GPS-Network 的软件，它也是整个概念的神经中枢。GPS-Network 连接网络中所有的接收机，它将执行几个重要的任务，包括：

导入原始数据和并进行质量检查；

存储 RINEX 和压缩 RINEX 数据；

改正天线相位中心（IGS 模式）；

系统误差的模型化及估算；

产生数据，为流动站接收机创建虚拟基站位置；

产生流动站在位置上的 RTK 改正数据流；

发送 RTK 改正数据到野外的流动站。

RTK 数据将以 RTCM 或者 Trimble CMR 格式传播。GPS-Network 将使用这些参数重新计算所有 GPS 数据、内插到与流动站相匹配的位置，流动站可以位于网络中任何地点。这样，RTK 的系统误差就被相应的消除掉。可以看出，VRS 系统实际上是一种多基站技术。它在处理上利用了多个参考站的联合数据。

与传统的 RTK 相比，VRS 系统的优势有以下几点：

1. VRS 系统的覆盖范围大

VRS 网络可以有多个站，但最少需要 3 个。若按边长 70km 计算，一个三角形可覆盖面积为 2200km^2。

2. 相对传统 RTK，提高了精度。

传统的 RTK 随着测量距离的增加，误差会随之增大，而在 VRS 系统的网络控制范围内，精度始终可以保持在 1~2cm。

3. 可靠性也随之提高

采用多个参考站的联合数据，大大提高了可靠性。

4. 更广的应用范围

可适用于城市规划、市政建设、交通管理、机械控制、气象、环保、农业以及所有在室外进行的勘测工作。

VRS 技术的出现，标志着高精度 GPS 的发展进入了一个新的阶段。这种网络 RTK 技术，集最新兴的计算机网络管理技术、INTERNET 技术、无线通讯技术和 TRIMBLE 优秀的 GPS 定位技术于一身，应用了最先进的多基站 RTK 算法，是 GPS 技术的突破。它将使 GPS 的应用领域极大地扩展，代表着 GPS 发展的方向。

思考题与习题

1. 光电测距的基本原理是什么？光电测距成果计算时，要进行哪些改正？
2. 全站仪名称的含义是什么？仪器主要由哪些部分组成？
3. 用红外测距仪测得某一导线边的斜距为 150.143m，竖直角 $\alpha = 2°17'24''$，量得仪器高 $i = 1.575$m，棱镜高 $I = 2.150$m，丈量时温度为 24℃，大气压为 765mmHg（1mmHg＝133.3224Pa），试计算水平距离 D 及高差 $\triangle h$。
4. 试述 GPS 工作卫星的作用。
5. 什么是 RTK 技术？
6. RTK 的系统由哪几部分组成？
7. RTK 定位测量时，测区内的已知控制点有什么作用？
8. 目前应用于 GPS 网络 RTK 数据处理的方法有哪几种？
9. 一个 VRS 网络至少应有几个以上的固定基准站组成，站与站之间的距离可达多少千米？

第七章　小区域控制测量

【学习重点】
- 了解国家平面控制网和高程控制网是根据国家规范按照"先高级后低级，逐级加密"的原则而建立。
- 理解导线测量是建立小区域平面控制网的一种常用方法，由于 GPS-RTK 测量的普及，近年来小区域平面控制网均用 GPS-RTK 测量代替。
- 掌握国家三、四等水准测量的观测、记录和计算。

第一节　控制测量概述

为了限制误差的累积和传播，保证测图和施工的精度及速度，测量工作必须遵循"从整体到局部，先控制后碎部"的原则。即先进行整个测区的控制测量，再进行碎部测量。控制测量的实质就是测量控制点的平面位置和高程。测定控制点的平面位置工作，称为平面控制测量；测定控制点的高程工作，称为高程控制测量。

一、平面控制测量

常规的平面控制测量常用以下两种方法：

（一）三角测量

三角测量是在地面上选择一系列具有控制作用的控制点，组成互相连接的三角形且扩展成网状，称为三角网。如图 7-1 所示。在控制点上，用精密仪器将三角形的三个内角测定出来，并测定其中一条边长，然后根据三角公式解算出各点的坐标。用三角测量方法确定的平面控制点，称为三角点。

在全国范围内建立的三角网，称为国家平面控制网。按控制次序和施测精度分为四个等级，即一、二、三、四等。布设原则是从高级到低级，逐级加密布网。一等三角网，沿经纬线方向布设，一般称为一等三角锁，是国家平面控制网的骨干；二等三角网，布设于在一等三角锁环内，是国家平面控制网的全面基础；三、四等三角网是二等网的进一步加密，以满足测图和施工的需要。

（二）导线测量

导线测量是在地面上选择一系列控制点，将相邻点联成直线而构成折线形，称为导线，如图 7-2 所示。在控制点上，用精密仪器依次测定所有折线的边长和转折角，根据解析几何的知识解算出各点的坐标。用导线测量方法确定的平面控制点，称为导线点。

在全国范围内建立三角网时，当某些局部地区采用三角测量有困难的情况下，亦可采用同等级的导线测量来代替。导线测量也分为四个等级，即一、二、三、四等。其中一、二等导线，又称为精密导线测量。

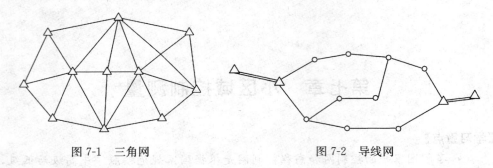

图 7-1 三角网　　　　　　　　图 7-2 导线网

二、高程控制测量

高程控制测量的主要方法是水准测量。在全国范围内测定一系列统一而精确的地面点的高程所构成的网，称为高程控制网。国家高程控制网的建立，也是按照由高级到低级，由整体到局部的原则进行的。按施测次序和施测精度同样分为四个等级，即一、二、三、四等。一等水准网是国家高程控制的骨干；二等水准网布设于一等水准环内，是国家高程控制网的全面基础；三、四等水准网是在二等水准网的基础上进一步加密，直接为测图和工程提供必要的高程控制。

用于小区域的高程控制网，应根据测区面积的大小和工程的需要，采用分级建立。通常是先以国家水准点为基础，在测区内建立三、四等水准路线，再以三、四等水准点为基础，测定等外（图根）水准点的高程。水准点的间距，一般地区为 2～3km，城市建筑区为 1～2km，工业区小于 1km。一个测区至少设立三个水准点。

三、小区域平面控制测量

为满足小区域测图和施工所需要而建立的平面控制网，称为小区域平面控制网。小区域平面控制网亦应由高级到低级分级建立。测区范围内建立最高一级的控制网，称为首级控制网；最低一级的即直接为测图而建立的控制网，称为图根控制网。首级控制与图根控制的关系见表 7-1。

首级控制与图根控制的关系　　　　　表 7-1

测区面积（km²）	首级控制	图根控制
1～10	一级小三角或一级导线	两级图根
0.5～2	二级小三角或二级导线	两级图根
0.5 以下	图根控制	

直接用于测图的控制点，称为图根控制点。图根点的密度取决于地形条件和测图比例尺，如表 7-2 的规定。

图 根 点 的 密 度　　　　　表 7-2

测图比例尺	1∶500	1∶1000	1∶2000	1∶5000
图根点密度（点/km²）	150	50	15	5

下面着重介绍用导线测量和三角高程测量建立小区域平面控制网和高程控制网的方法。此外，还简要介绍交会法测量进行单个平面控制点加密的方法。

第二节　导线测量的外业观测

导线测量是建立小区域平面控制网的一种常用方法,它适用于地物分布较复杂的建筑区和平坦而通视条件较差的隐蔽区。若用经纬仪测量导线转折角,用钢尺丈量导线边长,称为经纬仪导线。若用测距仪或全站仪测量导线边长,则称为电磁波测距导线。

一、导线的布设形式

根据测区的不同情况和要求,导线的布设形式有下列四种。

(一) 闭合导线

如图 7-3 所示,从一个已知点 B 出发,经过若干个导线点 1、2、3、4,又回到原已知点 B 上,形成一个闭合多边形,称为闭合导线。

(二) 附合导线

如图 7-4 所示,从一个已知点 B 和已知方向 AB 出发,经过若干个导线点 1、2、3,最后附合到另一个已知点 C 和已知方向 CD 上,称为附合导线。

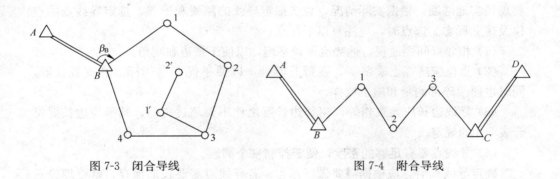

图 7-3　闭合导线　　　　　　图 7-4　附合导线

(三) 支导线

如图 7-3 中的 3、$1'$、$2'$,导线从一个已知点出发,经过 1~2 个导线点,既不回到原已知点上,又不附合到另一已知点上,称为支导线。由于支导线无检核条件,故导线点不宜超过 2 个。

(四) 无定向附合导线

如图 7-5 所示,由一个已知点 A 出发,经过若干个导线点 1、2、3,最后附合到另一个已知点 B 上,但起始边方位角不知道,且起、终两点 A、B 不通视,只能假设始起边方位角,这样的导线称为无定向附合导线。其适用于狭长地区。

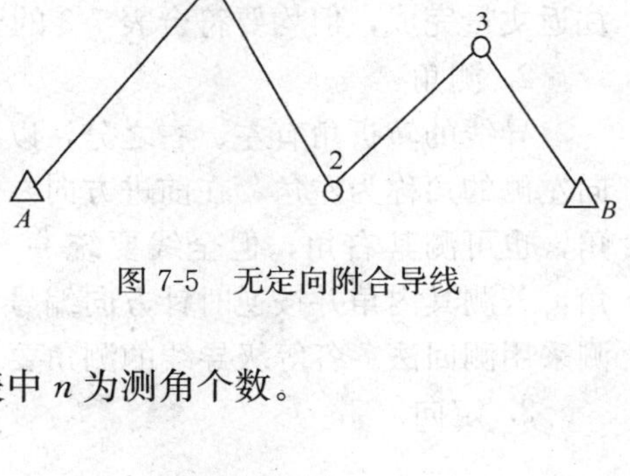

图 7-5　无定向附合导线

导线按精度可分为一、二、三级导线和图根导线,其主要技术要求列入表7-3。表中 n 为测角个数。

导线的主要技术要求　　　　　　　　表 7-3

等级	测图比例尺	导线长度(m)	平均边长(m)	往返丈量较差相对误差	测角中误差″	导线全长相对闭合差	测回数 DJ₂	测回数 DJ₆	角度闭合差(″)
一级		2500	250	1/20000	±5	1/10000	2	4	$±10\sqrt{n}$
二级		1800	180	1/15000	±8	1/7000	1	3	$±16\sqrt{n}$
三级		1200	120	1/10000	±12	1/5000	1	2	$±24\sqrt{n}$
图根	1:500	500	75	1/3000	±20	1/2000		1	$±60\sqrt{n}$
图根	1:1000	1000	110	1/3000	±20	1/2000		1	$±60\sqrt{n}$
图根	1:2000	2000	180	1/3000	±20	1/2000		1	$±60\sqrt{n}$

二、导线测量的外业工作

（一）踏勘选点

导线点的选择，直接影响到导线测量的精度和速度以及导线点的使用和保存。因此，在踏勘选点之前，首先要调查和收集测区已有的地形图及控制点资料，依据测图和施工的需要，在地形图上拟定导线的布设方案，然后到野外现场踏勘、核对、修改、落实点位和建立标志。如果测区没有以前的地形资料，则需要现场实地踏勘，根据实际情况，直接拟定导线的路线和形式，选定导线点的点位及建立标志。选点时，应注意以下几点：

（1）相邻点间要通视，地势也要较平坦，以便于量边和测角。

（2）点位应选在土质坚实，视野开阔处，以便于保存点的标志和安置仪器，同时也便于碎部测量和施工放样。

（3）导线边长应大致相等，相邻边长度之比不要超过三倍，其平均边长要符合表 7-3 的规定。

（4）导线点要有足够的密度，便于控制整个测区。

确定导线点后，应根据需要做好标志。若导线点需要长期保存，就要埋设石桩或混凝土桩，桩顶刻凿十字；若导线点为短期保存，只要在地面上打下一大木桩，桩顶钉一小钉作为导线点的临时标志。为了避免混乱，导线点要统一编号，并绘制"点之记"，即选点略图，以便于寻找和使用。

（二）边角观测

1. 测边

导线边长可用电磁波测距仪或全站仪单向施测完成，也可用经检定过的钢尺往返丈量完成，但均要符合表 7-3 的要求。

2. 测角

导线的转折角有左、右之分，以导线为界，按编号顺序方向前进，在前进方向左侧的角称为左角，在前进方向右侧的角称为右角。对于附合导线，可测其左角，也可测其右角，但全线要统一。对于闭合导线，可测其内角，也可测其外角，若测其内角并按逆时针方向编号，其内角均为左角，反之均为右角。角度观测采用测回法。各等级导线的测角要求，均应满足表 7-3 的规定。

3. 定向

为了控制导线的方向，在导线起、止的已知控制点上，必须测定连接角，该项工作称为导线定向，或称导线连接测量。定向的目的是为了确定每条导线边的方位角。

导线的定向有两种情况，一种是布设独立导线，只要用罗盘仪测定起始边的方位角，整个导线的每条边的方位角就可确定了；另一种情况是布设成与高一级控制点相连接的导线，先要测出连接角，如图7-3中的β_B角，再根据高一级控制点的方位角，推算出各边的方位角。连接角要精确测定。

第三节 导线测量的内业计算

导线内业计算的目的，就是根据已知的起始数据和外业观测成果，通过误差调整，计算出各导线点的平面坐标。

计算之前，首先对外业观测成果进行检查和整理，然后绘制导线略图，并把各项数据标注在略图上，如图7-6所示。

一、闭合导线计算

现以图7-6所示的图根导线为例，介绍闭合导线计算步骤可参见表7-4。

（一）在表中填入已知数据

将导线略图中的点号、观测角、边长、起始点坐标、起始边方位角填入"闭合导线坐标计算表"中，见表7-4。

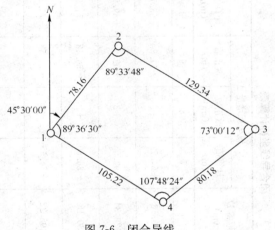

图7-6 闭合导线

（二）计算、调整角度闭合差

n边形闭合导线的内角和其理论值为

$$\Sigma\beta_{理}=(n-2)\times180° \tag{7-1}$$

在实际观测中，由于误差的存在，使实测的内角和不等于理论值，两者之差称为闭合导线角度闭合差。即

$$f_\beta=\Sigma\beta_{测}-\Sigma\beta_{理} \tag{7-2}$$

各等级导线角度闭合差的容许值列于表7-3中。若$f_\beta>f_{容}$，则说明角度闭合差超限，应返工重测；若$f_\beta<f_{容}$，则说明所测角度满足精度要求，可将角度闭合差进行调整。角度闭合差的调整原则是：将f_β反符号平均分配到各观测角中，如果不能均分，则将余数分配给短边的夹角。调整后的内角和应等于理论值，见表7-4。

（三）计算各边的坐标方位角

根据起始边的已知坐标方位角及调整后的各内角值，按下列公式计算各边坐标方位角。

$$\alpha_{前}=\alpha_{后}+180°\pm\beta \tag{7-3}$$

在计算时要注意以下几点：

表 7-4 闭合导线坐标计算表

点号	观测角 β (°′″)	改正数 (″)	改正后值 (°′″)	坐标方位角 α (°′″)	距离 D (m)	纵坐标增量 Δx 计算值 (m)	纵坐标增量 Δx 改正数 (cm)	纵坐标增量 Δx 改正后 (m)	横坐标增量 Δy 计算值 (m)	横坐标增量 Δy 改正数 (cm)	横坐标增量 Δy 改正后 (m)	坐标值 X(m)	坐标值 Y(m)	点号
1	2	3	4	5	6	7	8	9	10	11	12	13	14	15
1				453000								500.00	500.00	1
					78.16	+54.78	+2	+54.80	+55.75	−1	+55.74			
2	893348	+17	893405	1355555								554.80	555.74	2
					129.34	−92.93	+3	−92.90	+89.96	−3	+89.93			
3	730012	+16	730028	2425527								461.90	645.67	3
					80.18	−36.50	+2	−36.48	−71.39	−1	−71.40			
4	1074824	+16	1074840	3150647								425.42	574.27	4
					105.22	+74.55	+3	+74.58	−74.25	−2	−74.27			
1	893630	+17	893647	453000								500.00	500.00	1
Σ	3595854	+66	3600000		392.90	−0.10	+0.10	0.00	+0.07	−0.07	0.00			

辅助计算:
$f_\beta = \Sigma\beta_{测} - \Sigma\beta_{理} = 359°58'54'' - 360° = -66''$
$f_{\beta容} = \pm 60''\sqrt{4} = \pm 120'' (f_\beta < f_{\beta容})$
$f_x = \Sigma\Delta x = -0.10\text{m}$
$f_y = \Sigma\Delta y = +0.07\text{m}$
$f_D = \sqrt{f_x^2 + f_y^2} = 0.12\text{m}$
$K = \dfrac{|f_D|}{\Sigma D} = \dfrac{0.12}{392.90} \approx \dfrac{1}{3200} (K < K_容)$

(1) 上式中±β，若β是左角，则取+β；若β是右角，则取-β。
(2) 计算出来的 $α_{前}$，若大于360°，应减去若360°；小于0°时，则加上360°，即保证坐标方位角在0～360°的取值范围。
(3) 起始边的坐标方位角最后推算出来，其推算值应与已知值相等，见表7-4，否则推算过程有错。

（四）坐标增量闭合差的计算与调整

如图7-7，设1、2两点之间的边长为 D_{12}，坐标方位角为 $α_{12}$。则1与2两点之间的坐标增量 $Δx_{12}$，$Δy_{12}$ 分别为

$$\left.\begin{array}{l}Δx_{12}=D_{12}\cos α_{12}\\Δy_{12}=D_{12}\sin α_{12}\end{array}\right\} \quad (7-4)$$

根据闭合导线的定义，闭合导线纵、横坐标增量之和的理论值应为零，即

$$\left.\begin{array}{l}ΣΔx_{理}=0\\ΣΔy_{理}=0\end{array}\right\} \quad (7-5)$$

实际上，测量边长的误差和角度闭合差调整后的残余误差，使纵、横坐标增量的代数和不能等于零，则产生了纵、横坐标增量闭合差，即

$$\left.\begin{array}{l}f_x=ΣΔx_{测}\\f_y=ΣΔy_{测}\end{array}\right\} \quad (7-6)$$

由于坐标增量闭合差的存在，使导线不能闭合，如图7-8所示，1-1′这段距离 f_D，称为导线全长闭合差。按几何关系得

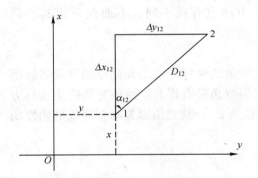
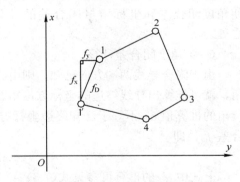

图7-7　纵横坐标增量的表示方法　　图7-8　纵横坐标增量闭合差的表示方法

$$f_D=\sqrt{f_x^2+f_y^2} \quad (7-7)$$

顾及导线愈长，误差累积愈大，因此衡量导线的精度通常用导线全长相对闭合差来表示，即

$$K=\frac{f_D}{ΣD}=\frac{1}{\frac{ΣD}{f_D}} \quad (7-8)$$

对于不同等级的导线全长相对闭合差的容许值 $K_{容}$ 可查阅表7-3的规定。若 $k≤K_{容}$，则说明导线测量结果满足精度要求，可进行调整。坐标增量闭合差的调整原则是：将 f_x、f_y 反符号按与边长成正比的方法分配到各坐标增量上去，将计

算凑整残余的不符值分配在长边的坐标增量上,则坐标增量的改正数为

$$\left.\begin{array}{l}v_{x_{ij}}=-\dfrac{f_x}{\Sigma D}\cdot D_{ij}\\ v_{y_{ij}}=-\dfrac{f_y}{\Sigma D}\cdot D_{ij}\end{array}\right\} \quad (7-9)$$

为作计算校核,坐标增量改正数之和应满足下式,即

$$\left.\begin{array}{l}\Sigma v_x=-f_x\\ \Sigma v_y=-f_y\end{array}\right\} \quad (7-10)$$

改正后的坐标增量为

$$\left.\begin{array}{l}\Delta x_{ij}=\Delta x_{ij测}+v_{x_{ij}}\\ \Delta y_{ij}=\Delta y_{ij测}+v_{y_{ij}}\end{array}\right\} \quad (7-11)$$

(五)导线点坐标计算

根据起始点的已知坐标和改正后的坐标增量,即可按下列公式依次计算各导线点的坐标,即

$$\left.\begin{array}{l}x_j=x_i+\Delta x_{ij}\\ y_j=y_i+\Delta y_{ij}\end{array}\right\} \quad (7-12)$$

用上式最后推算出起始点的坐标,推算值应与已知值相等,以此检核整个计算过程是否有错。

二、附合导线

附合导线的坐标计算步骤与闭合导线相同。由于两者布置形式不同,从而使角度闭合差和坐标增量闭合差的计算方法也有所不同。下面仅介绍其不同之处。

(一)角度闭合差计算

由于附合导线两端方向已知,则由起始边的坐标方位角和测定的导线各转折角,就可推算出导线终边的坐标方位角。但测角带有误差,致使导线终边坐标方位角的推算值 $\alpha'_{终}$ 不等于已知终边坐标方位角 $\alpha_{终}$,其差值即为附合导线的角度闭合差 f_β,即

$$f_\beta=\alpha'_{终}-\alpha_{终} \quad (7-13)$$

上式中 $\alpha'_{终}$ 的推算可参见式(7-3)。

(二)坐标增量闭合差计算

附合导线各边坐标增量代数和的理论值,应等于终、始两已知点的坐标之差。若不等,其差值为坐标增量闭合差,即

$$\left.\begin{array}{l}f_x=\Sigma\Delta x_{测}-(x_{终}-x_{始})\\ f_y=\Sigma\Delta y_{测}-(y_{终}-y_{始})\end{array}\right\} \quad (7-14)$$

附合导线全长闭合差、全长相对闭合差和容许相对闭合差的计算,以及坐标增量闭合差的调整,与闭合导线相同。附合导线的计算过程,可参见表 7-5。

三、支导线计算

由于支导线既不回到原起始点上,又不附合到另一个已知点上,所以在支导线计算中也就不会出现两种矛盾:一是观测角的总和与导线几何图形的理论值不

第七章 小区域控制测量

表 7-5 附合导线坐标计算表

点号	观测角 β (°′″)	改正数 (″)	改正后角值 (°′″)	坐标方位角 (°′″)	距离 D (m)	纵坐标增量 Δx 计算值 (m)	改正数 (cm)	改正后 (m)	横坐标增量 Δy 计算值 (m)	改正数 (cm)	改正后 (m)	坐标值 X(m)	坐标值 Y(m)	点号
1	2	3	4	5	6	7	8	9	10	11	12	13	14	15
A				45 00 00								200.00	200.00	A
B	239 29 52	−9	239 29 43	104 29 43	297.262	−74.40	−8	−74.48	+287.80	+6	+287.86	125.52	487.86	B
1	147 44 20	−9	147 44 11	72 13 54	187.814	+57.32	−5	+57.27	+178.85	+4	+178.89	182.79	666.75	1
2	214 49 52	−10	214 49 42	107 03 36	93.403	−27.40	−2	−27.42	+89.29	+2	+89.31	155.37	756.06	2
C	189 41 22	−10	189 41 12	116 44 48										C
D														D
Σ	791 45 26	−38	791 44 48		578.479	−44.48	−15	−44.63	+555.94	+12	+556.06			

辅助计算

$\alpha'_{CD} = \alpha_{AB} + 4 \times 180° + \Sigma\beta_{测} = 116°45'26''$
$f_\beta = \alpha'_{CD} - \alpha_{CD} = +38''$
$f_{\beta容} = \pm 60\sqrt{n} = \pm 120''$
$f_\beta < f_{\beta容}$
$f_x = \Sigma\Delta x_{测} - (x_C - x_B) = -44.48 - (-44.63) = +0.15$
$f_y = \Sigma\Delta y_{测} - (y_C - y_B) = +555.94 - (556.06) = -0.12$
$f_D = \sqrt{f_x^2 + f_y^2} = 0.19$
$K = f_D / \Sigma D \approx 1/3000 \quad f_{容} = \dfrac{1}{2000}$
$K < f_{容}$

符的矛盾，即角度闭合差；二是以已知点出发，逐点计算各点坐标，最后闭合到原出发点或附合到另一个已知点时，其推算的坐标值与已知坐标值不符的矛盾，即坐标增量闭合差。支导线没有检核限制条件，也就不需要计算角度闭合差和坐标增量闭合差，只要根据已知边的坐标方位角和已知点的坐标，把外业测定的转折角和转折边长，直接代入式(7-3)和式(7-4)计算出各边方位角及各边坐标增量，最后推算出待定导线点的坐标。由此可知，支导线只适用于图根控制补点使用。

第四节 全站仪导线测量

全站仪作为先进的测量仪器，已在建筑工程测量中得到了广泛的应用。由于全站仪具有坐标测量和高程测量的功能，因此在外业观测时，可直接得到观测点的坐标和高程。在成果处理时，可将坐标和高程作为观测值进行平差计算。

一、外业观测工作

以图7-9所示的附合导线为例，全站仪导线三维坐标测量的外业工作除踏勘选点及建立标志外，主要应测得导线点的坐标、高程和相邻点间的边长，并以此作为观测值。其观测步骤如下：

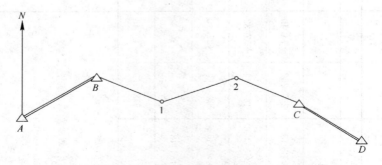

图7-9 全站仪附合导线三维坐标测量

将全站仪安置于起始点 B（高级控制点），按距离及三维坐标的测量方法测定控制点 B 与 1 点的距离 D_{B1}、1 点的坐标（x_1'、y_1'）和高程 H_1'。再将仪器安置在已测坐标的 1 点上，用同样的方法测得 1、2 点间的距离 D_{12}、2 点的坐标（x_2'、y_2'）和高程 H_2'。依此方法进行观测，最后测得终点 C（高级控制点）的坐标观测值（x_C'、y_C'）。

由于 C 为高级控制点，其坐标已知。在实际测量中，由于各种因素的影响，C 点的坐标观测值一般不等于其已知值，因此，需要进行观测成果的平差计算。

二、以坐标和高程为观测值的导线近似平差计算

在图7-9中，设 C 点坐标的已知值为（x_C、y_C），其坐标的观测值为（x_C'、

y'_C)，则纵、横坐标闭合差为：

$$\left.\begin{array}{l}f_x=x'_C-x_C\\f_y=y'_C-y_C\end{array}\right\} \quad (7\text{-}15)$$

由此可计算出导线全长闭合差：

$$f_D=\sqrt{f_x^2+f_y^2} \quad (7\text{-}16)$$

导线全长闭合差 f_D 是随着导线的长度增大而增大，所以，导线测量的精度是用导线全长相对闭合差 K（即导线全长闭合差 f_D 与导线全长 ΣD 之比值）来衡量的，即：

$$K=\frac{f_D}{\Sigma D}=\frac{1}{\Sigma D/f_D} \quad (7\text{-}17)$$

式中　D——导线边长。

导线全长相对闭合差 K 通常用分子是 1 的分数形式表示，不同等级的导线全长相对闭合差的容许值 K 列于表 7-3 中，用时可查阅。

若 $K\leqslant K_{容}$ 表明测量结果满足精度要求。则可按下式计算各点坐标的改正数：

$$\left.\begin{array}{l}v_{x_i}=-\dfrac{f_x}{\Sigma D}\cdot\Sigma D_i\\v_{y_i}=-\dfrac{f_y}{\Sigma D}\cdot\Sigma D_i\end{array}\right\} \quad (7\text{-}18)$$

式中　ΣD——导线全长；

　　　ΣD_i——第 i 点之前的导线边长之和。

根据起始点的已知坐标和各点坐标的改正数，可按下列公式依次计算各导线点的坐标：

$$\left.\begin{array}{l}x_j=x'_i+v_{x_i}\\y_j=y'_i+v_{y_i}\end{array}\right\} \quad (7\text{-}19)$$

式中　x'_i、y'_i——第 i 点的坐标观测值。

因全站仪测量可以同时测得导线点的坐标和高程，因此高程的计算可与坐标计算一并进行，高程闭合差为：

$$f_H=H'_C-H_C \quad (7\text{-}20)$$

式中　H'_C——C 点的高程观测值；

　　　H_C——C 点的已知高程。

各导线点的高程改正数为：

$$v_{H_i}=-\frac{f_H}{\Sigma D}\cdot\Sigma D_i \quad (7\text{-}21)$$

式中　ΣD——导线全长；

　　　ΣD_i——第 i 点之前的导线边长之和。

改正后导线点的高程为：

$$H_i=H'_i+v_{H_i} \quad (7\text{-}22)$$

式中　H'_i——第 i 点的高程观测值。

以坐标和高程为观测量的近似平差计算全过程的算例，可见表 7-6。

全站仪附合导线三维坐标计算表　　　　　　　　表 7-6

点号	坐标观测值(m)			距离 D (m)	坐标改正数(mm)			坐标值(m)			点号
	x_i'	y_i'	H_i'		v_{x_i}	v_{y_i}	v_{H_i}	x_i	y_i	H_i	
1	2	3	4	5	6	7	8	9	10	11	12
A								110.253	51.026		A
B				297.262				200.000	200.000	72.126	B
1	125.532	487.855	72.543	187.814	−10	+8	+4	125.522	487.863	72.547	1
2	182.808	666.741	73.233	93.403	−17	+13	+7	182.791	666.754	73.240	2
C	155.395	756.046	74.151		−20	+15	+8	155.375	756.061	74.159	C
D				$\Sigma D=578.479$				86.451	841.018		D
辅助计算	$f_x = x_C' - x_C = +20\text{mm}$ $f_y = y_C' - y_C = -15\text{mm}$ $f_D = \sqrt{f_x^2 + f_y^2} = 25\text{mm}$ $K = \dfrac{f_D}{\Sigma D} \approx \dfrac{0.025}{578.479} \approx \dfrac{1}{23000}$ $f_H = H_C' - H_C = -8\text{mm}$											

第五节　GPS 平面控制测量

随着国民经济的快速发展，建筑工程日益增多，建筑质量不断提高，特别是大型建筑物、由于其测量精度、施工质量要求高、时间紧，尽管在工程测量中采用了电子全站仪等先进的设备，但是，传统的测量方法受通视条件的限制，加上测量方法的局限性，作业效率不高等，已不能满足新的要求。另外，在一些大、中型城市中，传统的控制测量已被 GPS 测量方法所取代，为此，迫切需要高精度、快速度、低费用、不受地形通视等条件限制、布设灵活的控制测量方法。GPS 测量方法在这些方面充分显示了它的优越性。因此在建筑工程建设中得到了广泛的应用。

一、GPS 控制网的分级

我们知道，GPS 定位网设计及外业测量的主要技术依据是测量任务书和测量规范。测量任务书是测量施工单位上级主管部门下达的技术文件；而测量规范则是国家测绘管理部门制定的技术法规。

由北京市测绘设计研究院主编，中华人民共和国建设部在 1997 年 10 月 1 日发布并实施了中华人民共和国行业标准《全球定位系统城市测量技术规程》CJJ 73—97（Technical Specification Urban Surveying Using Global Positioning System），以下简称《规程》。

本书将以《规程》为依据，介绍 GPS 网的精度、密度、作业规格等有关问题。

对于 GPS 网的精度要求，主要取决于网的用途。精度指标通常以网中相邻点之间的弦长误差表示，其精度按下式计算：
$$\sigma=\sqrt{a^2+(bd)^2} \tag{7-23}$$

式中　σ——网中的相邻点间的弦长标准差(mm)；
　　　a——与 GPS 接收机有关的固定误差(mm)；
　　　b——比例误差(10^{-6})；
　　　d——相邻点间的距离(km)。

利用 GPS 技术进行控制测量时，由于其平面定位精度较高，所以用 GPS 技术建立测区的相应等级的平面控制网是完全可行的。

GPS 卫星定位网虽然不存在常规控制网的那种逐级控制问题，但是由于不同的 GPS 网的应用和目的不同，其精度标准也不相同。根据传统的习惯做法，人们将 GPS 卫星定位网划分成几个等级。

为了进行城市和工程测量，《规程》规定其 GPS 网按相邻点的平均距离和精度划分为二、三、四等和一级、二级，如表 7-7 所列。并规定在布网时可以逐级布设、越级布设或布设同级全面网。

《规程》规定的 GPS 测量精度分级　　　　　　　　表 7-7

等级	平均距离(km)	闭合环或附合路线边数	a(mm)	b(1×10^{-6})	最弱边相对中误差
二等	9	≤6	≤10	≤2	1/120000
三等	5	≤8	≤10	≤5	1/80000
四等	2	≤10	≤10	≤10	1/45000
一级	1	≤10	≤10	≤10	1/20000
二级	<1	≤10	≤15	≤20	1/10000

注：当边长小于 200m 时，边长中误差应小于 20mm。

在实际工作中，精度标准的确定还要根据用户的实际需要及人力、物力、财力等情况合理设计。由于以载波相位观测量为依据的静态相对定位，可以提供很高的定位精度，这种精度对于大多数普通工程定位来说并非必要。所以应根据不同的任务要求，合理地安排精度标准，这对于提高人力和物力的利用率，加快工程进度是十分必要的。

二、GPS 点的密度

各种不同的任务要求和服务对象，对 GPS 网点的分布有着不同的要求。例如，一般工程测量所需要的网点则应满足测图加密和工程测量的需用，平均边长需要缩短到几公里以内。考虑到这些情况，《规程》对 GPS 网中两相邻点间距离视其需要做出了规定：相邻点间最小距离应为平均距离的 1/3～1/2；最大距离应为平均距离的 2～3 倍。《规程》还规定，特殊情况下，个别点的间距还允许超出表中规定。

三、测量作业基本技术规定

GPS 测量的仪器和方法与常规测量的仪器和方法显著不同，所以反映其技术规格的主要指标亦不相同。为了了解外业观测和内业计算，先介绍有关的术语，然后再介绍有关技术指标的概念。

1. 术语

(1) 观测时段 observation session

测站上开始接收卫星信号到停止接收,连续观测的时间间隔称为观测时段,简称时段。

(2) 同步观测 simultaneous observation

两台或两台以上接收机同时对同一组卫星所进行的观测。

(3) 同步观测环 simultaneous observation loop

三台或三台以上接收机同步观测所获得的基线向量构成的闭合环。

(4) 独立观测环 independent observation loop

由非同步观测获得的基线向量构成的闭合环。

(5) 数据剔除率 percentage of data rejection

同一时段中,删除的观测值个数与获取的观测值总数的比值。

(6) 天线高 antenna height

观测时接收机天线相位中心至测站中心标志面的高度。

(7) 参考站 Reference station

在一定的观测时间内,一台或几台接收机分别固定在一个或几个测站上,一直保持跟踪观测卫星,其余接收机在这些测站的一定范围内流动设站作业,这些固定站就称为参考站。

(8) 流动站 roving station

在参考站的一定范围内流动作业的接收机所设立的测站。

(9) 观测单元 observation unit

快速静态定位测量时,参考站从开始至停止接收卫星信号连续观测的时间段。

(10) 国际地球参考框架 ITRF, International Terrestrial Reference Frame

由国际地球自转服务局推荐的以国际参考子午面和国际参考极为定向基准,以 ITRF 天文常数为基础所定义的一种地球参考系和地心(地球)坐标系。

2. 《规程》规定的技术指标

由于卫星的轨道运动和地球的自转,卫星相对于测站的几何图形在不断变化。一些卫星从地平线升起至一定高度,可以投入观测作业,另一些卫星观测高度角越来越小,无法继续观测。考虑到作业中尽可能选取图形强度较好的卫星进行观测,因而在一个观测时段要几次更换跟踪的卫星。我们将时段中任一卫星有效观测时间符合要求的卫星,称为有效观测卫星。测量等级越高,有效观测卫星总数需要越多,时段中任一卫星有效观测时间需要越长,观测时段应该越多,时段长度也应该越长。

《规程》主要是为了适应城市各等级 GPS 测量技术的要求,突出了城市测量与工程测量应用的特点。《规程》规定的各级 GPS 测量作业的基本技术规定列于表 7-8。

《规程》规定的 GPS 测量各等级的作业的基本技术要求　　　　表 7-8

项　　目	等　级 观测方法	二等	三等	四等	一级	二级
卫星高度角(°)	静　态	≥15	≥15	≥15	≥15	≥15
	快速静态					
有效观测卫星数	静　态	≥4	≥4	≥4	≥4	≥4
	快速静态	—	≥5	≥5	≥5	≥5
平均重复设站数	静　态	≥2	≥2	≥1.6	≥1.6	≥1.6
	快速静态	—	≥2	≥1.6	≥1.6	≥1.6
时段长度(min)	静　态	≥90	≥60	≥45	≥45	≥45
	快速静态	—	≥20	≥15	≥15	≥15
数据采样间隔(s)	静　态	10～60	10～60	10～60	10～60	10～60
	快速静态					
PDOP	静态、快速静态	<6	<6	<6	<6	<6

四、GPS 定位网的布设

由于 GPS 控制网的布设不需要建造觇标，所以仅有技术设计、踏勘选点、埋设标石三个工作环节。其中技术设计是 GPS 测量中外业准备阶段的重要内容，它是优质低耗完成 GPS 作业的依据和条件。

（一）技术设计中应考虑的因素

技术设计主要是根据上级主管部门下达的测量任务书和 GPS 测量规范或规程来进行的。它的总原则是，在满足用户要求的情况下，尽可能减少物资、人力和时间的消耗。在工作过程中，要考虑下面一些因素：

1．测站因素

同测站布设有关的技术因素有：网点的密度、网的图形结构、时段分配、重复设站和重合点的布置等。

2．卫星因素

同观测对象卫星有关的一些因素有：卫星高度角与观测卫星的数目；图形强度因子；卫星信号质量。大部分接收机具有解码并记录来自卫星的广播星历表的能力。

3．仪器因素

同仪器有关的一些因素有：接收机，用于相对定位至少应有两台；天线质量；记录设备。

4．后勤因素

后勤保障方面的因素有：使用的接收机台数、来源和使用时间；各观测时段的机组调度；交通工具和通讯设备的配置等。

（二）GPS 网的布网原则

为了用户的利益，GPS 网图形设计时应遵循以下原则：

（1）GPS 网应根据测区实际需要和交通状况，作业时的卫星状况，预期达到的精度，成果的可靠性以及工作效率，按照优化设计原则进行。

（2）GPS网一般应通过独立观测边构成闭合图形，例如一个或若干个独立观测环，或者附合路线形式，以增加检核条件，提高网的可靠性。

（3）GPS网的点与点之间不要求互相通视，但应考虑常规测量方法加密时的应用，每点应有一个以上的通视方向。

（4）在可能条件下，新布设的GPS网应与附近已有的GPS点进行联测；新布设的GPS网点应尽量与地面原有控制网点相连接，连接处的重合点数不应少于三个，且分布均匀，以便可靠地确定GPS网与原有网之间的转换参数。

（5）GPS网点，应利用已有水准点联测高程。C级网每隔3～6点联测一个高程点，D和E级网视具体情况确定联测点数。A和B级网的高程联测分别采用三、四等水准测量的方法；C至E级网可采用等外水准或与其精度相当的方法进行。

（三）卫星空间分布的几何图形强度设计

GPS定位精度同卫星与测站构成的图形强度有关，与能同步跟踪的卫星数和接收机使用的通道数有关。若接收机有观测到5颗卫星以上的能力，就应该把所有可能观测到的卫星都进行跟踪观测，若只有观测到4颗卫星的能力，应在所有可见星中选取PDOP值最小的那一组卫星进行观测，这是根据伪距定位时求解公式推算出的选星原则。

《规程》对点的空间位置图形强度因子PDOP值要求不应超过表7-9所列值。

图形强度因子（PDOP）规定值　　　　　　　　　　　表7-9

级　别	二	三	四	一级	二级
PDOP	<6	<6	<6	<6	<6

五、野外选点

由于GPS测量中不要求测站之间相互通视，网的图形结构也比较灵活，所以选点的野外工作比较简便。但是，点位的正确选择对观测工作的顺利进行和测量结果的可靠性具有重要意义。

1. GPS选点应符合下列要求

（1）点位应选设在易于安置接收设备和便于操作的地方，视野应开阔。被测卫星的地平高度角一般应大于10°～15°，以减弱对流层折射的影响。

（2）点位应远离大功率无线电发射源（如电视台、微波站等），其距离不得小于200m；并应远离高压输电线，其距离不得小于50m），以避免周围磁场对GPS卫星信号的干扰。

（3）点位附近不应有强烈干扰接收卫星信号的物体，并尽量避免大面积水域，以减弱多路径误差的影响。

（4）点位应选在交通方便的地方，有利于用其他测量手段联测或扩展。

（5）地面基础稳定，利于点位保存。

（6）应充分利用符合要求的旧有控制点。

2. 选点作业

选点人员在实地选定的点位上，打一木桩或以其他方式加以标定，同时树立测旗，以便埋石及观测人员能迅速找到点位，开展后续工作。

GPS 点名可取村名、山名、地名、单位名，应向当地政府部门或群众进行调查后确定。当利用符合要求的旧有控制点时，点名不宜更改。

不论是新选定的点或利用原有点位，均应按规范或规程中规定的格式在实地绘制 GPS 点点之记。点位周围有高于 10° 的障碍物时，应用平板仪和罗盘仪绘制点的环视图。测区选点完成后，还应绘制 GPS 网选点图。测区选点完成后，还应绘制 GPS 网选点图。

最后，要对选点工作写出总结，包括详细的交通情况，车的种类、车次以及通讯、供电、充电情况等。

六、GPS 点标志和标石埋设

中心标石是地面 GPS 点的永久性标志，为了长期使用 GPS 测量成果，点的标石必须稳定、坚固以利长期保存和利用。GPS 点的永久性标志如图 7-10 所示；普通标石的规格及埋设，如图 7-11 所示。

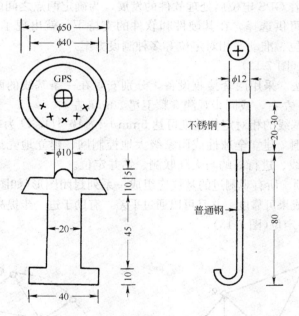

图 7-10　GPS 点的永久性标志
(a)金属标志；(b)不锈钢标志

各等级 GPS 点的标石用混凝土灌制。一般普通标石分上标石和下标石两层，其上均设有金属的中心标志。

埋设标石时，须使各层标志中心在同一铅垂线上，其偏差不得大于 2mm。新埋标石时，应依法办理征地手续和测量标志委托保管书。

七、GPS 定位网的测设方案

应用 GPS 定位技术建立测量控制网，均采用相对定位的方法。相对定位的两

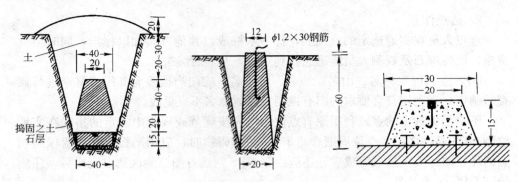

图 7-11　标石埋设图

(a)二、三等 GPS 点；(b)四等、一、二级 GPS 点；(c)建筑物上各等级 GPS 点

点间构成独立观测边，也称基线。显然，GPS 网的几何图形是由投入作业的接收机台数、观测路线和基线连接形式所决定的，我们将它们称为 GPS 测量控制网的测设方案。

(一) 两台接收机相对定位的测设方案

近年来，随着 GPS 定位后处理软件的发展，为确定两点之间的基线向量，已有多种测设方案可供选择。在其硬件和软件的支持下，就出现了静态相对定位、快速静态相对定位、准动态相对定位等多种测设方案。

1. 静态定位(图 7-12)

(1) 作业方法　采用两套接收设备，分别安置在一条基线的两个端点，同步观测 4 颗卫星 1h 左右，或同步观测 5 颗卫星 20min 左右。

(2) 精度　基线的相对定位精度可达 $5mm+1\times10^{-6}D$，D 为基线长度(km)。

(3) 适用范围　建立全球性或国家级大地控制网、建立地壳运动监测网、建立长距离检校基线、进行岛屿与大陆联测、钻井定位。

(4) 注意事项　所有观测过的基线应组成一系列封闭图形(如图 7-12)，以利于外业检核，提高成果可靠度。并且可以通过平差，有助于进一步提高定位精度。

2. 快速静态定位(图 7-13)

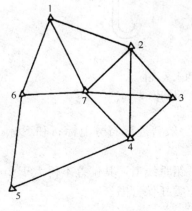

图 7-12　静态定位

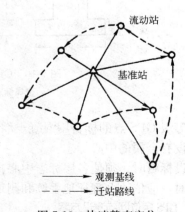

图 7-13　快速静态定位

(1) 作业方法 在测区中部选择一个基准站，并安置一套接收设备连续跟踪所有可见卫星；另一台接收机依次到各点流动设站，每点观测 1~2min。

(2) 精度 流动站相对于基准站的长度中误差为 $5mm+1\times10^{-6}D$。

(3) 应用范围 控制网的建立及其加密、工程测量、地籍测量、大批相距百米左右的点位定位。

(4) 注意事项 在观测时段内应确保有 5 颗以上卫星可供观测；流动点与基准点相距应不超过 20km；流动站上的接收机在转移时，不必保持对所测卫星连续跟踪，可关闭电源以降低能耗。

3. 往返式重复设站（图 7-14）

(1) 作业方法 建立一个基准点安置接收机连续跟踪所有可见卫星；流动接收机依次到每点观测 1~2min；1h 后逆序返测各流动点 1~2min。

(2) 精度 相对于基准点的基线中误差为 $5mm+1\times10^{-6}D$。

(3) 应用范围 控制测量及控制网加密、取代导线测量及三角测量、工程测量及地籍测量等。

(4) 注意事项 流动点与基准点相距不超过 20km；基准点上空开阔，能正常跟踪 3 颗及以上的卫星。

4. 动态定位（图 7-15）

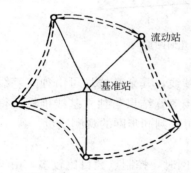

图 7-14 往返式重复设站

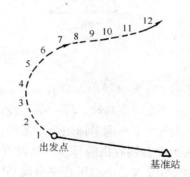

图 7-15 动态定位

(1) 作业方法 建立一个基准点安置接收机连续跟踪所有可见卫星；流动接收机先在出发点上静态观测 1~2min；然后流动接收机从出发点开始连续运动；按指定的时间间隔自动测定运动载体的实时位置。

(2) 精度 相对于基准点的瞬时点位精度可达 1~2cm。

(3) 应用范围 精密测定运动目标的轨迹、测定道路的中心线、剖面测量、航道测量等。

(4) 注意事项 需同步观测 5 颗卫星，其中至少 4 颗卫星要连续跟踪；流动点与基准点相距不超过 20km。

(二) 多台接收机的同步网测设方案

当投入作业的接收机数目多于二台时，就可以在同一时段内，几个测站上的接收机同步观测共视卫星。此时，由同步观测边所构成的几何图形，称为同步网，或称作同步环路。

图 7-16 表示用三台（图 7-16a）、四台（图 7-16b、图 7-16c）、五台（图 7-16d、图 7-16e）接收机作同步观测所构成的同步网的几何图形。由图 7-16，若三角形同步网的点数为 m，则网中同步边（基线）总数为

$$s=\frac{m(m-1)}{2} \tag{7-24}$$

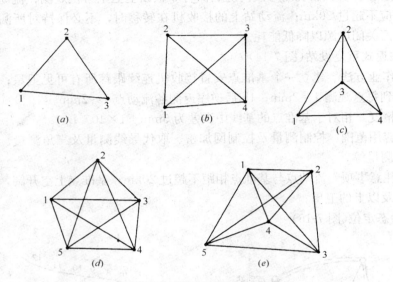

图 7-16　同步网的几何图形

不过在 s 条基线中，只有 $m-1$ 条独立基线，其余基线均可由独立基线推算而得，属于非独立基线。同一条基线，其直接解算结果与独立基线推算所得结果之差，就产生了所谓坐标闭合差条件，用它可评判同步网的观测质量。

（三）多台接收机的异步网测设方案

在城市或大、中型工程中布设 GPS 控制网时，控制点数目比较多，由于受接收机数量的限制，难以再选择同步网的测设方案。此时必须将多个同步网相互连接，构成统一整体的 GPS 控制网。这种由多个同步网相互连接的 GPS 网，称作异步网。

异步网的测设方案决定于投入作业的接收机数量和同步网之间的连接方式。不同的接收机数量决定了同步网的网形结构，而同步网的不同连接方式又会出现不同的异步网的网形结构。由于 GPS 网的平差及精度评定，主要是由不同时段观测的基线组成异步闭合环的多少及闭合差大小所决定的，而与基线边长度和其间所夹角度无关，所以异步网的网形结构与多余观测密切相关。

同步网之间的连接方式有以下三种：

1. 点连式

同步网之间仅有一点相连接的异步网称为点连式异步网，如图 7-17 所示。

在图 7-17(a)中共有 10 个点，用三台接收机分别在五个三边同步网中依次作

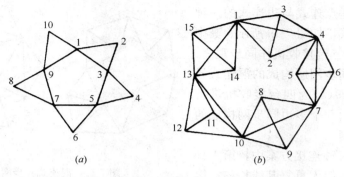

图 7-17 点连式异步网

同步观测。同步网间用 1、3、5、7、9 各点相连接，连接点上设站二次，其余点只设站一次。该图形中有 5 个同步环和 1 个异步环，基线总数为 15，其中独立基线数为 9，非独立基线数为 6，没有重复基线。

在图 7-17(b)中共有 15 个点，用四台接收机分别在五个多边同步网中依次作同步观测，构成点连式异步网。该图形中有 5 个同步环和 1 个异步环，基线总数为 30，其中独立基线数为 14，非独立基线数为 16。由图 7-17 可以看出，在点连式异步网中均没有重复基线出现。

2. 边连式

同步网之间由一条基线边相连接的异步网称为边连式异步网，如图 7-18 所示。

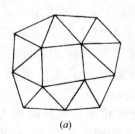   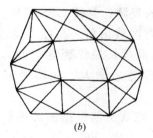

图 7-18 边连式异步网

图 7-18(a)表示用三台接收机分别在 13 个三角形同步网中先后作同步观测。同步网间有一条公共基线连结，公共基线在相连的同步环中分别测量两次。该网中有 13 个同步环和 1 个异步环，基线总数为 26，其中独立基线数为 13，重复基线数为 13。这样，就出现了 13 个同步环检核、1 个异步环检核、13 个重复基线的检核。

图 7-18(b)为四台接收机先后在八个观测时段进行同步观测所构成的边连式异步网。网中有 8 个同步环和 1 个异步环、8 个重复基线的检核。其中在同步环检核中，又可产生大量同步闭合环。

3. 混连式

混连式是点连式与边连式的一种混合连接方式，如图 7-19 所示。其中图 7-19(a) 为三台接收机作同步观测，由 9 个三边同步网所构成的混连式异步网；图 7-19(b) 为四台接收机进行同步观测，由 5 个多边同步网构成的混连式异步网。

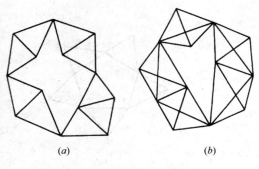

图 7-19　混连式异步网

在上述三种连接方案中，第 1 种工作量最小，但无重复基线检核；第 2 种工作量最大，检核条件亦最多；第 3 种比较灵活，工作量与检核条件比较适中。在选择测设方案时，应从所具备的接收机数量和精度、工作量大小、卫星运行状态、测区条件等方面进行权衡。通常 GPS 相对定位精度较高，比较容易达到工程的期望精度，这时也就没有必要以高额投入换取更高的精度。

八、外业观测

GPS 外业观测是利用接收机接收来自 GPS 卫星的无线电信号，它是外业阶段的核心工作，包括准备工作、天线设置、接收机操作、气象数据观测、测站记簿等项内容。

GPS 卫星定位网的技术设计是在室内完成的，它注重 GPS 网的科学性和完整性。而实测方案则是依据接收机的台数和点位的分布特点，充分考虑到测区交通和地理环境，精心安排多台接收机进行的同步观测计划。

GPS 卫星的观测，是待 GPS 卫星升离地平线一定的角度才开始的，这个角度就是卫星高度截止角。高度角愈小，愈有利于减小三维位置图形强度因子（PDOP），从而延长最佳观测时间；但是卫星高度角愈小，对流层影响愈显著，测量误差随之增大。在精密定位测量时，卫星高度截止角宜选定在 15°左右。

作业小组应在观测前根据测区地形、交通状况、控制网的大小、精度的高低、仪器的数量、GPS 网的设计、星历预报表和测区的天气、地理环境等编制作业调度表，以提高工作效益（表 7-10）。

GPS 作业调度表　　　　　　　　　　　表 7-10

时段编号	观测时间	测站号/名 机　号	测站号/名 机　号	测站号/名 机　号	测站号/名 机　号	测站号/名 机　号
0						
1						
2						

续表

时段编号	观测时间	测站号/名	测站号/名	测站号/名	测站号/名	测站号/名
		机 号	机 号	机 号	机 号	机 号
3						
4						
5						
6						
7						

九、天线安置

为了避免严重的重影及多路径现象干扰信号接收，确保观测成果质量，必须妥善安置天线。

天线要尽量利用脚架安置，直接在点上对中。天线的定向标志线应指向正北。天线底盘上的圆水准气泡必须居中。天线安置后，应在每时段观测前、后各量取天线高一次。

十、观测作业

观测作业的主要任务是捕获 GPS 卫星信号，并对其进行跟踪、处理和量测，以获得所需要的定位信息和观测数据。

在离开天线不远的地面上，安放接收机。接通接收机至电源、天线、控制器的连接电缆，并经过预热和静置，即可启动接收机进行观测。

至于利用接收机进行作业的具体方法步骤，因接收机的类型不同而异。对于目前常见的接收机，其操作自动化程度较高，一般只需按若干功能键就能进行测量。对某种具体接收机的操作方法，用户应按随机的操作手册进行。

十一、外业成果记录

在外业观测过程中，所有信息资料和观测数据都要妥善记录。记录的形式主要有以下两种：

1. 观测记录

观测记录由接收设备自动完成，均记录在存储介质（如磁卡等）上，记录项目主要有：载波相位观测值及其相应的 GPS 时间；GPS 卫星星历参数；测站和接收机初始信息（测站名、测站号、时段号、近似坐标及高程、天线及接收机编号、天线高）。

接收机内存数据文件转录到外存介质上时，不得进行任何剔除和删改，不得调用任何对数据实施重新加工组合的操作指令。

2. 测量手簿

测量手簿是在接收机启动前与作业过程中，由测量员随时填写的。整个观测过程出现的重要问题及其处理情况，亦应如实地填写在记事栏内，并妥善保管（表7-11）。

GPS 外业观测手簿（规程）

_____工程 GPS 外业观测手簿　　　　　　　表 7-11

观测者姓名_____　　日　期____年____月____日
测　站　名_____　　测　站　号_____时段号_____
天气状况_____

测站近似坐标：

经度：E_____°_____′
纬度：N_____°_____′
高程：_____

本测站为
□_____新点
□_____等大地点
□_____等水准点
□

记录时间：□北京时间　□UTC　□区时
开录时间_____　结束时间_____

接收机号_____　天线号_____
天线高：（m）　　测后校核值_____
1._____　2._____　3._____　平均值_____

天线高量取方式略图　　　　　　测站略图及障碍物情况

观测状况记录
1. 电池电压_____（快、条）
2. 接收卫星号_____
3. 信噪比（SNR）_____
4. 故障情况_____
5. 备注

十二、观测成果的外业检核及处理

观测成果的外业检核是外业工作的最后一个环节。每当观测任务结束，必须对观测数据的质量进行分析并做出评价，以确保观测成果和定位结果的预期精度。

（一）野外数据检核

对野外观测资料首先要进行复查，内容包括：成果是否符合调度命令和规范的要求；进行的观测数据质量分析是否符合实际。然后进行下列项目的检核：每个时段同步边观测数据的检核、重复观测边的检核、环闭合差的检核和同步观测环检核。

当发现边闭合数据或环闭合数据超出上列规定时，应分析原因并对其中部分或全部成果重测。需要重测的边应尽量安排在一起进行同步观测。

(二)数据后处理

GPS 测量数据的测后处理,一般均可借助相应的后处理软件自动完成。

平差计算完成后,需输出打印以下基本信息:测区和各测站的基本信息;观测值的数量、数据剔除率、时段起止时刻和持续时间的统计信息;平差计算采用的坐标系统、基本常数、起算数据、观测值类型和数据处理方法;平差计算采用的先验约束条件、先验误差;平差结果;平差值的精度。

第六节 交会法测量

在进行平面控制测量时,如果导线点的密度不能满足测图和工程的要求时,则需要进行控制点的加密。控制点的加密,可以采用导线测量,也可以采用交会定点法。根据测角、测边的不同,如图 7-20 所示,交会定点可分为:图 7-20(a) 为测角前方交会,图 7-20(b) 为测角侧方交会,图 7-20(c) 为测角后方交会,图 7-20(d) 为测边交会等几种方法。

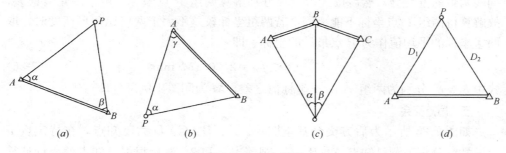

图 7-20 交会图形

在选用交会法时,必须注意交会角不应小于 30°或大于 150°,交会角是指待定点至两相邻已知点方向的夹角。交会定点的外业工作与导线测量外业类同,下面重点介绍测角前方交会和测角后方交会的内业计算。

一、前方交会

如图 7-21 所示,为前方交会基本图形。已知 A 点坐标为 X_A、Y_A,B 点坐标为 X_B、Y_B,在 A、B 两点上设站,观测出 α、β,通过三角形的余切公式求出加密点 P 的坐标,这种方法称为测角前方交会法,简称前方交会。

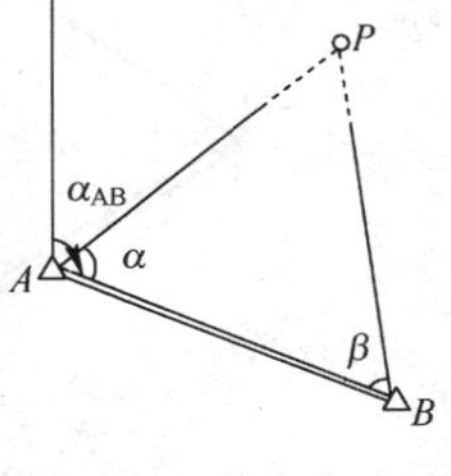

按导线计算公式,由图 7-21 可见

因 $x_P = x_A + \Delta x_{AP} = x_A + D_{AP} \cdot \cos\alpha_{AP}$

而 $\alpha_{AP} = \alpha_{AB} - \alpha$, $D_{AP} = D_{AB} \cdot \sin\beta / \sin(\alpha+\beta)$

则 $x_P = x_A + D_{AP} \cdot \cos\alpha_{AP} = x_A + \dfrac{D_{AB} \cdot \sin\beta \cos(\alpha_{AB} - \alpha)}{\sin(\alpha+\beta)}$

$= x_A + \dfrac{D_{AB} \cdot \sin\beta (\cos\alpha_{AB}\cos\alpha + \sin\alpha_{AB}\sin\alpha)}{\sin\alpha\cos\beta + \cos\alpha\sin\beta}$

图 7-21 前方交会

$$= x_A + \frac{D_{AB} \cdot \sin\beta(\cos\alpha_{AB}\cos\alpha + \sin\alpha_{AB}\sin\alpha)/(\sin\alpha\sin\beta)}{(\sin\alpha\cos\beta + \sin\beta\cos\alpha)/(\sin\alpha\sin\beta)}$$

$$= x_A + \frac{D_{AB} \cdot \cos\alpha_{AB}\text{ctg}\alpha + D_{AB} \cdot \sin\alpha_{AB}}{\text{ctg}\alpha + \text{ctg}\beta}$$

$$= x_A + \frac{(x_B - x_A)\text{ctg}\alpha + (y_B - y_A)}{\text{ctg}\alpha + \text{ctg}\beta}$$

同理得

$$\left.\begin{array}{l} x_P = \dfrac{x_A \text{ctg}\beta + x_B \text{ctg}\alpha + (y_B - y_A)}{\text{ctg}\alpha + \text{ctg}\beta} \\ y_P = \dfrac{y_A \text{ctg}\beta + y_B \text{ctg}\alpha + (x_A - x_B)}{\text{ctg}\alpha + \text{ctg}\beta} \end{array}\right\} \tag{7-25}$$

应用上式计算坐标时，必须注意实测图形的编号与推导公式的编号要一致性。

在实践中，为了校核和提高 P 点坐标的精度，通常采用三个已知点的前方交会图形。如图 7-22 所示，在三个已知点 A、B、C 上设站，测定 α_1、β_1 和 α_2、β_2，构成两组前方交会，然后按式（7-25）分别解算两组 P 点坐标。由于测角有误差，故解算得两组 P 点坐标不能相等，若两组坐标较差不大于两倍比例尺精度时，取两组坐标的平均值作为 P 点最后的坐标。即

$$f_D = \sqrt{\delta_x^2 + \delta_y^2} \leqslant f_{\mathfrak{R}} = 2 \times 0.1M(\text{mm}) \tag{7-26}$$

式中 δ_x、δ_y 分别为两组 x_P、y_P 坐标值之差，M 为测图比例尺分母。

二、后方交会

如图 7-23 所示为后方交会基本图形。A、B、C、D 为已知点，在待定点 P 上设站，分别观测已知点 A、B、C，观测出 α 和 β，然后根据已知点的坐标计算出 P 点的坐标，这种方法称为测角后方交会，简称后方交会。

后方交会的计算方法有多种，现只介绍一种，即 P 点位于 A、B、C 三点组

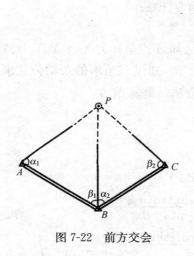

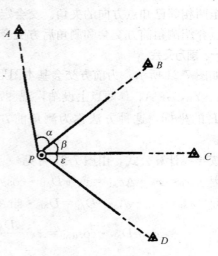

图 7-22　前方交会　　　　　　　　图 7-23　后方交会

成的三角形之外时的简便计算方法，可用下列公式求得。

$$a=(x_A-x_B)+(y_A-y_B)\operatorname{ctg}\alpha$$
$$b=(y_A-y_B)-(x_A-x_B)\operatorname{ctg}\alpha$$
$$c=(x_C-x_B)-(y_C-y_B)\operatorname{ctg}\beta$$
$$d=(y_C-y_B)+(x_C-x_B)\operatorname{ctg}\beta$$
$$k=\operatorname{tg}\alpha_{BP}=\frac{c-a}{b-d}$$
$$\Delta x_{BP}=\frac{a+b\cdot k}{1+k^2}$$
$$\left.\begin{array}{l}\Delta y_{BP}=k\cdot\Delta x_{BP}\\ x_P=x_B+\Delta x_{BP}\\ y_P=y_B+\Delta y_{BP}\end{array}\right\} \tag{7-27}$$

为了保证 P 点的坐标精度，后方交会还应该用第四个已知点进行检核。如图 7-23，在 P 点观测 A、B、C 点的同时，还应观测 D 点，测定检核角 $\varepsilon_{测}$，在算得 P 点坐标后，可求出 α_{PB} 与 α_{PD}，由此得 $\varepsilon_{计}=\alpha_{PD}-\alpha_{PB}$。若角度观测和计算无误时，则应有 $\varepsilon_{测}=\varepsilon_{计}$。

但由于观测误差的存在，使 $\varepsilon_{计}\neq\varepsilon_{测}$，二者之差为检核角较差，即

$$\Delta\varepsilon''=\varepsilon_{测}-\varepsilon_{计}$$

$\Delta\varepsilon''$ 的容许值可用式（7-27）计算

$$\Delta\varepsilon''_{容}=\pm\frac{M}{10^4 S_{PB}}\rho'' \tag{7-28}$$

式中 M 为测图比例尺分母。

如果选定的交会点 P 与 A、B、C 三点恰好在同一圆周上时，则 P 点无定解，此圆称为危险圆。在后方交会中，要避免 P 点处在危险圆上或危险圆附近，一般要求 P 点至危险圆距离应大于该圆半径的 $1/5$。

第七节　三、四等水准测量

三、四等水准测量，除了应用于国家高程控制网的加密外，还能够应用于建立小区域首级高程控制网。三、四等水准测量的起算点高程应尽量从附近的一、二等级水准点引测，若测区附近没有国家一、二等水准点，则在小区域范围内可采用闭合水准路线建立独立的首级高程控网，假定起算点的高程。三、四等水准测量及等外水准测量的精度要求列于表 7-12。

水准测量的主要技术要求　　　　　　　　　　　　表 7-12

等级	路线长度(km)	水准仪	水准尺	观测次数		往返较差、闭合差	
				与已知点联测	附合或环线	平地(mm)	山地(mm)
三	≤45	DS_1	钢瓦	往返各一次	往一次	$\pm 12\sqrt{L}$	$\pm 4\sqrt{n}$
		DS_3	双面		往返各一次		

续表

等级	路线长度(km)	水准仪	水准尺	观测次数		往返较差、闭合差	
				与已知点联测	附合或环线	平地(mm)	山地(mm)
四	≤16	DS_3	双面	往返各一次	往一次	$\pm 12\sqrt{L}$	$\pm 6\sqrt{n}$
等外	≤5	DS_3	单面	往返各一次	往一次	$\pm 40\sqrt{L}$	$\pm 12\sqrt{n}$

注：L 为路线长度(km)，n 为测站数。

三、四等水准测量一般采用双面尺法观测，其在一个测站上的技术要求见表7-13。

水准观测的主要技术要求　　　　表 7-13

等级	水准仪的型号	视线长度(m)	前后视较差(m)	前后视累积差(m)	视线离地面最低高度(m)	黑红面读数较差(mm)	黑红面高差较差(mm)
三等	DS_1	100	3	6	0.3	1.0	1.5
	DS_3	75				2.0	3.0
四等	DS_3	100	5	10	0.2	3.0	5.0
等外	DS_3	100	大致相等	—	—	—	—

一、三、四等水准测量的观测程序和记录方法。

测站观测程序

1. 三等水准测量每测站照准标尺分划顺序为：

(1) 后视标尺黑面，精平，读取上、下、中丝读数，记为(1)、(2)、(3)；

(2) 前视标尺黑面，精平，读取上、下、中丝读数，记为(4)、(5)、(6)；

(3) 前视标尺红面，精平，读取中丝读数，记为(7)；

(4) 后视标尺红面，精平，读取中丝读数，记为(8)。

三等水准测量测站观测顺序简称为："后—前—前—后"（或黑—黑—红—红），其优点是可消除或减弱仪器和尺垫下沉误差的影响。

2. 四等水准测量每测站照准标尺分划顺序为：

(1) 后视标尺黑面，精平，读取上、下、中丝读数，记为(1)、(2)、(3)；

(2) 后视标尺红面，精平，读取中丝读数，记为(4)；

(3) 前视标尺黑面，精平，读取上、下、中丝读数，记为(5)、(6)、(7)；

(4) 前视标尺红面，精平，读取中丝读数，记为(8)。

四等水准测量测站观测顺序简称为："后—后—前—前"（或黑—红—黑—红）。

下面以三等水准测量一个测段为例介绍双面尺法观测的程序（四等水准测量也可以采用），其记录与计算参见表7-14。

二、测站计算与校核

(一) 视距计算

后视距离：(9)=[(1)−(2)]×100

前视距离：(10)=[(4)−(5)]×100

前、后视距差：(11)=(9)−(10)

三、四等水准测量观测手薄 表 7-14

测站编号	测点编号	后尺 下丝 上丝 后距 视距差 d(m)	前尺 下丝 上丝 前距 Σd(m)	方向及尺号	标尺读数(m) 黑面	标尺读数(m) 红面	K加黑减红 (mm)	高差中数 (m)	备注
		(1)	(4)	后	(3)	(8)	(14)		
		(2)	(5)	前	(6)	(7)	(13)	(18)	
		(9)	(10)	后一前	(15)	(16)	(17)		
		(11)	(12)						
1	BM_1-Z_1	1.691	1.137	后 01	1.523	6.309	+1	+0.5545	
		1.355	0.798	前 02	0.968	5.655	0		
		33.6	33.9	后一前	+0.555	+0.654	+1		
		−0.3	−0.3						
2	Z_1-Z_2	1.937	2.113	后 02	1.676	6.364	−1	−0.1740	K_{01}=4.787 K_{02}=4.687
		1.415	1.589	前 01	1.851	6.637	+1		
		52.2	52.4	后一前	−0.175	−0.273	−2		
		−0.2	−0.5						
3	Z_2-Z_3	1.887	1.757	后 01	1.612	6.399	0	+0.1295	
		1.336	1.209	前 02	1.483	6.169	+1		
		55.1	54.8	后一前	+0.129	+0.230	−1		
		+0.3	−0.2						
4	Z_3-BM_2	2.208	1.965	后 02	1.878	6.565	0	+0.2435	
		1.547	1.303	前 01	1.634	6.422	−1		
		66.1	66.2	后一前	+0.244	+0.143	+1		
		−0.1	−0.3						
每页校核		$\Sigma(9)$=207.0 −)$\Sigma(10)$=207.3 =−0.3 总视距=$\Sigma(9)+\Sigma(10)$=414.3m	$\Sigma[(3)+(8)]$=32.326 −)$\Sigma[(6)+(7)]$=30.819 =+1.507		$\Sigma[(15)+(16)]$ =+1.507			$\Sigma(18)$=+0.7535 $2\Sigma(18)$=+1.507	

前、后视距累积差：本站(12)=本站(11)+上站(12)

（二）同一水准尺黑、红面中丝读数校核

前尺：$(13)=(6)+K_1-(7)$

后尺：$(14)=(3)+K_2-(8)$

（三）高差计算及校核

黑面高差：$(15)=(3)-(6)$

红面高差：$(16)=(8)-(7)$

校核计算：红、黑面高差之差$(17)=(15)-[(16)\pm 0.100]$

或$(17)=(14)-(13)$

高差中数：(18)＝[(15)+(16)±0.100]/2

在测站上，当后尺红面起点为 4.687m，前尺红面起点为 4.787 时，取 +0.100；反之，取 －0.100。

（四）每页计算校核

(1) 高差部分。

每页上，后视红、黑面读数总和与前视红、黑面读数总和之差，应等于红、黑面高差之和，还应等于该页平均高差总和的两倍，即

对于测站数为偶数的页：
$$\Sigma[(3)+(8)]-\Sigma[(6)+(7)]=\Sigma[(15)+(16)]=2\Sigma(18)$$

对于测站数为奇数的页：
$$\Sigma[(3)+(8)]-\Sigma[(6)+(7)]=\Sigma[(15)+(16)]=2\Sigma(18)±0.100$$

(2) 视距部分。

末站视距累积差值：末站(12)＝Σ(9)－Σ(10)
$$总视距＝\Sigma(9)+\Sigma(10)$$

三、成果计算与校核

在每个测站计算无误后，并且各项数值都在相应的限差范围之内时，根据每个测站的平均高差，利用已知点的高程，推算出各水准点的高程，其计算与高差闭合差的调整方法，可参见第二章。至此完成了三、四等水准测量的整个过程。

四、等外水准测量

等外水准测量，是用于工程水准测量或测定图根控制点的高程，其精度低于四等水准测量，故称为等外水准测量（也叫五等水准测量），其施测方法参见第二章。

第八节 三角高程测量

在山区或高层建筑物上，若用水准测量作高程控制，则困难大且速度慢，这时可考虑采用三角高程测量，三角高程测量分为测距仪三角高程测量和经纬仪三角高程测量两种。

一、三角高程测量的主要技术要求

三角高程测量的主要技术要求，是针对竖直角测量的技术要求，一般分为两个等级，即四、五等，其可作为测区的首级控制，技术要求列于表 7-15。

电磁波测距三角高程测量的主要技术要求　　　　　　表 7-15

等级	仪器	测距边测回数	竖直角测回数		指标差较差($''$)	竖直角较差($''$)	对向观测高差较差(mm)	附合或环线闭合差(mm)
			三丝法	中丝法				
四	DJ_2	往返各一次	—	3	≤7	≤7	$40\sqrt{D}$	$20\sqrt{\Sigma D}$
五	DJ_2	1	1	2	≤10	≤10	$60\sqrt{D}$	$30\sqrt{\Sigma D}$

注：D 为电磁波测距边长度(km)。

二、三角高程测量的原理

三角高程测量,是根据两点间的水平距离和竖直角计算两点的高差,然后求出所求点的高程。

如图 7-24 所示,在 A 点安置仪器,用望远镜中丝瞄准 B 点觇标的顶点,测得竖直角 α,并量取仪器高 i 和觇标高 v,若测出 A、B 两点间的水平距离 D,则可求得 A、B 两点间的高差,即

$$h_{AB} = D \cdot \mathrm{tg}\alpha + i - v \tag{7-29}$$

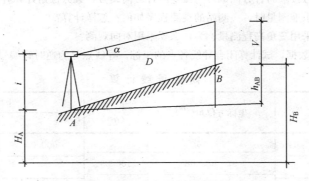

图 7-24 三角高程测量的原理

B 点高程为

$$H_B = H_A + D \cdot \mathrm{tg}\alpha + i - v \tag{7-30}$$

三角高程测量一般应采用对向观测法,如图 6-13 所示,即由 A 向 B 观测称为直觇,再由 B 向 A 观测称为反觇,直觇和反觇称为对向观测。采用对向观测的方法可以减弱地球曲率和大气折光的影响。当对向观测所求得的高差较差不应大于 $0.1D\mathrm{m}$(D 为水平距离,以"km"为单位),则取对向观测的高差中数为最后结果,即

$$h_{中} = \frac{1}{2}(h_{AB} - h_{BA}) \tag{7-31}$$

式(7-30)适用于 A、B 两点距离较近(小于 300m)的三角高程测量,此时水准面可近似看成平面,视线视为直线。当距离超过 300m 时,就要考虑地球曲率及观测视线受大气折光的影响。

三、三角高程测量的观测与计算

三角高程测量的观测与计算应按以下步骤进行:

(1) 安置仪器于测站上,量出仪器高 i;觇标立于测点上,量出觇标高 v。

(2) 用经纬仪或测距仪采用测回法观测竖直角 α,取其平均值为最后观测成果。

(3) 采用对向观测,其方法同前两步。

(4) 用式(7-28)和式(7-29)计算高差和高程。

三角高程路线,尽可能组成闭合测量路线或附合测量路线,并尽可能起闭于高一等级的水准点上。若闭合差 f_h 在表 7-15 所规定的容许范围内,则将 f_h 反符

号按照与各边边长成正比例的关系分配到各段高差中,最后根据起始点的高程和改正后的高差,计算出各待求点的高程。

思 考 题 与 习 题

1. 控制测量的目的是什么?小区域平面、高程控制网是如何建立的?
2. 导线布设形式有哪几种?试绘图说明。
3. 简述导线计算的步骤,并说明闭合导线与附合导线在计算中的异同点。
4. 闭合导线的点号按顺时针方向编号与按逆时针方向编号,其方位角计算有何不同?
5. 进行三、四等水准测量时,一测站的观测程序如何?怎样计算?
6. 在什么情况下采用三角高程测量?为什么要采用对向观测?
7. 如表 7-16 所列数据,试计算闭合导线各点的坐标。导线点号为逆时针编号。

闭 合 导 线 计 算　　　　　　　表 7-16

点号	观测角(°′″)	坐标方位角(°′″)	边长(m)	坐标(m)	
				x	y
1	125 52 04			500.00	500.00
2	82 46 29	97 58 08	100.29		
3	91 08 23		78.96		
4	60 14 02		137.22		
1			78.67		

8. 根据表 7-17 所列数据,试计算附合导线各点的坐标。

附 合 导 线 计 算　　　　　　　表 7-17

点号	左角观测角(°′″)	坐标方位角(°′″)	边长(m)	坐标(m)	
				x	y
A					
B	253 34 54	50 00 00		1000.00	1000.00
1	114 52 36		125.37		
2	240 18 48		109.84		
C	227 16 12		106.26	936.97	1291.22
D		166 02 54			

9. 如图 7-22 中以前方交会法测定 P 点,根据下列已知数据,计算 P 点的坐标

$\begin{cases} x_A = 3646.35 \text{m} \\ y_A = 1054.54 \text{m} \end{cases}$ $\begin{cases} x_B = 3873.96 \text{m} \\ y_B = 1772.68 \text{m} \end{cases}$ $\begin{cases} x_C = 4538.45 \text{m} \\ y_C = 1862.57 \text{m} \end{cases}$

$\begin{cases} \alpha_1 = 64°03'30'' \\ \beta_1 = 59°46'40'' \end{cases}$ $\begin{cases} \alpha_2 = 55°30'36'' \\ \beta_2 = 72°44'47'' \end{cases}$

10. 已知 A 点高程为 258.26m,A、B 两点间水平距离为 624.42m,在 A 点观测 B 点:$\alpha = +2°38'07''$,$i = 1.62$m,$v = 3.65$m;在 B 点观测 A 点:$\alpha = -2°23'15''$,$i = 1.51$m,$v = 2.26$m,求 B 点高程。

11. GPS 测量外业阶段包括哪几项？
12. GPS 定位网设计及外业测量的主要技术依据是什么？
13. 《规程》规定其 GPS 网按什么要求划分等级，并规定在布网时的要求？
14. 在 GPS 定位外业工作过程中，需要考虑哪些因素？
15. 什么是同步网？同步网之间的连接方式有哪几种？什么是异步网？
16. 怎样编制作业调度表？

第八章 地形图的测绘与应用

【学习重点】
- 了解地形图、平面图和地图的概念,比例尺的种类及精度和地形图分幅的方法。
- 理解在工程规划设计中,大比例尺地形图是确定点位和计算工程量的主要依据。
- 掌握在地形图上确定某点的高程和坐标、确定两点间的直线距离、确定某直线的坐标方位角、确定图上某直线的坡度,按设计线路绘制纵断面图,在地形图上按限制坡度选择最短路线,图形的面积量算,根据地形图等高线平整场地的方法。

第一节 地形图的测绘

一、地形图和比例尺

(一)地形图、平面图、地图

地形图是通过实地测量,将地面上各种地物、地貌的平面位置,按一定的比例尺,用《地形图图式》统一规定的符号和注记,缩绘在图纸上的平面图形,它既表示地物的平面位置,又表示地貌形态。如果图上只反映地物的平面位置,而不反映地貌形态,则称为平面图。将地球上的自然、社会、经济等若干现象,按一定的数学法则并采用制图综合原则绘成的图,称为地图。

地形图是地球表面实际情况的客观反映,各项经济建设和国防工程建设都需要首先在地形图上进行规划、设计,特别是大比例尺(常用的有 1:500、1:1000、1:2000、1:5000 等几种)地形图,是城乡建设和各项建筑工程进行规划、设计、施工的重要基础资料之一。

(二)比例尺的种类

地形图上任一线段的长度 d 与地面上相应线段的实际水平距离 D 之比,称为地形图比例尺。地形图比例尺通常用分子为 1 的分数式 $1/M$(或 $1:M$)来表示,其中"M"称为比例尺分母。显然有

$$\frac{1}{M} = \frac{d}{D} = \frac{1}{D/d} \tag{8-1}$$

式中,M 愈小,比例尺愈大,图上所表示的地物、地貌愈详尽;相反,M 愈大,比例尺愈小,图上所表示的地物、地貌愈粗略。

比例尺按表示方法的不同,可分为数字比例尺、图式比例尺两种形式,分述如下:

1. 数字比例尺

数字比例尺即在地形图上直接用数字表示的比例尺，如上所述，用 $1/M$（或 $1:M$）表示的比例尺。数字比例尺一般注记在地形图下方中间部位，如图 8-1 所示。

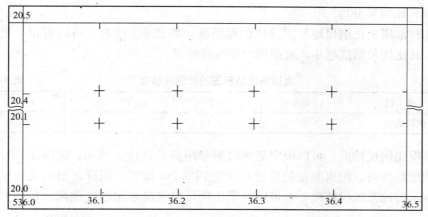

图 8-1　地形图廓和接合图表

2. 图式比例尺

图式比例尺常绘制在地形图的下方，用以直接量度图内直线的水平距离，根据量测精度又可分为直线比例尺和复式比例尺。

直线比例尺如图 8-2 所示，在一根直尺上，一般以 2cm 长为基本单位分划，在最左边一段的右节点上注记 0，并将此段细分为 20 等分的小分划。最后在所有的基本分划处注记其所代表的实际水平距离。

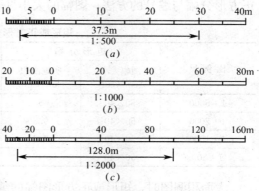

图 8-2　直线比例尺

使用时，先将两脚规的脚尖对准地形图上要量测的两点，然后将两脚规移到直线比例尺上，使右脚尖对准零点右边一个适当的整分划线，使左脚尖落在零点左边的毫米分划小格内以便读数，如图 8-2(a) 中，右脚尖对准 30m 分划线上，左脚尖落在左边 7.3m 分划上，则该线段所表示的实际水平距离为 30＋7.3＝37.3m。

为了提高量测精度，可绘制复式比例尺，其最小分划值为直线比例尺的十分之一，用法也与直线比例尺大致相同，不再详述。

图式比例尺的优点是：量距直接方便而不必再进行换算；比例尺随图纸按同一比例伸缩，从而明显减小因图纸伸缩而引起的量距误差。地形图绘制时所采用的三棱比例尺也属于图式比例尺。

（三）比例尺精度

通常认为，人们用肉眼能分辨的图上最小距离是 0.1mm。所以，地形图上 0.1mm 所代表的实地水平距离，称为比例尺精度。显然，比例尺精度＝0.1mm×比例尺分母。

几种常用大比例尺地形图的比例尺精度，如表 8-1 所列。可以看出，比例尺越大，其比例尺精度越小，地形图的精度就越高。

大比例尺地形图的比例尺精度　　　　表 8-1

比 例 尺	1∶500	1∶1000	1∶2000	1∶5000
比例尺精度	0.05	0.10	0.20	0.50

根据比例尺精度，可以确定测图时测量距离的精度。例如，测绘 1∶2000 比例尺的地形图时，距离测量的精度只须达到 0.2m 即可。同样，如果规定了图上应该表示的地面线段精度，也可以根据比例尺精度确定测图比例尺。例如要求图上能显示实地 0.5m 的精度时，则采用的测图比例尺应不小于 $\frac{0.1\text{mm}}{0.5\text{m}}=\frac{1}{5000}$。

二、大比例尺地形图的分幅与编号

为了方便测绘、管理和使用地形图，需要将各种比例尺的地形图进行统一的分幅与编号，并注在地形图上方的中间部位。其中大比例尺地形图常采用矩形或正方形分幅与编号的方法，图幅的大小见表 8-2。

矩形或正方形分幅及面积　　　　表 8-2

比 例 尺	矩 形 分 幅		正 方 形 分 幅		一幅 1∶5000 图所含幅数
	图幅大小 (cm×cm)	实地面积 (km×km)	图幅大小 (cm×cm)	实地面积 (km×km)	
1∶5000	50×40	5	40×40	4	1
1∶2000	50×40	0.8	50×50	1	4
1∶1000	50×40	0.2	50×50	0.25	16
1∶500	50×40	0.05	50×50	0.0625	64

大面积测图时，矩形或正方形图幅的编号，一般采用坐标编号法。即由图幅西南角的纵、横坐标(用阿拉伯数字，以千米为单位)作为它的图号，表示为"x-y"。1∶5000、1∶2000 地形图，坐标取至 1km；1∶1000 的地形图，坐标取至 0.1km；1∶500 的地形图，坐标取至 0.01km；例如，西南角坐标为 $x=82600$m，$y=48600$m 的不同比例尺图幅号为：1∶2000，82－48；1∶1000，82.6－48.6；1∶500，82.60－48.60。对于较大测区，测区内有多种测图比例尺时，应进行统一编号。

小面积测图，可采用自然序数法或行列编号法。自然序数法是将测区各图幅按某种规律，如从左到右，自上而下用阿拉伯数字顺序编号。行列编号法是从左到右，从上到下给横列和纵列编号，用"行—列"表示图幅编号，例如 A-2、

B-3……C-4、D-1……等。

另外，如图 8-1 所示，在地形图的正上方标上图名，图名一般以本幅图内最著名最重要的地名来命名，如图中施家洼村。在地形图的左上方标明接合图表，用以标明本幅图周围图幅的图名或编号。在地形图的左下方还应标明地形图所采用坐标系统、高程系统、测绘方法和时间等。

三、地物、地貌在图上的表示方法

《地形图图式》是测绘、出版地形图的基本依据之一，是识读和使用地形图的重要工具。它的内容概括了地物、地貌在地形图上表示的符号和方法，表 8-3 是国家标准 1∶500、1∶1000、1∶2000 地形图图式所规定的部分地物、地貌符号。

（一）地物符号

在地形图上表示各种地物的形状、大小和它们的位置的符号，称为地物符号。如测量控制点，各类建（构）筑物；道路、水系及植被等。根据地物的形状大小和描绘方法的不同，地物符号又可分为以下四种：

1. 比例符号

将地物按照地形图比例尺缩绘到图上的符号，称为比例符号。如房屋、农田、湖泊、草地等。显然，比例符号不仅能反映出地物的平面位置，而且能反映出地物的形状与大小。

2. 非比例符号

有些重要地物，由于其尺寸较小，无法按照地形图比例尺缩小并表示到地形图上，只能用规定的符号来表示，称为非比例符号。如测量控制点、独立树、电杆、水塔、水井等。显然，非比例符号只能表示地物的实地位置，而不能反映出地物的形状与大小。

3. 半比例符号

对于地面上的某些线状地物，如围墙、栅栏、小路、电力线、管线等，其长度可以按测图比例尺绘制，而宽度不能按比例尺绘制，表示这种地物的符号称为半比例符号。半比例符号的中心线就是实际地物中心线。

4. 注记符号

地物注记就是用文字、数字或特定的符号对地形图上的地物作补充和说明，如图上注明的地名、控制点名称、高程、房屋层数、河流名称、深度、流向等。

地 物 符 号　　　　　　表 8-3

编号	符号名称	图 例	编号	符号名称	图 例
1	坚固房屋 4 - 房屋层数	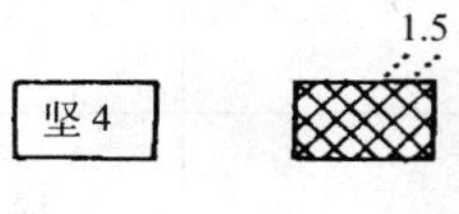 坚4　　1.5	3	窑洞 1. 住人的 2. 不住人的 3. 地面下的	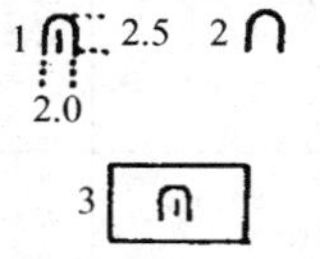 1　2.5　2 2.0 3
2	普通房屋 2 - 房屋层数	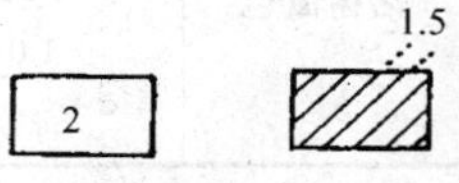 2　　1.5	4	台阶	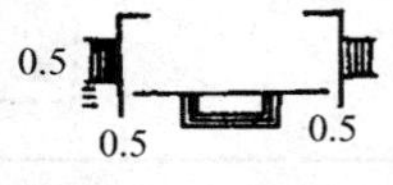 0.5　　0.5 0.5

续表

编号	符号名称	图例	编号	符号名称	图例
5	花园	1.5 1.5 10.0 10.0	13	高压线	4.0
6	草地	1.5 0.8 10.0 10.0	14	低压线	4.0
7	经济作物地	0.8 3.0 蔗 10.0 10.0	15	电杆	1.0
8	水生经济作物地	3.0 藕 0.5	16	电线架	
9	水稻田	0.2 2.0 10.0 10.0	17	砖、石及混凝土围墙	10.0 0.5 10.0 0.3
			18	土围墙	10.0 0.5
10	旱地	1.0 2.0 10.0 10.0	19	栅栏、栏杆	1.0 10.0
11	灌木林	0.5 1.0	20	篱笆	1.0 10.0
12	菜地	2.0 2.0 10.0 10.0	21	活树篱笆	3.5 0.5 10.0 1.0 0.8

续表

编号	符号名称	图 例	编号	符号名称	图 例
22	沟渠 1. 有堤岸的 2. 一般的 3. 有沟堑的		30	旗杆	
23	公路	0.3 沥 砾 0.3	31	水塔	
24	简易公路	8.0 2.0	32	烟囱	
25	大车路	0.15 碎石 0.3	33	气象站（台）	
26	小路	0.3 4.0 1.0	34	消火栓	
27	三角点 凤凰山-点名 394.488-高程	凤凰山 394.488 3.0	35	阀门	
28	图根点 1. 埋石的 2. 不埋石的	1 2.0 N16 84.46 2 1.5 25 62.74 2.5	36	水龙头	
29	水准点	2.0 ⊗ Ⅱ京石5 32.804	37	钻孔	

续表

编号	符号名称	图例	编号	符号名称	图例
38	路灯	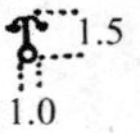 1.5 / 1.0	43	高程点及其注记	0.5 163.2 75.4
39	独立树 1. 阔叶 2. 针叶	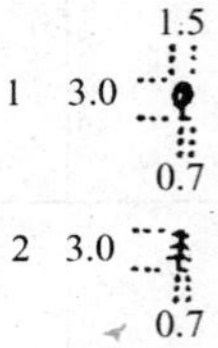 1 3.0 1.5 / 0.7 2 3.0 / 0.7	44	滑坡	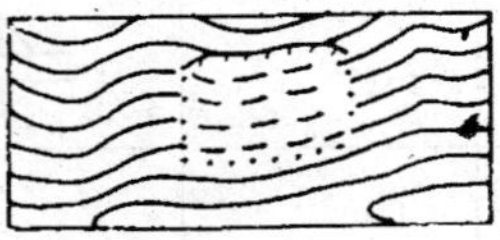
40	岗亭、岗楼	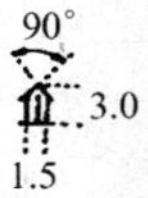 90° 3.0 1.5	45	陡崖 1. 土质的 2. 石质的	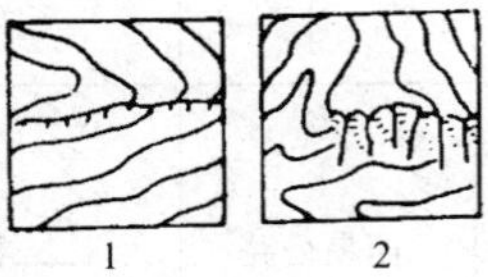 1 2
41	等高线 1. 首曲线 2. 计曲线 3. 间曲线	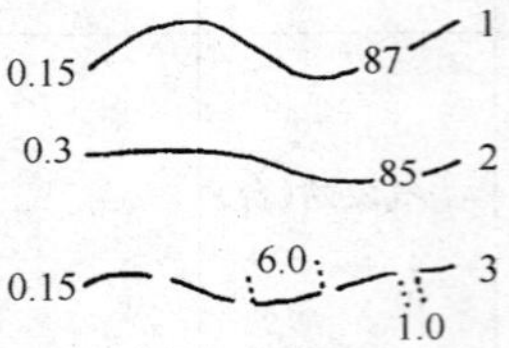 0.15 87 1 0.3 85 2 0.15 6.0 3 1.0	46	冲沟	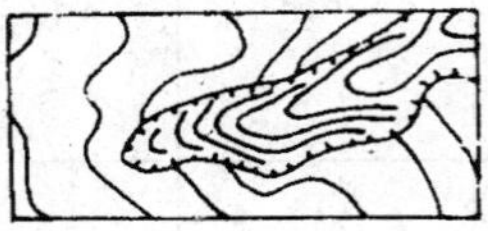
42	示坡线	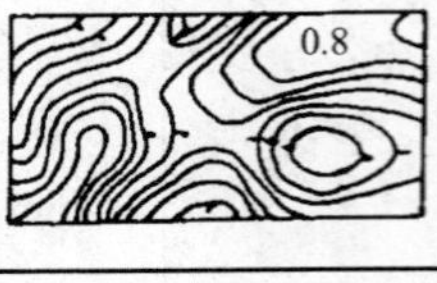 0.8			

（二）地貌符号

在地形图上表示地貌的方法很多，而在测量上最常用的方法是等高线法。用等高线表示地貌不仅能表示出地面的起伏形态，而且能较好地反映地面的坡度和高程。因而得到广泛应用。

1. 等高线

等高线是地面上高程相等的各相邻点连成的闭合曲线。如图 8-3 所示，设有一高地被等间距的水平面 P_1、P_2 和 P_3 所截，则各水平面与高地的相应的截线，就是等高线。将各水平面上的等高线沿铅垂方向投影到一个水平面上，并按规定的比例尺缩绘到图纸上，便得到用等高线来表示的该高地的地貌图。显然，等高线的形状是由高地表面形状来决定的，用等高线来表示地貌是一种很形象的方法。

2. 等高距与等高线平距

地形图上相邻两条等高线之间的高差称为等高距，常用 h 表示。如图 8-3 所

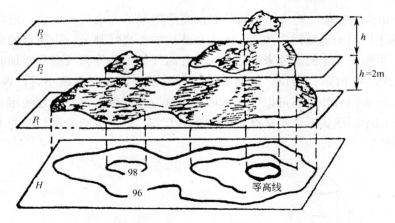

图 8-3 等高距示意图

示,其等高距 $h=2m$。等高距的大小根据地形图比例尺和地面起伏情况等确定。在同一幅地形图中,只能采用同一种基本等高距。

等高线平距是地形图上相邻两条等高线之间的水平距离,常用 d 表示。因为同一幅地形图中,等高距是相等的,所以等高线平距 d 的大小可直接反映地面坡度情况。等高距、等高线平距与地面坡度的关系,如图 8-4 所示。显然,等高线平距越大,地面坡度越小,平距越小,坡度越大,平距相等,坡度相等。由此可见,根据地形图上等高线的疏、密可判断地面坡度的缓、陡。

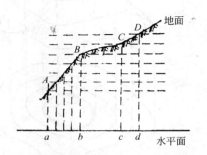

图 8-4 等高距与地面坡度的关系

3. 等高线的分类

为了更好地表示地貌特征,便于识图用图,地形图上采用以下四种等高线。

(1) 首曲线。在地形图上,从高程基准面起算,按规定的基本等高距描绘的等高线称为首曲线。首曲线一般用细实线表示,首曲线是地形图上最主要的等高线。

(2) 计曲线。为了方便看图和计算高程,从高程基准面起算,每隔五个基本等高距(即四条首曲线)加粗一条等高线,称为计曲线。计曲线一般用粗实线表示。

(3) 间曲线。当首曲线不足以显示局部地貌特征时,可在相邻两条首曲线之间绘制1/2基本等高距的等高线,称为间曲线。间曲线一般用长虚线表示,描绘时可不闭合。

(4) 助曲线。当首曲线和间曲线仍不足以显示局部地貌特征时,可在相邻两条间曲线之间绘制 1/4 基本等高距的等高线,称为助曲线。助曲线一般用短虚线表示,描绘时可不闭合。

4. 几种典型地貌的等高线

自然地貌的形态虽多种多样,但仍可归结为几种典型地貌的综合。了解和熟悉这些典型地貌等高线的特征,有助于识读、应用和测绘地形图。

（1）山头和洼地。地势向中间凸起而高于四周的高地称为山头；地势向中间凹下而低于四周的低地称为洼地。山头和洼地的等高线都是一组闭合的曲线，形状相似，可根据注记的高程来区分，内圈等高线较外圈等高线高程增加时，表示山头，如图8-5所示；相反，内圈等高线较外圈等高线高程减小时，表示洼地，如图8-6所示。另外，还可以根据示坡线来区分这两种地形，示坡线用与等高线垂直相交的小短线表示，其交点表示斜坡的上方，另一端则表示斜坡的下方。如图8-5、图8-6所示。

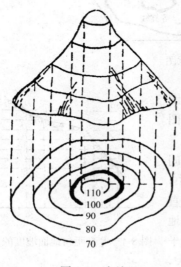
图8-5 山地

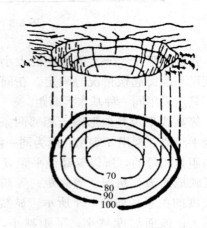
图8-6 洼地

（2）山脊与山谷。山脊的等高线是一组凸向低处的曲线，如图8-7所示。山脊上最高点的连线是雨水分水的界线，称为山脊线或分水线。

山谷的等高线是一组凸向高处的曲线，如图8-8所示。山谷上最低点的连线是雨水汇集流动的地方，称为山谷线或集水线。

山脊与山谷由山脉的延伸与走向而形成，山脊线与山谷线是表示地貌特征的线，所以又称为地性线。地性线构成山地地貌的骨架，它在测图、识图和用图中具有重要意义。

（3）鞍部。相邻两个山头之间的低洼部分，形似马鞍，称为鞍部。如图8-9所示，鞍部的等高线是两组相对的山脊与山谷等高线的组合。鞍部等高线的特点是两组闭合曲线被另一组较大的闭合曲线包围。

（4）悬崖与陡崖。峭壁是山区的坡度极陡处，如果用等高线表示非常密集，因此采用峭壁符号来代表这一部分等高线，如图8-10(a)所示。垂直的陡坡叫断崖，这部分等高线几乎重合在一起，故在地形图上通常用锯齿形的符号来表示，如图8-10(b)所示。山头上部向外凸出，腰部洼进的陡坡称为悬崖，它上部的等高线投影在水平面上与下部的等高线相交，下部凹进的等高线用虚线来表示，如图8-10(c)所示。

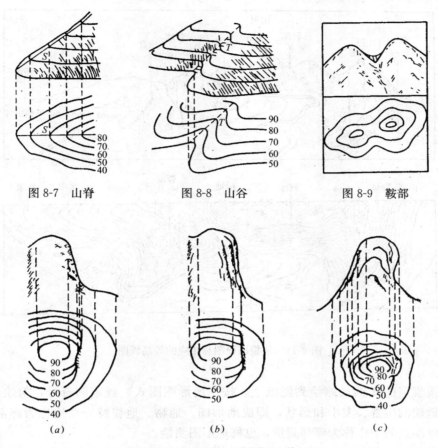

图 8-7 山脊　　图 8-8 山谷　　图 8-9 鞍部

图 8-10 陡坡、陡崖与悬崖

还有一些特殊地貌,如梯田、冲沟、雨裂、阶地等,表示方法参见《地形图图式》。

图 8-11 是一幅综合性地貌透视图和相应的等高线图,可对照阅读。

5. 等高线的特性

如上所述,用等高线来表示地貌,可归纳出等高线有如下特性:

(1) 同一条等高线上各点的高程必相等;

(2) 等高线为一闭合曲线,如不在本幅图内闭合,则在相邻的其他图幅内闭合。但间曲线和助曲线作为辅助线,可以在图幅内中断;

(3) 除悬崖、峭壁外,不同高程的等高线不能相交;

(4) 山脊与山谷的等高线与山脊线和山谷线成正交关系,即过等高线与山脊线或山谷线的交点作等高线的切线,始终与山脊线或山谷线垂直;

(5) 在同一幅图内,等高线平距的大小与地面坡度成反比。平距大,地面坡度缓;平距小,则地面坡度陡;平距相等,则坡度相同。倾斜地面上的等高线是间距相等的平行直线。

四、测图前的准备工作

在控制测量结束后,以控制点为测站,测出各地物、地貌特征点的位置和高

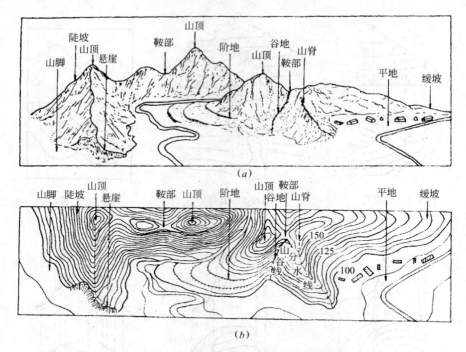

图 8-11 地貌透视图和相应的等高线图

程,按规定的比例尺缩绘到图纸上,按《地形图图式》规定的符号,勾绘出地物、地貌的位置、大小和形状,即成地形图。地物、地貌特征点通称为碎部点;测定碎部点的工作称为碎部测量,也称地形图测绘。

测绘大比例尺地形图的方法很多,常用的有经纬仪测绘法,小平板仪和经纬仪联合测绘法,大平板仪测绘法及摄影测量方法等。本节仅介绍经纬仪测绘法。

1. 图纸准备

测绘地形图应选用优质绘图纸。对于临时测图,可直接将图纸固定在图版上进行测绘。

近年来,各测绘部门已广泛采用聚酯薄膜代替传统的绘图纸。聚酯薄膜具有透明度好、伸缩性小、不怕潮湿等优点,并可直接在测绘原图上着墨和复晒蓝图,使用保管都很方便。如果表面不清洁,还可用水清洗。缺点是易燃、易折和易老化,故使用保管时应注意防火、防折。

2. 绘制坐标格网

为了把控制点准确地展绘在图纸上,应先在图纸上精确地绘制 10cm×10cm 的直角坐标方格网,然后根据坐标方格网展绘控制点。坐标格网的绘制常用对角线法。

如图 8-12 所示,用检验过的直尺先将图纸的对角相连,对角线交点为 O 点,以 O 为圆心,取适当长度为半径画弧,在对角线上分别画出 A、B、C、D 四点,连接这四点成一矩形 ABCD。从 A、B 两点起,各沿 AD、BC、每隔 10cm 定一点;从 A、D 两点起,各沿 AB、DC 每隔 10cm 定一点,连接对边的相应点,即得坐标格网。

坐标格网绘成后,应立即进行检查,各方格网实际长度与名义长度之差不应超过 0.2mm,图廓对角线长度与理论长度之差不应超过 0.3mm。如超过限差,应重新绘制。

3. 控制点展绘

展绘时,先根据控制点的坐标,确定其所在的方格,如图 8-13 所示,控制点 A 点的坐标为 $x_A = 647.43$m,$y_A = 634.92$m,由其坐标值可知 A 点的位置在 $plmn$ 方格内。然后用 1:1000 比例尺从 P 和 n 点各沿 pl、nm 线向上量取 47.43m,得 c、d 两点;从 p、l 两点沿 pn、lm 量取 34.92m,得 a、b 两点;连接 ab 和 cd,其交点即为 A 点在图上的位置。同法,将其余控制点展绘在图纸上,并按《地形图图式》的规定,在点的右侧画一横线,横线上方注点名,下方注高程,如图 8-13 中的 1、2、……等各点。

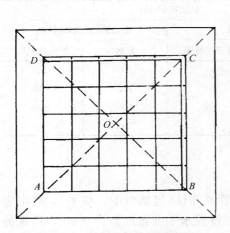
图 8-12 绘制坐标格网示意图

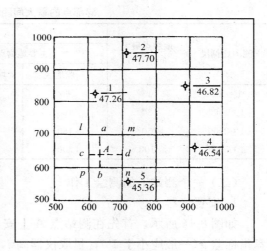
图 8-13 展点示意图

控制点展绘完成后,必须进行校核。其方法是用比例尺量出各相邻控制点之间的距离,与控制测量成果表中相应距离比较,其差值在图上不得超过 0.3mm,否则应重新展点。

五、经纬仪测绘法

经纬仪测绘法就是将经纬仪安置在控制点上,绘图板安置于经纬仪近旁;用经纬仪测定碎部点的方向与已知方向之间的夹角;再用视距测量方法测出测站点至碎部点的平距及碎部点的高程;然后根据实测数据,用量角器和比例尺把碎部点的平面位置展绘在图纸上,并在点的右侧注明其高程,最后对照实地描绘地物、地貌。

(一)碎部点的选择

碎部点的正确选择是保证成图质量和提高测图效率的关键。碎部点应尽量选在地物、地貌的特征点上。

测量地物时,碎部点应尽量选择在决定地物轮廓线上的转折点、交叉点、弯曲点及独立地物的中心点等,如房的角点、道路的转折点、交叉点等。这些点测定之后,将它们连接起来,即可得到与地面物体相似的轮廓图形。由于地物的形状极不规则,所以一般规定主要地物凹凸部分在图上大于 0.4mm 均应表示出来。在地形图上小于 0.4mm,可用直线连接。

测量地貌时,碎部点应选择在最能反映地貌特征的山脊线、山谷线等地性线上,如山顶、鞍部、山脊、山脚、谷底、谷口、沟底、沟口、洼地、河川、湖泊等的坡度和方向变化处,可参考图 8-11 去领会。根据这些特征点的高程勾绘等高线,就能得到与地貌最为相似的图形。

为了能真实地表示实地情况,测图时应根据比例尺、地貌复杂程度和测图目的,合理掌握地形点的选取密度。在平坦或坡度均匀地段,碎部点的间距和测碎部点的最大视距,应符合表 8-4 的规定。

碎部点的最大间距和最大视距 表 8-4

测图比例尺	地貌点最大间距(m)	最大视距(m)			
		主要地物点		次要地物点和地貌点	
		一般地区	城市建筑区	一般地区	城市建筑区
1:500	15	60	50	100	70
1:1000	30	100	80	150	120
1:2000	50	180	120	250	200
1:5000	100	300	—	350	—

(二) 一个测站上的测绘工作

1. 安置仪器

如图 8-14 所示,首先在测站点 A 上安置经纬仪(包括对中、整平),测定竖盘指标差 x(一般应小于 $1'$),量取仪器高 i;设置水平度盘读数为 $0°00'$,后视另一控制点 B,则 AB 称为起始方向,记入手簿,见表 8-5。

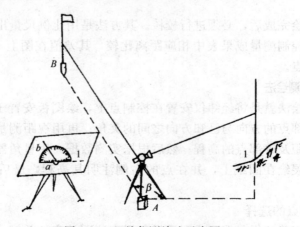

图 8-14 经纬仪测绘法示意图

碎 部 测 量 手 簿　　　　　　　　　表 8-5

测站：A　　后视点：B　　仪器高 $i=1.45m$　　指标差 $x=0$　　测站点高程 $H_A=264.34m$
观测日期：　　　观测者：　　　记录者：

点号	视距 KL(m)	中丝读数 v(m)	竖盘读数 L	竖直角 $\pm\alpha$	高差 $\pm h$(m)	水平角 β	水平距离 D(m)	高程 (m)	备注
1	45.0	1.45	92°25′	−2°25′	−1.90	36°44′	44.9	262.44	山脚
2	41.8	1.45	86°42′	+3°12′	+2.33	50°12′	41.7	266.67	山脊
3	35.2	2.45	90°08′	−0°08′	−0.08	167°25′	35.2	264.26	山脊
4	26.4	2.00	89°16′	+0°44′	+0.34	251°30′	26.4	264.68	排水沟

将图板安置在测站近旁，目估定向，以便对照实地绘图。连接图上相应控制点 A、B，并适当延长，得图上起始方向线 AB。然后，用小针通过量角器圆心的小孔插在 A 点，使量角器原心固定在 A 点上。

2. 立尺

立尺员应根据实地情况及本测站实测范围，与观测员、绘图员共同商定跑尺路线，然后依次将视距尺立在地物、地貌的特征点上。

3. 观测、记录与计算

观测员将经纬仪瞄准碎部点上的标尺，使中丝读数 v 在 i 值附近，读取视距间隔 KL，然后使中丝读数 v 等于 i 值（如条件不允许，也可以随便读取中丝读数 v），再读竖盘读数 L 和水平角 β，记入测量手簿，并依据下列公式计算水平距离 D 与高差 h：

$$D=KL\cdot\cos^2\alpha \tag{8-2}$$

$$h=\frac{1}{2}KL\sin2\alpha+i-v \tag{8-3}$$

显然，(1) 当 $i=v$ 时，$h=\frac{1}{2}KL\sin2\alpha$；(2) 当视线水平时，竖直角 $\alpha=0°$，$D=KL$，$h=i-v$；这两种情况将使计算简单化。竖直角与高程的计算不再详述。

另外，每测 20~30 个碎部点后，应检查起始方向变化情况。要求起始方向度盘读数不得超过 $4'$，如超出，应重新进行起始方向定向。

4. 展点、绘图

在观测碎部点的同时，绘图员应根据测得和计算出的数据，在图纸上进行展点和绘图。

转动量角器，将碎部点方向的水平角值对在起始方向线 AB 上，则量角器上零方向便是碎部点方向。然后沿零方向线，按测图比例尺和所测的水平距离定出碎部点的位置，并在点的右侧注明其高程。同法，将所有碎部点的平面位置及高程，绘于图上。

然后，参照实地情况，按地形图图式规定的符号及时将所测的地物和等高线在图上表示出来。在描绘地物、地貌时，应遵守以下原则：

（1）随测随绘，地形图上的线划、符号和注记一般在现场完成，并随时检查所绘地物、地貌与实地情况是否相符，有无漏测，及时发现和纠正问题，真正做到点点清、站站清；

(2) 地物描绘与等高线勾绘，必须按地形图图式规定的符号和定位原则及时进行，对于不能在现场完成的绘制工作，也应在当日内业工作中完成，要求做到天天清；

(3) 为了相邻图幅的拼接，一般每幅图均应测出图廓外5mm。

六、地形图的拼接、检查与整饰

当测图面积大于一幅地形图的面积时，要分成多幅施测，由于测绘误差的存在，相邻地形图测完后应进行拼接。拼接时，如偏差在规定限值内，则取其平均位置修整相邻图幅的地物和地貌位置。否则，应进行检查、修测，直至符合要求。

为保证成图质量，在地形图测完后，还必须进行全面的自检和互检，检查工作一般分为室内检查和野外检查两部分。

最后进行地形图的清绘与整饰工作，使图面更加合理、清晰、美观。

第二节 地形图的阅读

从上一章内容可以了解到，地形图上所提供的信息非常丰富。特别是大比例尺地形图，更是建筑工程规划设计和施工中不可缺少的重要资料，尤其是在规划设计阶段，不仅要以地形图为底图，进行总平面的布设，而且还要根据需要，在地形图上进行一定的量算工作，以便因地制宜地进行合理的规划和设计。因此，正确地阅读和使用地形图，是建筑工程技术人员必须具备的基本技能。

为了正确地应用地形图，首先要能看懂地形图。地形图是用各种规定的符号和注记，按一定的比例尺，表示地面上各种地物、地貌及其他有关信息的平面图形。通过对这些符号和注记的识读，可使地形图成为展现在人们面前的实地立体模型，使我们从图上便可掌握所需地面上的各种信息，这就是地形图阅读的主要目的和任务。

地形图阅读，可按先图外后图内、先地物后地貌、先主要后次要、先注记后符号的基本顺序，并依照相应的《地形图图式》逐一阅读。现以"贵儒村"地形图(如图8-15所示)为例，说明地形图阅读的一般方法和步骤。

一、图廓外的有关注记

首先检查图名、图号，确认所阅读的地形图；其次了解测图的时间和测绘单位，以判定地形图的新旧，进而确定地形图应用的范围和程度；然后了解图的比例尺、坐标系统、高程系统和基本等高距以及图幅范围和接合图表。"贵儒村"地形图的比例尺为1：1000。

二、地貌阅读

根据等高线读出山头、洼地、山脊、山谷、山坡、鞍部等基本地貌，并根据特定的符号读出雨裂、冲沟、峭壁、悬崖、陡坎等特殊地貌。同时根据等高线的密集程度来分析地面坡度的变化情况。从图中可以看出，这幅图的基本等高距为1m。山村正北方向延伸着高差约15m的山脊，西部小山顶的高程为80.25m，西北方向有个鞍部。地面坡度在6°～25°之间，另有多处陡坎和斜坡。山谷比较明显，经过加工已种植水稻。整个图幅内的地貌形态是北部高，南部低。

三、地物阅读

根据图上地物符号和有关注记，了解各种地物的形状、大小、相对位置关系

第八章 地形图的测绘与应用

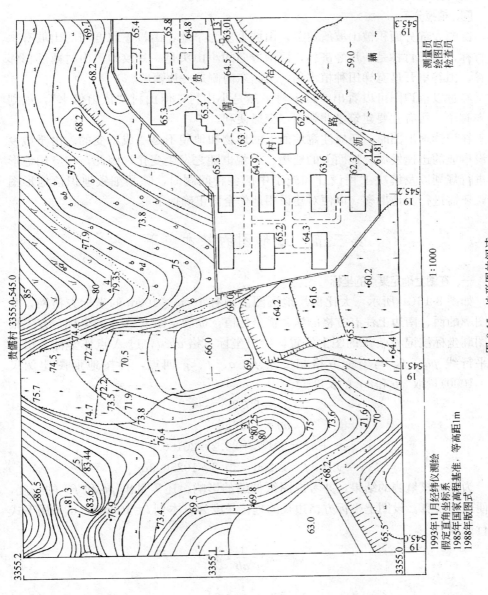

图 8-15 地形图的阅读

以及植被的覆盖状况。东南部有较大的居民点贵儒村，该山村北面邻山，西面及西南面接山谷，沿着居民点的东南侧有一条公路——长冶公路。山村除沿公路一侧外，均有围墙相隔，山村沿公路有栏杆围护。另外，公路边有两个埋石图根导线点 12、13，并有低压电线。西部山头和北部山脊上有 3、4、5 三个图根三角点。山村正北方向的山坡上有 a、b、c、d 四个钻孔。

四、植被分布

图幅大部分面积被山坡所覆盖，山坡上多为旱地，山村正北方向的山坡有一片竹林，紧靠竹林是一片经济林，西南方向的小山头是一片坟地。山村西部相邻山谷，山谷里开垦有梯田种植水稻，公路东南侧是一片藕塘。

经过以上识图可以看出，该山村虽然是小山村，但山村"依山傍水"，规划整齐有序，所有主要建筑坐北朝南，交通便利。

在识读地形图时，还应注意地面上的地物和地貌不是一成不变的。由于城乡建设事业的迅速发展，地面上的地物、地貌也随之发生变化，因此，在应用地形图进行规划以及解决工程设计和施工中的各种问题时，除了细致地识读地形图外，还需进行实地勘察，以便对建设用地作全面正确地了解。

第三节　地形图的基本应用

一、在图上确定某点的坐标

如图 8-16(a)所示，大比例尺地形图上画有 10cm×10cm 的坐标方格网，并在图廓的西、南边上注有方格的纵、横坐标值，欲确定图上 A 点的坐标，首先根据图廓坐标注记和点 A 的图上位置，绘出坐标方格 $abcd$，过 A 点作坐标方格网的平行线 pq、fg 与坐标方格相交于 p、q、f、g 四点，再按地形图比例尺（1∶1000）量取 ap 和 af 的长度

$$ap = 80.2\text{m}$$
$$af = 50.3\text{m}$$

则
$$x_A = x_a + ap = 20100 + 80.2 = 20180.2\text{m}$$
$$y_A = y_a + af = 10200 + 50.3 = 10250.3\text{m}$$

为了校核量测的结果，并考虑图纸伸缩的影响，还需量出 pb 和 fd 的长度，以便进行换算。设图上坐标方格边长的理论长度为 l（本例 $l=100$m），可采用下式进行换算

$$x_A = x_a + \frac{1}{ab} \cdot ap$$
$$y_A = y_a + \frac{1}{ad} \cdot af \tag{8-4}$$

二、在图上确定某点的高程

地形图上任一点的高程，可以根据等高线及高程标记来确定。如图 8-16(b) 所示，若某点 A 正好在等高线上，则其高程与所在的等高线高程相同，即 $H_A = 102.0$m。如果所求点不在等高线上，如图中的 B 点，而位于 106m 和 108m 两条

等高线之间，则可过 B 点作一条大致垂直于相邻等高线的线段 mn，量取 mn 的长度，再量取 mB 的长度，若分别为 9.0mm 和 2.8mm，已知等高距 $h=2$m，则 B 点的高程 H_B 可按比例内插求得

$$H_B = H_m + \frac{mB}{mn} \cdot h = 106 + \frac{2.8}{9.0} \times 2 = 106.6\text{m} \tag{8-5}$$

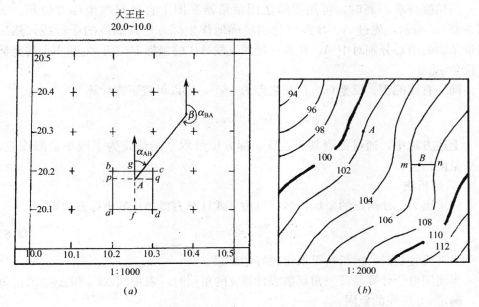

图 8-16　地形图基本应用示意图

在图上求某点的高程时，通常可以根据相邻两等高线的高程目估确定。例如，图 8-16(b) 中 mB 约为 mn 的 3/10，故 B 点高程可估计为 106.6m。因为，规范中规定，在平坦地区，等高线的高程中误差不应超过 1/3 等高距；丘陵地区，不应超过 1/2 等高距；山区，不应超过一个等高距。也就是说，如果等高距为 1m，则平坦地区等高线本身的高程误差允许到 0.3m，丘陵地区为 0.5m，山区可达 1m。显然，所求高程精度低于等高线本身的精度，而目估误差与此相比，是微不足道的。所以，用目估确定点的高程是可行的。

三、在图上确定两点间的距离

确定图上某直线的水平距离有两种方法。

1. 直接量测

用卡规在图上直接卡出线段长度，再与图示比例尺比量，即可得其水平距离。也可以用毫米尺量取图上长度并按比例尺换算为水平距离，但后者会受图纸伸缩的影响，误差相应较大。但图纸上绘有图示比例尺时，用此方法较为理想。

2. 根据直线两端点的坐标计算水平距离

为了消除图纸变形和量测误差的影响，尤其当距离较长时，可用两点的坐标计算距离，以提高精度。如图 8-16(a) 所示，欲求直线 AB 的水平距离，首先按式(8-4)求出两点的坐标值 x_A、y_A 和 x_B、y_B，然后按下式计算水平

距离

$$D_{AB}=\sqrt{(x_B-x_A)^2+(y_B-y_A)^2} \tag{8-6}$$

四、在图上确定某直线的坐标方位角

如图 8-16(a)所示,欲求图上直线 AB 的坐标方位角,有下列两种方法:

1. 图解法

当精度要求不高时,可用图解法用量角器在图上直接量取坐标方位角。如图 8-16(a)所示,先过 A、B 两点分别精确地作坐标方格网纵线的平行线,然后用量角器的中心分别对中 A、B 两点量测直线 AB 的坐标方位角 α'_{AB} 和 BA 的坐标方位角 α'_{BA}。

同一直线的正、反坐标方位角之差为 180°,所以可按下式计算

$$\alpha_{AB}=\frac{1}{2}(\alpha'_{AB}+\alpha'_{BA}\pm 180°) \tag{8-7}$$

上述方法中,通过量测其正、反坐标方位角取平均值是为了减小量测误差,提高量测精度。

2. 解析法

先求出 A、B 两点的坐标,然后再按下式计算直线 AB 的坐标方位角

$$\alpha_{AB}=\tan^{-1}\frac{y_B-y_A}{x_B-x_A}=\tan^{-1}\frac{\Delta y_{AB}}{\Delta x_{AB}} \tag{8-8}$$

当直线较长时,解析法可取得较好的结果。

当使用电子计算器或三角函数表计算 α 的角值时,需根据 Δx_{AB} 和 Δy_{AB} 的正负号,确定 α_{AB} 所在的象限。

五、确定某直线的坡度

设地面两点间的水平距离为 D,高差为 h,而高差与水平距离之比称为地面坡度,通常以 i 表示,则 i 可用下式计算

$$i=\frac{h}{D}=\frac{h}{d\cdot M} \tag{8-9}$$

式中 d 为两点在图上的长度,以米为单位;M 为地形图比例尺分母。

如图 8-16(a)中的 A、B 两点,设其高差 h 为 1m,若量得 AB 图上的长度为 2cm,并设地形图比例尺为 1:5000,则 AB 线的地面坡度为

$$i=\frac{h}{d\cdot M}=\frac{1}{0.02\times 5000}=\frac{1}{100}=1\%$$

坡度 i 常以百分率或千分率表示。

应注意的是:如果两点间的距离较长,中间通过疏密不等的等高线,则上式所求地面坡度为两点间的平均坡度。

第四节 地形图在工程建设中的应用

一、按预定方向绘制纵断面图

纵断面图是显示沿指定方向地球表面起伏变化的剖面图。在各种线路工程设计中,为了进行填挖土(石)方量的概算以及合理地确定线路的纵坡等,都需要了

解沿线路方向的地面起伏情况,而利用地形图绘制沿指定方向的纵断面图最为简便,因而得到广泛应用。

如图8-17(a)所示,欲沿地形图上MN方向绘制断面图,可首先在绘图纸或方格纸上绘制MN水平线,如8-17(b)图,过M点作MN的垂线作为高程轴线。然后在地形图上用卡规自M点分别卡出M点至1、2、3、……N各点的水平距离,并分别在图8-17上自M点沿MN方向截出相应的1、2……N等点。再在地形图上读取各点的高程,按高程比例尺向上作垂线。最后,用光滑的曲线将各高程顶点连接起来,即得MN方向的纵断面图。

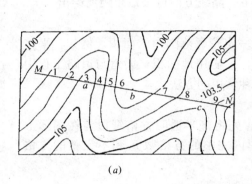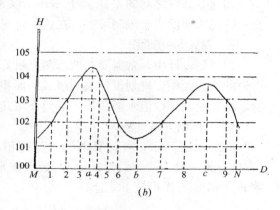

图8-17 按预定方向绘制纵断面图

需要注意的是:

(1)断面过山脊、山顶或山谷等处高程变化点的高程(如a、b、c等点),可用比例内插法求得;

(2)绘制纵断面图时,为了使地面的起伏变化更加明显,高程比例尺一般比水平距离比例尺大10~20倍。如图8-17的水平比例尺是1∶2000,高程比例尺为1∶200;

(3)高程起始值要选择恰当,使绘出的断面图位置适中。

二、在地形图上按限制坡度选择最短线路

在道路、管线、渠道等工程规划设计时,常常有坡度要求,即要求线路在不超过某一限制坡度的条件下,选择一条最短路线或等坡度线。其具体做法是:

如图8-18所示,设从公路旁A点到高地B点要选择一条公路线,要求其坡度不大于5%(限制坡度)。设计用的地形图比例尺为1∶2000,等高距为1m。为了满足限制坡度的要求,根据式(8-9)计算出该路线经过相邻等高线之间的最小水平距离d为

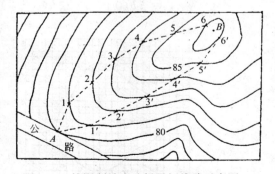

图8-18 按限制坡度选择最短线路示意图

$$d=\frac{h}{i \cdot M}=\frac{1}{0.05\times 2000}=0.01\text{m}=1\text{cm}$$

于是，以 A 点为圆心，以 d 为半径画弧交 81m 等高线于点 1，再以点 1 为圆心，以 d 为半径画弧，交 82m 等高线于点 2，依此类推，直到 B 点附近为止。然后连接 A、1、2……B，便在图上得到符合限制坡度的路线。这只是 A 到 B 的路线之一，为了便于选线比较，还需另选一条路线，如 A、$1'$、$2'$……B。同时考虑其他因素，如少占或不占农田，建筑费用最少，避开不良地质等进行修改，以便确定线路的最佳方案。

如遇等高线之间的平距大于 1cm，以 1cm 为半径的圆弧将不会与等高线相交。这说明坡度小于限制坡度。在这种情况下，路线方向可按最短距离绘出。

三、量算图形的面积

在规划设计中，常需要在地形图上量算一定轮廓范围内的面积。例如，平整土地的填挖面积，规划设计某一区域的面积，厂矿用地面积，渠道与道路工程中的填挖断面面积，汇水面积等，下面介绍几种常用的方法：

（一）透明方格纸法

如图 8-19 所示，要计算曲线内的面积，先将毫米透明方格纸覆盖在图形上（方格边长一般为 1mm 或 2mm），数出图形内完整的方格数 n_1 和不完整的方格数 n_2，则面积 A 可按下式计算

$$A=\left(n_1+\frac{1}{2}n_2\right)\frac{M^2}{10^6}m^2 \tag{8-10}$$

式中 M 为地形图比例尺分母；方格边长按 1mm 计算。

此法操作简单，易于掌握，且能保证一定精度，在量算图形面积中，被广泛采用。

（二）平行线法

如图 8-20 所示，量算面积时，将绘有等距平行线（间距 h 一般为 1mm 或 2mm）的透明纸覆盖在图形上，使两条平行线与图形边缘相切，则相邻两平行线间截割的图形面积可近似视为梯形。梯形的高为平行线间距 h，图形截割各平行线的长度为 l_1、l_2、……l_n，则图形总面积为

$$A'=\frac{1}{2}h(0+l_1)+\frac{1}{2}h(l_1+l_2)+\cdots+\frac{1}{2}h(l_n+0)=h\Sigma l$$

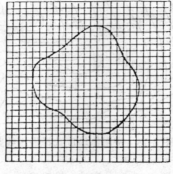

图 8-19 透明方格纸法

图 8-20 平行线法

最后，再根据图的比例尺将其换算为实地面积为
$$A = h\Sigma l \times M^2 \tag{8-11}$$
式中 M 为比例尺分母。

例如，在 1：2000 比例尺的地形图上，量得各梯形上、下底平均值的总和 $\Sigma l = 867\text{mm}, h = 2\text{mm}$，则此图形的实际面积为
$$A = h\Sigma l \times M^2 = 2 \times 867 \times 2000^2 \div 1000^2 = 6936\text{m}^2$$

（三）几何图形法

若图形是由直线连接的多边形，则可将图形划分为若干种简单的几何图形，如图 8-21 中的三角形、矩形、梯形等。然后用比例尺量取计算时所需的元素（长、宽、高），应用面积计算公式求出各个简单几何图形的面积，再汇总出多边形的面积。

图形面积如为曲线时，可以近似地用直线连接成多边形。再将多边形划分为若干种简单几何图形进行面积计算。

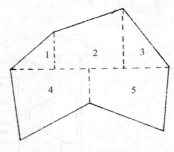

图 8-21　几何图形法

当用几何图形法量算线状地物面积时，可将线状地物看作长方形，用分规量出其总长度，乘以实量宽度，即可得线状地物面积。

将多边形划分为简单几何图形时，需要注意以下几点：

（1）将多边形划分为三角形，面积量算的精度最高，其次为梯形、长方形；

（2）划分为三角形以外的几何图形时，尽量使它的图形个数最少，线段最长，以减小误差；

（3）划分几何图形时，尽量使底与高之比接近 1：1（使梯形的中位线接近于高）；

（4）如图形的某些线段有实量数据，则应首先利用实量数据；

（5）为了进行校核和提高面积量算的精度，要求对同一几何图形，量取另一组面积计算要素，量算两次面积，两次量算结果在容许范围内（见表 8-6），方可取其平均值。

两次量算面积之较差的容许范围　　　　　　　　　　　表 8-6

图上面积（mm²）	相　对　误　差
<100	≤1/30
100～400	≤1/50
400～1000	≤1/100
1000～3000	≤1/150
3000～5000	≤1/200
>5000	≤1/250

（四）求积仪法

求积仪是一种专门供图上量算面积的仪器，其优点是操作简便、速度快、适用于任意曲线图形的面积量算，且能保证一定的精度。

图 8-22 所示仪器是日本索佳生产的 KP-90N 脉冲式数字求积仪。它由动极轴、电子计算器和跟踪臂三部分组成。动极轴两边为滚轮，可在垂直于动极轴的方向上滚动。计算器与动极轴之间由活动枢纽连接，使计算器能绕枢纽旋转。跟踪臂与计算器固连在一起，右端是描迹镜，用以走描图形的边界。借助动极的滚动和跟踪臂的旋转，可使描迹镜沿图形边缘运动。仪器底面有一积分轮，它随描迹镜的移动而转动，并获得一种模拟量。微型编码器也在底面，它将积分轮所得模拟量转换成电量，测得的数据经专用电子计算器运算后，直接按 8 位数在显示器上显示出面积值。

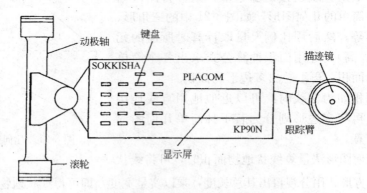

图 8-22　脉冲式数字求积仪

使用数字求积仪进行面积测量时，先将欲测面积的地形图水平放置，并试放仪器在图形轮廓的中间偏左处，使跟踪臂的描迹镜上下移动时，能达到图形轮廓线的上下顶点，并使动极轴与跟踪臂大致垂直，然后在图形轮廓线上标记起点，如图 8-23 所示。测量时，先打开电源开关，用手握住跟踪臂描迹镜，使描迹镜中心点

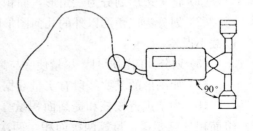

图 8-23　数字求积仪的使用

对准起点，按下 STAR 键后沿图形轮廓线顺时针方向移动，准确地跟踪一周后回到起点，再按 AVER 键，则显示器显示出所测量图形的面积值。若想得到实际面积值，测量前可选择平方米(m^2)或平方千米(km^2)，并将比例尺分母输入计算器，当测量一周回到起点时，可得所测图形的实地面积。

有关数字求积仪的具体操作方法和其他功能，可参阅使用说明书。

四、在地形图上确定经过某处的汇水面积

在实际工作中，修筑道路时有时要跨越河流或山谷，这时就必须建桥梁或涵洞；兴修水库必须筑坝拦水。而桥梁、涵洞孔径的大小，水坝的设计位置与坝高，水库的蓄水量等，都要根据汇集于这个地区的水流量来确定。汇集水流量的面积称为汇水面积。

由于雨水是沿山脊线（分水线）向两侧山坡分流，所以汇水面积的边界线是由

一系列的山脊线连接而成的。如图8-24所示，一条公路经过山谷，拟在M处架桥或修涵洞，其孔径大小应根据流经该处的流水量决定，而流水量又与山谷的汇水面积有关。从图上可以看出，由山脊线$bcdefga$所围成闭合图形就是M上游的汇水范围的边界线，量测该汇水范围的面积，再结合气象水文资料，便可进一步确定流经公路M处的水量，从而对桥梁或涵洞的孔径设计提供依据。

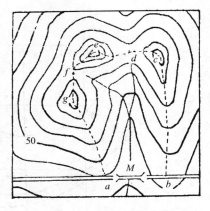

图8-24 汇水范围的确定

确定汇水面积的边界线时，应注意以下几点：

（1）边界线（除公路ab段外）应与山脊线一致，且与等高线垂直；

（2）边界线是经过一系列的山脊线、山头和鞍部的曲线，并与河谷的指定断面（公路或水坝的中心线）闭合。

五、根据地形图等高线平整场地

在各种工程建设中，除对建筑物要作合理的平面布置外，往往还要对原地貌作必要的改造，以便适于布置各类建筑物，排除地面水以及满足交通运输和敷设地下管线等。这种地貌改造称之为平整土地。

在平整土地工作中，常需预算土（石）方的工程量，即利用地形图进行填挖土（石）方量的概算，或通过计算土（石）方工程量，使填挖土（石）方基本平衡。在地形图上进行场地平整测量方法有多种，其中方格法（或设计等高线法）是应用最广泛的一种。

下面分两种情况介绍该方法。

（一）设计成水平场地

如图8-25为一幅1：1000比例尺的地形图，假设要求将原地貌按挖填土方量平衡的原则改造成平面，其步骤如下：

1. 绘制方格网，并求出各方格点的地面高

在地形图上拟建场地内绘制方格网。方格网的大小取决于地形复杂程度、地形图比例尺大小以及土方概算的精度要求，一般方格的边长为10m或20m为宜，图8-25中方格边长为20m。方格的方向尽量与边界方向、主要建筑物方向或施工坐标方向一致。然后给各方格点编号，并将各方格点的点号注于方格点的左下角，如图中的A_1、A_2、……E_3、E_4等。

根据地形图上的等高线，用内插法求出每一方格网点的地面高程，并注记在相应方格点的右上方，如图8-25所示。

2. 计算设计高程

用加权平均法计算出原地形的平均高程，即为将场地平整成水平面时使填挖土（石）方量保持平衡的设计高程。具体方法如下：

先将每一方格顶点的高程加起来除以4，得到各方格的平均高程，再把每个方格的平均高程相加除以方格总数，就得到设计高程$H_设$，即

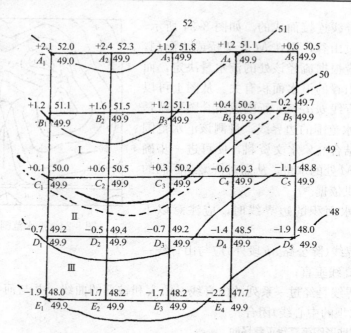

图 8-25 水平场地平整示意图

$$H_{设}=\frac{H_1+H_2+\cdots+H_n}{H} \tag{8-12}$$

式中　H_i——每一方格的平均高程；
　　　n——方格总数。

从设计高程 $H_{设}$ 的计算方法和图 8-25 可以看出：方格网的角点 A_1、A_5、D_5、E_4、E_1 的高程只用了一次，边点 A_2，A_3，A_4，B_1、B_5、C_1、C_5、D_1、E_2、E_3 点的高程用了二次，拐点 D_4 的高程用了三次，而中间点 B_2、B_3、B_4、C_2、C_3、C_4、D_2、D_3 点的高程都用了四次，若以各方格点对 $H_{设}$ 的影响大小（实际上就是各方格点控制面积的大小）作为"权"的标准，如把用过 i 次的点的权定为 i，则设计高程的计算公式可写为

$$H_{设}=\frac{\Sigma P_i H_i}{\Sigma P_i} \tag{8-13}$$

式中　P_i——相应各方格点 i 的权。

现将图 8-25 各方格点的地面高程代入式(8-13)，即可计算出设计高程为：$H_{设}=49.9$m。并注于各方格点的右下角。

3. 计算挖、填数值

根据设计高程和各方格顶点的高程，可以计算出每一方格顶点的挖、填高度，即

挖、填高度＝地面高程－设计高程 (8-14)

将图中各方格顶点的挖、填高度写于相应方格顶点的左上方，如＋2.1、－0.7等。正号为挖深，负号为填高。

4. 绘出挖、填边界线

在地形图上根据等高线，用目估法内插出高程为 49.9m 的高程点，即填挖边界

点,叫零点。连接相邻零点的曲线(图中虚线),称为填挖边界线。在填挖边界线一边为填方区域,另一边为挖方区域。零点和填挖边界线是计算土方量和施工的依据。

5. 计算挖、填土(石)方量

计算填、挖土(石)方量有两种情况:一种是整个方格全填(或挖)方,如图中方格Ⅰ、Ⅲ;另一种是既有挖方,又有填方的方格,如图中的Ⅱ。

现以方格Ⅰ、Ⅱ、Ⅲ为例,说明计算方法:

方格Ⅰ全为挖方,则

$$V_{1挖}=\frac{1}{4}(1.2+1.6+0.1+0.6)\times A_{1挖}=+0.875A_{1挖}\quad(m^3)$$

方格Ⅱ既有挖方,又有填方,则

$$V_{2挖}=\frac{1}{4}(0.1+0.6+0+0)\times A_{2挖}=+0.175A_{2挖}\quad(m^3)$$

$$V_{2填}=\frac{1}{4}(0+0-0.7-0.5)\times A_{2填}=-0.3A_{2填}\quad(m^3)$$

方格Ⅲ全为填方,则

$$V_{3填}=\frac{1}{4}(-0.7-0.5-1.9-1.7)\times A_{3填}=-1.2A_{3填}\quad(m^3) \quad (8-15)$$

式中,$A_{1挖}$、$A_{2挖}$、$A_{2填}$、$A_{3填}$分别为方格Ⅰ、Ⅱ、Ⅲ中相应的填挖面积。

又如(如图8-26所示):设每一方格面积为400m²,计算的设计高程是25.2m,每一方格的挖深或填高数据已分别按式(8-14)计算出,并已注记在相应方格顶点的左上方。于是,可按式(8-15)列表(见表8-7)分别计算出挖方量和填方量。从计算结果可以看出,挖方量和填方量基本是相等的,满足"挖、填平衡"的要求。

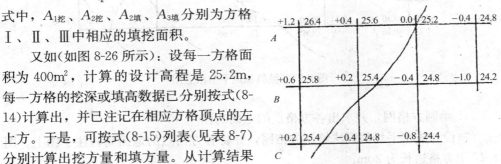

图8-26 挖、填土(石)方量示意图

填挖方量计算表　　　　　　　　　　　　　　　　表8-7

方格序号	挖填数值(m)	所占面积(m²)	挖方量(m³)	填方量(m³)
Ⅰ挖	+1.2、+0.4、+0.6、+0.2	400	240	
Ⅱ挖	+0.4、0、+0.2、0	266.7	40	
Ⅱ填	0、0、-0.4	133.3		18
Ⅲ填	0、-0.4、-0.4、-1.0	400		180
Ⅳ挖	+0.6、+0.2、+0.2、0	311.1	62	
Ⅳ填	-0.4、0	88.9		12
Ⅴ挖	+0.2、0、0	22.2	2	
Ⅴ填	0、0、-0.4、-0.4、-0.8	377.8		121
			Σ:344	Σ:331

(二)设计成一定坡度的倾斜地面

如图8-27所示,根据原地形情况,欲将方格网范围内平整为倾斜场地,设计要求:倾斜面的坡度,从北到南的坡度为-2%,从西到东的坡度为-1.5%;倾斜平面的设计高程应填、挖土(石)方量基本平衡。其设计步骤如下：

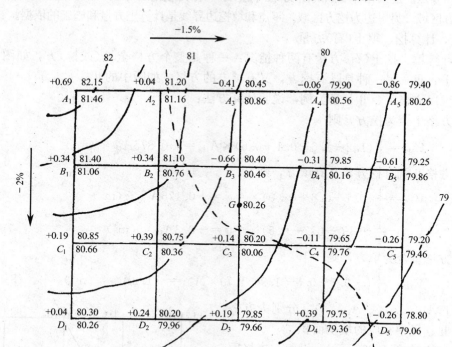

图 8-27 倾斜场地平整示意图

1. 绘制方格网，并求出各方格点的地面高程

与设计成水平场地同法绘制方格网，并将各方格点的地面高程注于图上。图 8-27 中方格边长为 20m。

2. 根据挖、填平衡的原则，确定场地重心点的设计高程

根据填挖土(石)方量平衡，按式(8-13)计算整个场地几何图形重心点(图中 G 点)的高程为设计高程。用图 8-27 中数据计算 $H_设 = 80.26$ m。

3. 确定方格点设计高程

重心点及设计高程确定以后，根据方格点间距和设计坡度，自重心点起沿方格方向，向四周推算各方格点的设计高程。在图 8-27 中：

南北两方格点间设计高差 $= 20 \times 2\% = 0.4$ m。

东西两方格点间设计高差 $= 20 \times 1.5\% = 0.3$ m。重心点 G 的设计高程为 80.26m，其北 B_3 点的设计高程为 $80.26 + 0.2 = 80.46$ m，A_3 点的设计高程为 $80.46 + 0.4 = 80.86$ m；其南 C_3 点的设计高程为 $80.26 - 0.2 = 80.06$ m，D_3 点的设计高程为 $80.06 - 0.4 = 79.66$ m。同理可推得其余各方格点设计高程。将设计高程注于方格点的右下角，并进行计算校核：

(1) 从一个角点起沿边界逐点推算一周后回到起点，设计高程应该闭合；

(2) 对角线各点设计高程的差值应完全一致。

4. 确定挖、填边界线

在地形图上首先确定填挖零点。连接相邻零点的曲线(图中虚线),称为填挖边界线。在填挖边界线一边为填方区域,另一边为挖方区域。零点和填挖边界线是计算土方量和施工的依据。

5. 计算方格点挖、填数值

根据图 8-27 中地面高程与设计高程值,按式(8-14)计算各方格点挖、填数值,并注于相应点的左上角。

6. 计算挖、填方量

根据方格点的填、挖数,可按上述方法,确定填挖边界线,并分别计算各方格内的填、挖方量及整个场地的总填、挖方量。

思 考 题 与 习 题

1. 地形图中地物、地貌如何表示?地物符号中比例符号、非比例符号、半比例符号及注记符号分别在什么情况下使用?
2. 一幅地形图中,等高线、等高线平距、地面坡度之间有什么关系?
3. 如何检查绘制方格点和展绘控制点的质量?
4. 在地形图上将高低起伏的地面设计为水平面或倾斜面时,如何计算场地的设计高程?如何确定填、挖边界线?
5. 填空
    1) 比例尺按表示方法的不同,可分为_____和_____两种形式。
    2) 在 1∶500 地形图上等高距为 0.5m。则图上相邻等高线相距_____才能使地面有 8%的坡度。
    3) 求图上两点间的距离有_____和_____两种方法。其中_____较为精确。
    4) 量测图形面积的方法有_____、_____、_____和_____等方法。
    5) 断面图上的高程比例尺一般比水平距离比例尺大_____。
    6) 确定汇水范围时应注意,边界线应与_____一致,且与_____垂直。
    7) 在场地平整的土方估算中,其设计高程的计算是用_____。
    8) 场地平整的方法很多,其中_____是应用最广泛的一种。
6. 什么是比例尺精度?它在测绘中有什么用途?
7. 试述用经纬仪测绘法进行碎部测量的过程。
8. 按限制坡度选定最短路线,设限制坡度为 4%,地形图比例尺为 1∶2000,等高距为 1m,试求该路线通过相邻两条等高线的平距。
9. 利用图 8-28(a)完成下列作业(地形图比例尺为 1∶2000):
    (1) 用图解法求高程点 76.8m 和高程点 63.4m 的坐标。
    (2) 求上述两个高程点之间的水平距离和坐标方位角。
    (3) 绘制高程点 92.5m 至导线点 580 之间的断面图。
    (4) 求高程点 71.9m 和高程点 63.4m 的平均坡度。
10. 图 8-28(b)为 1∶2000 的地形图,欲使通过设计高程为 52m 的 a、b 两点,向下设计坡度为 4%的倾斜面,试绘出其填、挖边界线。
11. 欲在汪家凹[图 8-28(c),比例尺为 1∶2000]村北进行土地平整,其设计要求如下:
    (1) 平整后要求成为高程为 44m 的水平面;
    (2) 平整场地的位置:以 533 导线点为起点向东 60m,向北 50m。
    根据设计要求绘出边长为 10m 的方格网,求出填、挖土方量。

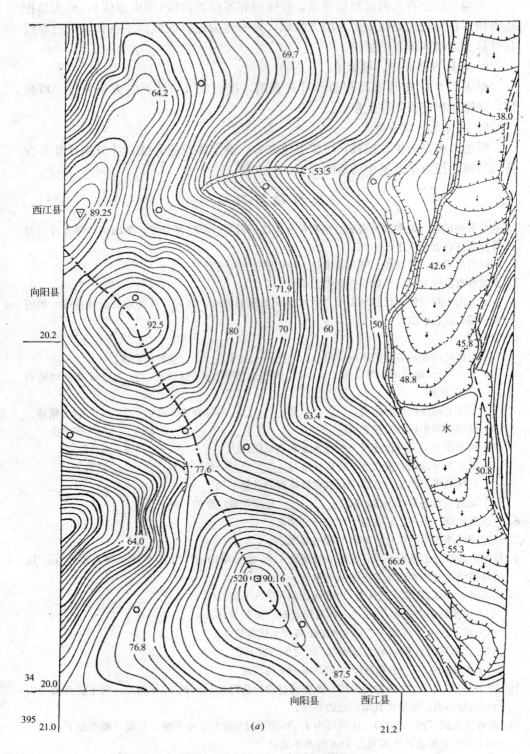

图 8-28 1∶2000 比例尺地形图(1)

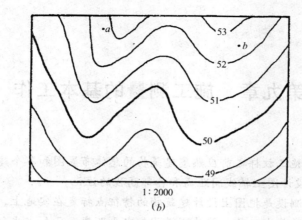

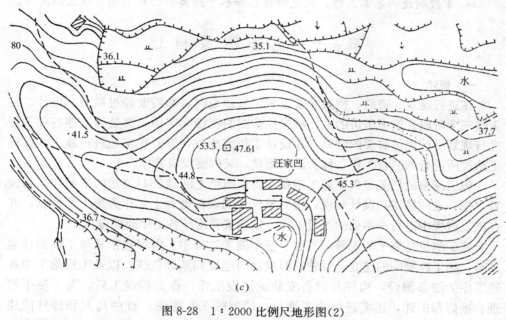

图 8-28 1∶2000 比例尺地形图(2)

第九章　施工测量的基本工作

【学习重点】
- 了解进行施工放样之前应熟悉建筑物的总体布置图和各个建筑物结构设计图，检查、校核设计图上轴线间距离和各部高程的注记。
- 理解施工测设是把图上设计建筑物的特征点标定在实地上。
- 掌握测设的基本工作，就是测设已知水平距离、已知水平角和已知高程。

第一节　施工测量概述

一、概述

在进行建筑、道路、桥梁和管道等工程建设时，都需要经过勘测、设计、施工这三个阶段。前面所讲的大比例尺地形图的测绘和应用，都是为上述各种工程进行规划设计提供必要的资料。在设计工作完成后，就要在实地进行施工。在施工阶段所进行的测量工作，称为施工测量，又称测设或放样。

施工测量的任务是根据施工需要将设计图纸上的建（构）筑物的平面和高程位置，按一定的精度和设计要求，用测量仪器测设在地面上，作为施工的依据，并在施工过程中进行一系列的测量工作，以衔接和指导各工序间的施工。

施工测量是施工的先导，贯穿于整个施工过程中。内容包括从施工前的场地平整，施工控制网的建立，到建（构）筑物的定位和基础放线；以及工程施工中各道工序的细部测设，构件与设备安装的测设工作；在工程竣工后，为了便于管理、维修和扩建，还需进行竣工测量，绘制竣工平面图；有些高大和特殊的建（构）筑物在施工期间和建成后还要定期进行变形观测，以便积累资料，掌握变形规律，为工程设计、维护和使用提供资料。

在施工现场，由于各种建（构）筑物分布面较广，往往又不是同时开工兴建，为了保证各个建（构）筑物在平面位置和高程上的精度都能符合设计要求，互相连成统一的整体，施工测量和测绘地形图一样，也要遵循"从整体到局部，先控制后细部"的原则。即先在施工现场建立统一的平面控制网和高程控制网，然后以此为基础，测设出各个建（构）筑物的细部。只有这样才能保证施工测量的精度。

二、施工测量的特点

施工测量和地形测图就其程序来讲恰好相反。地形测图是将地面上的地物、地貌测绘在图纸上，而施工测量是将图纸上所设计的建（构）筑物、按其设计位置测设到相应的地面上。其本质都是确定点的位置。

与测图相比较，施工测量精度要求较高。其误差大小，将直接影响建（构）筑物的尺寸和形状。测设精度的要求又取决于建（构）筑物的大小、材料、用途和施工方法等因素。如工业建筑测设精度高于民用建筑；钢结构建筑物的测设精度高于钢筋混凝土结构的建筑物；装配式建筑物的测设精度高于非装配式的建筑物；高层建筑物的测设精度高于低层建筑物等。

施工测量与施工有着密切的联系，它贯穿于施工的全过程，是直接为施工服务的。测设的质量将直接影响到施工的质量和进度。测量人员除应充分了解设计内容及对测设的精度要求、熟悉图上设计建筑物的尺寸、数据以外，还应与施工单位密切配合，随时掌握工程进度及现场变动情况，使测设精度和速度能满足施工的需要。

施工现场工种多，交叉作业、干扰大，地面变动较大并有机械的振动，易使测量标志被毁。因此，测量标志从形式、选点到埋设均应考虑便于使用、保管和检查，如有损坏，应及时恢复。在高空或危险地段施测时，应采取安全措施，以防止事故发生。

第二节 测设的基本工作

建（构）筑物的测设工作实质上是根据已建立的控制点或已有的建筑物，按照设计的角度、距离和高程把图纸上建（构）筑物的一些特征点（如轴线的交点）标定在实地上。因此，测设的基本工作，就是测设已知水平距离、已知水平角和已知高程。

一、测设已知水平距离

已知水平距离的测设，就是根据地面上给定的直线起点，沿给定的方向，定出直线上另外一点，使得两点间的水平距离为给定的已知值。例如，经常要在施工现场，把房屋的轴线的设计长度在地面上标定出来；经常要在道路及管线的中线上，按设计长度定出一系列点等。

1. 钢尺测设法

如图 9-1 所示，设 A 为地面上已知点，D 为设计的水平距离，要在地面上沿给定 AB 方向上测设水平距离 D，以定出线段的另一端点 B。具体做法是从 A 点开始，沿 AB 方向用钢尺边定线边丈量，按设计长度

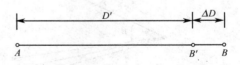

图 9-1 钢尺测设水平距离

D 在地面上定出 B' 点的位置。若建筑场地不是平面时，丈量时可将钢尺一端抬高，使钢尺保持水平，用吊垂球的方法来投点。往返丈量 AB' 的距离，若相对误差在限差以内，取其平均值 D'，并将端点 B' 加以改正，求得 B 点的最后位置。改正数 $\Delta D = D - D'$。当 ΔD 为正时，向外改正；反之，向内改正。

若测设精度要求较高，可在定出 B' 点后，用检定过的钢尺精确往返丈量 AB' 的距离，并加尺长、温度和倾斜三项改正数，求出 AB' 的精确水平距离 D'。根据 D' 与 D 的差值 $\Delta D = D - D'$ 沿 AB 方向对 B' 点进行改正。

2. 电磁波测距仪测设法

由于电磁波测距仪的普及，目前水平距离的测设，尤其是长距离的测设多采用电磁波测距仪或全站仪。如图 9-2 所示，安置测距仪于 A 点，瞄准 AB 方向，指挥装在对中杆上的棱镜前后移动，使仪器显示值略大于测设的距离，定出 B'

点。在 B' 点安置反光棱镜，测出竖直角 α 及斜距 L（必要时加测气象改正），计算水平距离 $D'=L\cdot\cos\alpha$，求出 D' 与应测设的水平距离 D 之差 $\Delta D=D-D'$。根据 ΔD 的符号在实地用钢尺沿测设方向将 B' 改正至 B 点，并用木桩标定其点位。为了检核，应将反光镜安置于 B 点，再实测 AB 距离，其不符值应在限差之内，否则应再次进行改正，

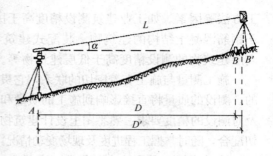

图 9-2　测距仪测设水平距离

直至符合限差为止。若用全站仪测设，仪器可直接显示水平距离，则更为简便。

二、测设已知水平角

已知水平角的测设，就是根据一地面点和给定的方向，定出另外一个方向，使得两方向间的水平角为给定的已知值。例如，地面上已有一条轴线，要在该轴线上定出一些与之相垂直的轴线，则需设置出 $90°$ 角。

1. 直接测设法

如图 9-3 所示，设地面上已有 OA 方向线，测设水平角 $\angle AOC$ 等于已知角值 β。测设时将经纬仪安置在 O 点，用盘左瞄准 A 点，读取度盘读数，松开水平制动螺旋，旋转照准部，当度盘读数增加 β 角值时，在视线方向上定出 C' 点。然后用盘右重复上述步骤，测设得另一点 C''，取 C' 和 C'' 的中点 C，则 $\angle AOC$ 就是要测设的 β 角，OC 方向就是所要测设的方向。这种测设角度的方法通常称为正倒镜分中法。

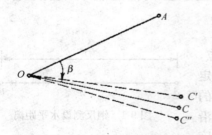

图 9-3　直接测设水平角

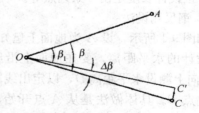

图 9-4　精确测设水平角

2. 精确测设法

当测设水平角的精度要求较高时，应采用作垂线改正的方法，如图 9-4 所示。在 O 点安置经纬仪，先用一般方法测设 β 角值，在地面上定出 C' 点，再用测回法观测 $\angle AOC'$ 几个测回（测回数由精度要求决定），取各测回平均值为 β_1，即 $\angle AOC'=\beta_1$，当 β 和 β_1 的差值 $\Delta\beta$ 超过限差（$\pm10''$）时，需进行改正。根据 $\Delta\beta$ 和 OC' 的长度计算出改正值 CC'，即

$$CC'=OC'\times\tan\Delta\beta=OC'\times\frac{\Delta\beta}{\rho} \qquad(9-1)$$

式中，$\rho=206265''$；$\Delta\beta$ 以秒（"）为单位。

过 C' 点作 OC' 的垂线，再以 C' 点沿垂线方向量取 CC'，定出 C 点。则 $\angle AOC$

就是要测设的 β 角。当 $\Delta\beta=\beta-\beta_1>0$ 时，说明 $\angle AOC'$ 偏小，应从 OC' 的垂线方向向外改正；反之，应向内改正。

【例 9-1】 已知地面上 A、O 两点，要测设直角 AOC。

【解】 在 O 点安置经纬仪，盘左盘右测设直角取中数得 C' 点，量得 $OC'=50$m，用测回法观测三个测回，测得 $\angle AOC'=89°59'30''$。

$$\Delta\beta=90°00'00''-89°59'30''=30''$$

$$CC'=OC'\times\frac{\Delta\beta}{\rho}=50\times\frac{30''}{206265''}=0.007\text{m}$$

过 C' 点作 OC' 的垂线 $C'C$ 向外量 $C'C=0.007$m 定得 C 点，则 $\angle AOC$ 即为直角。

三、测设已知高程

已知高程的测设，就是根据已给定的点位，利用附近已知水准点，在点位上标定出给定高程的高程位置。例如，平整场地、基础开挖、建筑物地坪标高位置确定等，都要测设出已知的设计高程。

1. 视线高程法

在建筑设计和施工的过程中，为了使用和计算方便，一般将建筑物的室内地坪假设为±0.000，建筑物各部分的高程都是相对于±0.000测设的，测设时一般采用视线高程法。

如图 9-5 所示，欲根据某水准点的高程 H_R，测设 A 点，使其高程为设计高程 H_A。则 A 点尺上应读的前视读数为

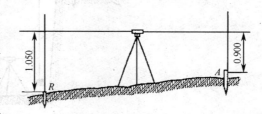

图 9-5　视线高程法

$$b_{应}=(H_R+a)-H_A \tag{9-2}$$

测设方法如下：

（1）安置水准仪于 R，A 中间，整平仪器；

（2）后视水准点 R 上的立尺，读得后视读数为 a，则仪器的视线高 $H_i=H_R+a$；

（3）将水准尺紧贴 A 点木桩侧面上下移动，直至前视读数为 $b_{应}$ 时，在桩侧面沿尺底画一横线，此线即为室内地坪±0.000 的位置。

【例 9-2】 R 为水准点，$H_R=15.670$m，A 为建筑物室内地坪±0.000 待测点，设计高程 $H_A=15.820$m，若后视读数 $a=1.050$m，试求 A 点尺读数为多少时尺底就是设计高程 H_A。

【解】 $b_{应}=H_R+a-H_A=15.670+1.050-15.820=0.900$m

如果地面坡度较大，无法将设计高程在木桩顶部或一侧标出时，可立尺于桩顶，读取桩顶前视，根据下式计算出桩顶改正数：

$$桩顶改正数=桩顶前视-应读前视$$

假如应读前视读数是 1.600m，桩顶前视读数是 1.150m，则桩顶改正数为 -0.450m，表示设计高程的位置在自桩顶往下量 0.450m 处，可在桩顶上注"向下 0.450m"即可。如果改正数为正，说明桩顶低于设计高程，应自桩顶向上量改正数得设计高程。

2. 高程传递法

当开挖较深的基槽，将高程引测到建筑物的上部或安装吊车轨道时，由于测设点与水准点的高差很大，只用水准尺无法测定点位的高程，应采用高程传递法。即用钢尺和水准仪将地面水准点的高程传递到低处或高处上所设置的临时水准点，然后再根据临时水准点测设所需的各点高程。

如图 9-6 所示，为深基坑的高程传递，将钢尺悬挂在坑边的木杆上，下端挂 10kg 重锤，在地面上和坑内各安置一台水准仪，分别读取地面水准点 A 和坑内水准点 B 的水准尺读数 a 和 d，并读取钢尺读数 b 和 c，则可根据已知地面水准点 A 的高程 H_A，按下式求得临时水准点 B 的高程 H_B：

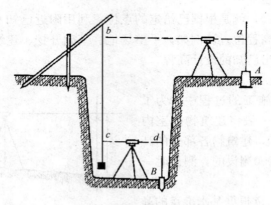

图 9-6　高程传递法

$$H_B = H_A + a - (b-c) - d \tag{9-3}$$

为了进行检核，可将钢尺位置变动 10~20cm，同法再次读取这四个数，两次求得的高程相差不得大于 3mm。

当需要将高程由低处传递至高处时，可采用同样方法进行，由下式计算

$$H_A = H_B + d + (b-c) - a \tag{9-4}$$

第三节　测设平面点位的方法

测设点的平面位置，就是根据已知控制点，在地面上标定出一些点的平面位置，使这些点的坐标为给定的设计坐标。例如，在工程建设中，要将建筑物的平面位置标定在实地上，其实质就是将建筑物的一些轴线交叉点、拐角点在实地标定出来。

根据设计点位与已有控制点的平面位置关系，结合施工现场条件，测设点的平面位置的方法有直角坐标法、极坐标法、前方交会法等。

一、直角坐标法

当施工场地有彼此垂直的建筑基线或建筑方格网，待测设的建（构）筑物的轴线平行而又靠近基线或方格网边线时，常用直角坐标法测设点位。

如图9-7(a)、(b)所示，Ⅰ、Ⅱ、Ⅲ、Ⅳ点是建筑方格网顶点，其坐标值已知，1、2、3、4为拟测设的建筑物的四个角点，在设计图纸上已给定四角的坐标，现用直角坐标法测设建筑物的四个角桩。测设步骤如下：

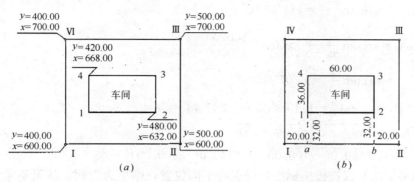

图 9-7 直角坐标法
(a)直角坐标法设计图纸；(b)直角坐标法测设数据

首先根据方格顶点和建筑物角点坐标，计算出测设数据。然后在Ⅰ点安置经纬仪，瞄准Ⅱ点，在ⅠⅡ方向上以Ⅰ点为起点分别测设 $D_{Ia}=20.00\text{m}$，$D_{ab}=60.00\text{m}$，定出 a、b 点。搬仪器至 a 点，瞄准Ⅱ点，用盘左盘右测设 $90°$ 角，定出 $a-4$ 方向线，在此方向上由 a 点测设 $D_{a1}=32.00\text{m}$，$D_{14}=36\text{m}$，定出1、4点。再搬仪器至 b 点，瞄准Ⅰ点，同法定出房角点2、3。这样建筑物的四个角点位置便确定了，最后要检查 D_{12}、D_{34} 的长度是否为 60.00m，房角4和3是否为 $90°$，误差是否在允许范围内。

直角坐标法计算简单，测设方便，精度较高，应用广泛。

二、极坐标法

极坐标法是在控制点上测设一个角度和一段距离来确定点的平面位置。此法适用于测设点离控制点较近且便于量距的情况。若用全站仪测设则不受这些条件限制。

如图9-8所示，A、B 为控制点，其坐标 x_A、y_A、x_B、y_B 为已知，P 为设计的管线主点，其坐标 x_P、y_P 可在设计图上查得。现欲将 P 点测设于实地，先按下列公式计算出测设数据水平角 β 和水平距离 D_{AP}：

$$\left. \begin{aligned} \alpha_{AB} &= \arctan\frac{y_B-y_A}{x_B-x_A} \\ \alpha_{AP} &= \arctan\frac{y_P-y_A}{x_P-x_A} \\ \beta &= \alpha_{AB}-\alpha_{AP} \end{aligned} \right\} \quad (9\text{-}5)$$

$$D_{AP}=\sqrt{(x_P-x_A)^2+(y_P-y_A)^2} \quad (9\text{-}6)$$

测设时，在 A 点安置经纬仪，瞄准 B 点，采用正倒镜分中法测设出 β 角以定出 AP 方向，沿此方向上用钢尺测设距离 D_{AP}，即定出 P 点。

【例 9-3】 如图9-8所示。已知 $x_A=100.00\text{m}$，$y_A=100.00\text{m}$，$x_B=80.00\text{m}$，$y_B=150.00\text{m}$，$x_P=130.00\text{m}$，$y_P=140.00\text{m}$。求测设数据 β、D_{AP}。

【解】 将已知数据代入式(9-5)和式(9-6)可计算得

$$\alpha_{AB} = \arctan\frac{y_B - y_A}{x_B - x_A} = \tan^{-1}\frac{150.00 - 100.00}{80.00 - 100.00}$$

$$= \arctan\frac{-5}{2} = 111°48'05''$$

$$\alpha_{AP} = \arctan\frac{y_P - y_A}{x_P - x_A} = \tan^{-1}\frac{140.00 - 100.00}{130.00 - 100.00}$$

$$= \arctan\frac{4}{3} = 53°07'48''$$

$$\beta = \alpha_{AB} - \alpha_{AP} = 111°48'05'' - 53°07'48'' = 58°40'17''$$

$$D_{AP} = \sqrt{(x_P - x_A)^2 + (y_P - y_A)^2}$$

$$= \sqrt{(130.00 - 100.00)^2 + (140.00 - 100.00)^2} = \sqrt{30^2 + 40^2} = 50\text{m}$$

如果用全站仪按极坐标法测设点的平面位置，则更为方便，甚至不需预先计算放样数据。如图9-9所示，A、B为已知控制点，P点为待测设的点。将全站仪安置在A点，瞄准B点，按提示分别输入测站点A、后视点B及待测设点P的坐标后，仪器即自动显示测设数据水平角β及水平距离D。水平转动仪器直至角度显示为$0°00'00''$，此时视线方向即为需测设的方向。在此视线方向上指挥持棱镜者前后移动棱镜，直到距离改正值显示为零，则棱镜所在位置即为P点。

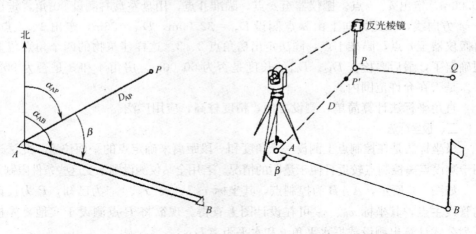

图9-8 极坐标法　　　　　　　　　图9-9 全站仪测设法

三、前方交会法

前方交会法是在两个控制点上用两台经纬仪测设出两个已知数值的水平角，交会出点的平面位置。为提高放样精度，通常用三个控制点三台经纬仪进行交会。此法适用于待测设点离控制点较远或量距较困难的地区。在桥梁等工程中，常采用此法。

如图9-10(a)、(b)所示。A、B、C为已有的三个控制点，其坐标为已知，需放样点P的坐标也已知。先根据控制点A、B、C的坐标和P点设计坐标，计算出测设数据β_1、β_2、β_4，计算公式见式(9-5)。测设时，在A、B、C点各安置一台经纬仪，分别测设β_1、β_2、β_4定出三个方向，其交点即为P点的位置。由于测

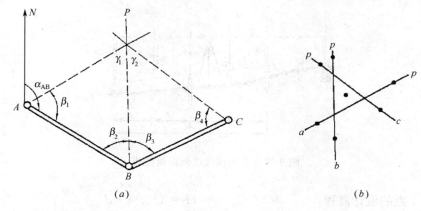

图 9-10　角度交会法
(a)角度交会观测法；(b)示误三角形

设有误差，往往三个方向不交于一点，而形成一个误差三角形，如果此三角形最长边不超过 3~4cm，则取三角形的重心作为 P 点的最终位置。

应用此法放样时，宜使交会角 γ_1、γ_2 在 30°~120°之间。

四、距离交会法

距离交会法是在两个控制点上各测设已知长度交会出点的平面位置。距离交会法适用于场地平坦，量距方便，且控制点离待测设点的距离不超过一整尺长的地区。

如图 9-11 所示，A、B 为控制点，P 为待测设点。先根据控制点 A、B 坐标和待测设点 P 的坐标，按公式(9-6)计算出测设距离 D_1，D_2。测设时，以 A 点为圆心，以 D_1 为半径，用钢尺在地面上画弧；以 B 点为圆心，以 D_2 为半径，用钢尺在地面上画弧，两条弧线的交点即为 P 点。

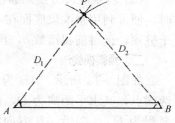

图 9-11　距离交会法

第四节　已知坡度直线的测设

在平整场地、敷设上下水管道及修建道路等工程中，需要在地面上测设给定的坡度线。坡度线的测设是根据附近水准点的高程、设计坡度和坡度线端点的设计高程，用高程测设的方法将坡度线上各点的设计高程，标定在地面上。测设方法有水平视线法和倾斜视线法两种。

一、水平视线法

如图 9-12 所示，A、B 为设计坡度线的两端点，其设计高程分别为 H_A 和 H_B，AB 设计坡度为 i，在 AB 方向上，每隔距离 d 定一木桩，要求在木桩上标定出坡度为 i 的坡度线。施测方法如下：

(1) 沿 AB 方向，桩定出间距为 d 的中间点 1、2、3 的位置；

(2) 计算各桩点的设计高程：

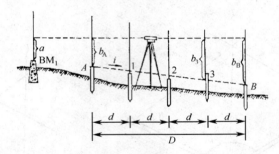

图 9-12 水平视线法测设坡度线

第 1 点的设计高程：$\quad H_1 = H_A + i \cdot d$
第 2 点的设计高程：$\quad H_2 = H_1 + i \cdot d$
第 3 点的设计高程：$\quad H_3 = H_2 + i \cdot d$ （9-7）
B 点的设计高程：$\quad H_B = H_3 + i \cdot d$
或 $\quad H_B = H_A + i \cdot D$（检核）

坡度 i 有正有负，计算设计高程时，坡度应连同其符号一并运算。

(3) 安置水准仪于水准点 BM_1 附近，后视读数 a，得仪器视线高 $H_i = H_1 + a$，然后根据各点设计高程计算测设各点的应读前视尺读数 $b_应 = H_i - H_设$；

(4) 将水准尺分别贴靠在各木桩的侧面，上、下移动尺子，直至尺读数为 $b_应$ 时，便可利用水准尺底面在木桩上画一横线，该线即在 AB 的坡度线上。或立尺于桩顶，读得前视读数 b，再根据 $b_应$ 与 b 之差，自桩顶向下画线。

二、倾斜视线法

如图 9-13 所示，AB 为坡度线的两端点，其水平距离为 D，设 A 点的高程为 H_A，要沿 AB 方向测设一条坡度为 i 的坡度线，则先根据 A 点的高程、坡度 i 及 A、B 两点间的距离计算 B 点的设计高程，即

$$H_B = H_A + i \cdot D \quad (9-8)$$

再按测设已知高程的方法，将 A、B 两点的高程测设在相应的木桩上。然后将水准仪（当设计坡度较大时，可用经纬仪）安置在 A 点上，使基座上一个脚螺旋在 AB 方向上，其余两个脚螺旋的连线与 AB 方向垂直，量取仪器高 i，再转动 AB 方向上的脚螺旋和微倾螺旋，使十字丝横丝对准 B 点水准尺上等于仪器高 i 处，此时，仪器的视线与设计坡度线平行。然后在 AB 方向的中间各点 1、2、3 的木桩侧面立尺，上、下移动水准尺，直至尺上读数等于仪器高 i 时，沿尺子底面在木桩上画一红线，则各桩红线的连线就是设计坡度线。

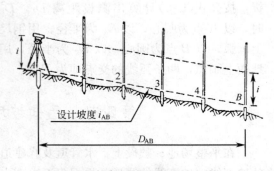

图 9-13 倾斜视线法测设坡度线

思 考 题 与 习 题

1. 测设的基本工作是什么?
2. 测设已知数值的水平距离、水平角及高程是如何进行的?
3. 测设点位的方法有哪几种?各适用于什么场合?
4. 如何用水准仪测设已知坡度的坡度线?
5. 在地面上要测设一段 84.200m 的水平距离 AB,现先用一般方法定出 B' 点,再精确丈量 $AB'=84.248m$,丈量所用钢尺的尺长方程式为 $l_t=30+0.0071+1.25×10^{-5}×30×(t-20℃)$,作业时温度 $t=11℃$,施于钢尺的拉力与检定钢尺时相同,AB' 两点的高差 $h=-0.96m$。问:如何改正 B' 点才能得到 B 点的准确位置?
6. 要测设 $\angle ACB=120°$,先用一般方法定出 B' 点,再精确测量 $\angle ACB'=120°00'25''$,已知 CB' 的距离为 $D=180m$,问如何移动 B' 点才能使角值为 $120°$,应移动多少距离?
7. 设水准点 A 的高程为 16.163m,现要测设高程为 15.000m 的 B 点,仪器架在 AB 两点之间,在 A 尺上读数为 1.036m,则 B 尺上读数应为多少?如何进行测设?如欲使 B 桩的桩顶高程为 15.000m,如何进行测设?
8. 要在 CB 方向测设一条坡度为 $i=-2\%$ 的坡度线,已知 C 点高程为 36.425m,CB 的水平距离为 120m,则 B 点的高程应为多少?
9. 设 I、J 为控制点,已知 $x_I=158.27m$,$y_I=160.64m$,$x_J=115.49m$,$y_J=185.72m$,A 点的设计坐标为 $x_A=160.00m$,$y_A=210.00m$,试分别用极坐标法、角度交会法及距离交会法计算测设 A 点所需的放样数据。
10. 设 A、B 为建筑方格网上的控制点,已知其坐标为 $x_A=1000.000m$,$y_A=800.000m$,$x_B=1000.000m$,$y_B=1000.000m$,M、N、E、F 为一建筑物的轴线点,其设计坐标为 $x_M=1051.500m$,$y_M=848.500m$,$x_N=1051.500m$,$y_N=911.800m$,$x_E=1064.200m$,$y_E=848.500m$,$x_F=1064.200m$,$y_F=911.800m$,试叙述用直角坐标法测设 M、N、E、F 四点的测设方法。

第十章 施工控制测量

【学习重点】
- 了解建筑基线的布设形式,测设建筑基线的方法。
- 理解施工控制网是为工程建设和工程放样而布设的测量控制网。
- 掌握施工控制网的三个特点;平面和高程施工控制网的布设形式;施工控制点的坐标换算。

第一节 概 述

为工程建设和工程放样而布设的测量控制网,称为施工控制网。施工控制网不仅是施工放样的依据,也是工程竣工测量的依据,同时还是建筑物沉降观测以及将来建筑物改建、扩建的依据。

在工程勘测设计阶段,为测绘地形图而建立的平面和高程控制网,在精度方面主要考虑满足测图的要求,而没有考虑工程建设的需要;在控制点位的分布方面主要考虑测图的方便,而没有考虑建筑物的放样需要。因此,原有的测图控制点,在精度和密度分布方面都难以同时满足测图与施工定位两个方面的要求。为了保证建筑物的放样精度,必须在施工之前,重新建立施工控制网。

施工控制网的建立,也应遵循"先整体,后局部"的原则,由高精度到低精度进行建立。即首先在施工现场,根据建筑设计总平面图和现场的实际情况,以原有的测图控制点为定向条件,建立起统一的施工平面控制网和高程控制网。然后以此为基础,测设建筑物的主轴线,再根据主轴线测设建筑物的细部。

一、施工控制网的特点

建筑施工控制网与测图控制网比较而言,具有以下两个特点:

1. 控制点密度大、控制范围小、精度要求高

施工控制网的精度要求应以建筑限差来确定,而建筑限差又是工程验收的标准。因此,施工控制网的精度要比测图控制网的精度高。

通常建筑场地比测图范围小,在小范围内,各种建筑物分布错综复杂,放样工作量大,这就要求施工控制点要有足够的密度,且分布合理,以便放样时有机动选择使用控制点的余地。

2. 受干扰性大,使用频繁

现代化的施工常常采用立体交叉作业的方式,施工机械的频繁活动,人员的交叉往来,施工标高相差悬殊,这些都造成了控制点间通视困难,使控制点容易碰动,不易保存。此外,建筑物施工的各个阶段都需要测量定位,控制点使用频繁。这就要求控制点必须埋设稳固,使用方便,易于长久保存,长期通视。

二、施工控制网的布设形式

施工控制网的布设形式,应以经济、合理和适用为原则,根据建筑设计总平面图和施工现场的地形条件来确定。对于地形起伏较大的山区建筑场地,则可充分扩展原有的测图控制网,作为施工定位的依据。对于地形较平坦而通视较困难的建筑场地,可采用导线网。对于地形平坦而面积不大的建筑小区,常布置一条或几条建筑基线,组成简单的图形,作为施工测量的依据。对于地形平坦,建筑物多为矩形且布置比较规则的密集的大型建筑场地,通常采用建筑方格网。总之,施工控制网的布设形式应与建筑设计总平面的布局相一致。

当施工控制网采用导线网时,若建筑场地大于 $1km^2$ 或重要工业区,需按一级导线建立,建筑场地小于 $1km^2$ 或一般性建筑区,可按二、三级导线建立。当施工控制网采用原有测图控制网时,应进行复测检查,无误后方可使用。

三、施工控制点的坐标换算

供工程建设施工放样使用的平面直角坐标系,称为施工坐标,也称为建筑坐标。由于建筑设计是在总体规划下进行的,因此建筑物的轴线往往不能与测图坐标系的坐标轴相平行或垂直,此时施工坐标系通常选定独立坐标系,这样可使独立坐标系的坐标轴与建筑物的主轴线方向相一致,坐标原点 O 通常设置在建筑场地的西南角上,纵轴记为 A 轴,横轴记为 B 轴,用 AB 坐标确定各建筑物的位置。由此建筑物的坐标位置计算简便,而且所有坐标数据均为正值。

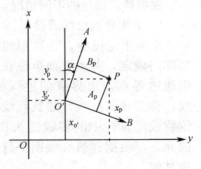

图 10-1 施工坐标系与测图坐标系之间的关系

施工坐标系与测图坐标系之间的关系,如图 10-1 所示,xOy 为测图坐标系,$AO'B$ 为施工坐标系,则 P 点的测图坐标为 x_p、y_p,P 点的施工坐标为 A_p、B_p,施工坐标原点 O' 在测图坐标系中的坐标为 $x_{o'}$、$y_{o'}$,α 角为测图坐标系纵轴 x 与施工坐标系纵轴 A 之间的夹角。

将 P 点的施工坐标换算成测图坐标,其公式为

$$x_p = x_{o'} + A_p \cos\alpha - B_p \sin\alpha$$
$$y_p = y_{o'} + A_p \sin\alpha + B_p \cos\alpha \tag{10-1}$$

若将 P 点的测图坐标换成施工坐标,其公式为

$$A_p = (x_p - x_{o'})\cos\alpha + (y_p - y_{o'})\sin\alpha$$
$$B_p = -(x_p - x_{o'})\sin\alpha + (y_p - y_{o'})\cos\alpha \tag{10-2}$$

上式中,$x_{o'}$、$y_{o'}$ 与 α 的数值是个常数,可在设计资料中查找,或在建筑设计总平面图上用图解的方法求得。

第二节 建 筑 基 线

一、建筑基线的布置

建筑场地的施工控制基准线,称为建筑基线。建筑基线的布置,主要根据建

筑物的分布、场地的地形和原有测图控制点的情况而定。建筑基线的布设形式，如图10-2所示。

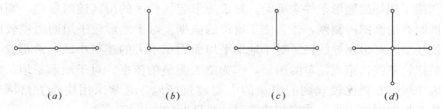

图 10-2　建筑基线的布设形式
(a)三点直线形；(b)三点直角形；(c)四点丁字形；(d)五点十字形

建筑基线布设的位置，应尽量临近建筑场地中的主要建筑物，且与其轴线相平行，以便采用直角坐标法进行放样。为了便于检查建筑基线点位有无变动，基线点不得少于三个。基线点位应选在通视良好而不受施工干扰的地方。为能使点位长期保存，要建立永久性标志。

二、测设建筑基线的方法

根据建筑场地的不同情况，测设建筑基线的方法主要有下述两种。

（一）用建筑红线测设

在城市建设中，建筑用地的界址，是由规划部门确定，并由拨地单位在现场直接标定出用地边界点，边界点的连线通常是正交的直线，称为建筑红线。建筑红线与拟建的主要建筑物或建筑群中的多数建筑物的主轴线平行。因此，可根据建筑红线用平行线推移法测设建筑基线。

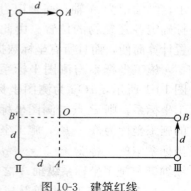

图 10-3　建筑红线

如图10-3所示，Ⅰ-Ⅱ和Ⅱ-Ⅲ是两条互相垂直的建筑红线，A、O、B 三点是欲测的建筑基线点。其测设过程：从Ⅱ点出发，沿Ⅱ、Ⅰ和Ⅱ、Ⅲ方向分别量取 d 长度得出 A' 和 B' 点；再过Ⅰ、Ⅲ两点分别作建筑红线的垂线，并沿垂线方向分别量取 d 的长度得出 A 点和 B 点；然后，将 AA' 与 BB' 连线，则交会出 O 点。A、O、B 三点即为建筑基线点。

当把 A、O、B 三点在地面上作好标志后，将经纬仪安置在 O 点上，精确观测 $\angle AOB$，若 $\angle AOB$ 与 $90°$ 之差不在容许值以内时，应进一步检查测设数据和测设方法，并应对 $\angle AOB$ 按水平角精确测设法来进行点位的调整，使 $\angle AOB=90°$。

如果建筑红线完全符合作为建筑基线的条件时，可将其作为建筑基线使用，即直接用建筑红线进行建筑物的放样，既简便又快捷。

（二）用附近的控制点测设

在非建筑区，没有建筑红线作依据时，就需要在建筑设计总平面图上，根据建筑物的设计坐标和附近已有的测图控制点来选定建筑基线的位置，并在实地采用极坐标法或角度交会法把基线点在地面上标定出来。

如图 10-4 所示，Ⅰ、Ⅱ两点为附近已有的测图控制点，A、O、B 三点为欲测设的建筑基线点。测设过程：先将 A、O、B 三点的施工坐标，换算成测图坐标；再根据 A、O、B 三点的测图坐标与原有的测图控制点Ⅰ、Ⅱ的坐标关系，采用极坐标法或角度交会法测定 A、O、B 点位的有关放样数据；最后在地面上分别测设出 A、O、B 三点。

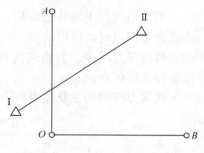

图 10-4　用附近的控制点测设

当 A、O、B 三点在地面上作好标志后，在 O 点安置经纬仪，测量 $\angle AOB$ 的角值，丈量 OA、OB 的距离。若检查角度的误差与丈量边长的相对误差均不在容许值以内时，就要调整 A、B 两点，使其满足规定的精度要求。

第三节　建筑方格网

一、建筑方格网的布置

由正方形或矩形的格网组成的建筑场地的施工控制网，称为建筑方格网。其适用于大型的建筑场地。建筑方格网的布置，应根据建筑设计总平面图上各种建筑物、道路、管线的分布情况，并结合现场地形情况而拟定。布置建筑方格网时，先要选定两条互相垂直的主轴线，如图 10-5 中的 AOB 和 COD，再全面布设格网。格网的形式，可布置成正方形或矩形。当建筑场地占地面积较大时，通常是分两级布设，首级为基本网，先测设十字形、口字形或田字形的主轴线，然后再加密次级的方格网。当场地面积不大时，尽量布置成全方格网。

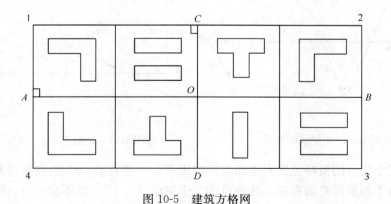

图 10-5　建筑方格网

方格网的主轴线，应布设在整个建筑场地的中央，其方向应与主要建筑物的轴线平行或垂直，并且长轴线上的定位点不得少于 3 个。主轴线的各端点应延伸到场地的边缘，以便控制整个场地。主轴线上的点位，必须建立永久性标志，以便长期保存。

当方格网的主轴线选定后，就可根据建筑物的大小和分布情况而加密格网。在选定格网点时，应以简单、实用为原则，在满足测角、量距的前提下，格网点的点数应尽量减少。方格网的转折角应严格为 90°，相邻格网点要保持通视，点位要能长期保存。

建筑方格网的主要技术要求，可参见表 10-1 的规定。

建筑方格网的主要技术要求　　　　　　　　　　　表 10-1

等　级	边　长(m)	测角中误差(″)	边长相对中误差
Ⅰ级	100～300	5	≤1/30000
Ⅱ级	100～300	8	≤1/20000

二、方格网的测设

（一）主轴线的测设

由于建筑方格网是根据场地主轴线布置的，因此在测设时，应首先根据场地原有的测图控制点，测设出主轴线的三个主点。

如图 10-6 所示，Ⅰ、Ⅱ、Ⅲ 三点为附近已有的测图控制点，其坐标已知；A、O、B 三点为选定的主轴线上的主点，其坐标可算出，则根据三个测图控制点 Ⅰ、Ⅱ、Ⅲ，采用极坐标法就可测设出 A、O、B 三个主点。

测设三个主点的过程：先将 A、O、B 三点的施工坐标换算成测图坐标；再根据它们的坐标与测图控制点 Ⅰ、Ⅱ、Ⅲ 的坐标关系，计算出放样数据 β_1、β_2、β_3 和 D_1、D_2、D_3，如图 10-6 所示；然后用极坐标法测设出三个主点 A、O、B 的概略位置为 A'、O'、B'。

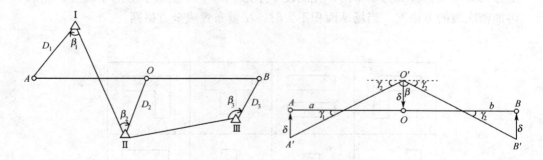

图 10-6　主轴线的测设　　　　　图 10-7　调整三个主点的位置

当三个主点的概略位置在地面上标定出来后，要检查三个主点是否在一条直线上。由于测量误差的存在，使测设的三个主点 A'、O'、B' 不在一条直线上，如图 10-7 所示，故安置经纬仪于 O' 点上，精确检测 $\angle A'O'B'$ 的角值 β，如果检测角 β 的值与 180° 之差，超过了表 10-1 规定的容许值，则需要对点位进行调整。

调整三个主点的位置时，应先根据三个主点间的距离 a 和 b 按下列公式计算调整值 δ，即

$$\delta = \frac{ab}{a+b}\left(90° - \frac{\beta}{2}\right)\frac{1}{\rho} \tag{10-3}$$

将 A'、O'、B' 三点沿与轴线垂直方向移动一个改正值 δ，但 O' 点与 A'、B' 两点移动的方向相反，移动后得 A、O、B 三点。为了保证测设精度，应再重复检测 $\angle AOB$，如果检测结果与 $180°$ 之差仍旧超过限差时，需再进行调整，直到误差在容许值以内为止。

除了调整角度之外，还要调整三个主点间的距离。先丈量检查 AO 及 OB 间的距离，若检查结果与设计长度之差的相对误差大于表 10-1 的规定，则以 O 点为准，按设计长度调整 A、B 两点。调整需反复进行，直到误差在容许值以内为止。

当主轴线的三个主点 A、O、B 定位好后，就可测设与 AOB 主轴线相垂直的另一条主轴线 COD。如图 10-8 所示，将经纬仪安置在 O 点上，照准 A 点，分别向左、向右测设 $90°$；并根据 CO 和 OD 间的距离，在地面上标定出 C、D 两点的概略位置为 C'、D'；然后分别精确测出 $\angle AOC'$ 及 $\angle AOD'$ 的角值，其角值与 $90°$ 之差为 ε_1 和 ε_2，若 ε_1 和 ε_2 大于表 10-1 的规定，则按下列公式求改正数 l，即

$$l = L \cdot \varepsilon_1 / \varepsilon_2 \qquad (10-4)$$

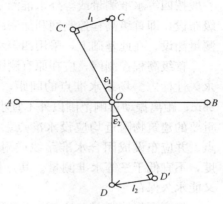

图 10-8 测设主轴线 COD

式中，L 为 OC' 或 OD' 的距离；ε_1、ε_2 单位为秒（"）。

根据改正数，将 C'、D' 两点分别沿 OC'、OD' 的垂直方向移动 l_1、l_2；得 C、D 两点。然后检测 $\angle COD$，其值与 $180°$ 之差应在规定的限差之内，否则需要再次进行调整。

（二）方格网点的测设

主轴线确定后，先进行主方格网的测设，然后在主方格网内进行方格网的加密。

主方格网的测设，采用角度交会法定出格网点。其作业过程：用两台经纬仪分别安置在 A、C 两点上，均以 O 点为起始方向，分别向左、向右精确地测设出 $90°$ 角，在测设方向上交会 1 点，交点 1 的位置确定后，进行交角的检测和调整，同法测设出主方格网点 2、3、4，这样就构成了田字形的主方格网，如图 10-5 所示。

当主方格网测定后，以主方格网点为基础，进行加密其余各格网点。

方格网测设时，其角度观测应符合表 10-2 中的规定。

方格网测设的限差要求　　　　　　　　表 10-2

方格网等级	经纬仪型号	测角中误差（"）	测回数	测微器两次读数（"）	半测回归零差（"）	一测回 2C 值互差（"）	各测回方向互差（"）
Ⅰ级	DJ_1	5	2	≤1	≤6	≤9	≤6
Ⅱ级	DJ_2	5	3	≤3	≤8	≤13	≤9
	DJ_2	8	2	—	≤12	≤18	≤12

第四节 高程控制测量

由于测图高程控制网在点位分布和密度方面均不能满足施工测量的需要，因此在施工场地建立平面控制网的同时还必须重新建立施工高程控制网。

施工高程控制网的建立，与施工平面控制网一样。当建筑场地面积不大时，一般按四等水准测量或等外水准测量来布设。当建筑场地面积较大时，可分为两级布设，即首级高程控制网和加密高程控制网。首级高程控制网，采用三等水准测量测设，在此基础上，采用四等水准测量测设加密高程控制网。

首级高程控制网，应在原有测图高程网的基础上，单独增设水准点，并建立永久性标志。场地水准点的间距，宜小于 1km。距离建筑物、构筑物不宜小于 25m；距离振动影响范围以外不宜小于 5m；距离回填土边线不宜小于 15m。凡是重要的建筑物附近均应设水准点。整个建筑场地至少要设置三个永久性的水准点。并应布设成闭合水准路线或附合水准路线，以控制整个场地。高程测量精度，不宜低于三等水准测量。其点位要选择恰当，不受施工影响，并便于施测，又能永久保存。

加密高程控制网，是在首级高程控制网的基础上进一步加密而得，一般不能单独埋设，要与建筑方格网合并，即在各格网点的标志上加设一突出的半球状标志，各点间距宜在 200m 左右，以便施工时安置一次仪器即可测出所需高程。加密高程控制网，要按四等水准测量进行观测，并要附合在首级水准点上，作为推算高程的依据。

为了测设方便，减少计算，通常在较大的建筑物附近建立专用的水准点，即 ±0.000 标高水准点，其位置多选在较稳定的建筑物墙与柱的侧面，用红色油漆绘成上顶成为水平线的倒三角形，如"▼"。但必须注意，在设计中各建筑物的 ±0.000 高程不是相等的，应严格加以区别，防止用错设计高程。

思考题与习题

1. 简述施工控制网的布设形式和特点。
2. 建筑基线常用形式有哪几种？基线点为什么不能少于 3 个？
3. 建筑基线的测设方法有几种？试举例说明。
4. 建筑方格网如何布置？主轴线应如何选定？
5. 用极坐标法如何测设主轴线上的三个定位点？试绘图说明。
6. 建筑方格网的主轴线确定后，方格网点该如何测设？
7. 施工高程控制网如何布设？布设时应满足什么要求？
8. 如图 10-1 所示，已知施工坐标原点 O' 的测图坐标为：$x_{o'}=600m$，$y_{o'}=800m$；两坐标系纵轴间的夹角为：$\alpha=30°$；控制点 P 的测图坐标为：$x_p=1002m$，$y_p=1803m$。试计算 P 点的施工坐标。
9. 如图 10-7 所示，假设主轴线 A'、O、B' 三点已知并测设于地面，经检测 $\angle A'OB'=179°59'36''$，已知 $a=150m$，$b=100m$。试求调整值 δ，并说明如何调整才能使三点成一直线。
10. 如图 10-8 所示，在地面上测设出直角 $\angle BOD'=89°59'42''$，并知 $OD'=100m$。试求改正数 l。

第十一章 民用建筑施工测量

【学习重点】
- 了解民用建筑的类型、结构以及施工测量的方法和精度要求。
- 理解设计图纸是施工测量的主要依据。
- 掌握施工测量中建筑物定位、细部轴线放样、基础施工测量和墙体工程施工测量等。

第一节 概　　述

民用建筑是指住宅、医院、办公楼和学校等，民用建筑施工测量就是按照设计要求，配合施工进度，将民用建筑的平面位置和高程测设出来。民用建筑的类型、结构和层数各不相同，因而施工测量的方法和精度要求也有所不同，但施工测量的过程基本一样，主要包括建筑物定位、细部轴线放样、基础施工测量和墙体施工测量等。

在进行施工测量前，应做好各种准备工作。

一、熟悉图纸

设计图纸是施工测量的主要依据，测设前应充分熟悉各种有关的设计图纸，以便了解施工建筑物与相邻地物的相互关系，以及建筑物本身的内部尺寸关系，准确无误地获取测设工作中所需要的各种定位数据。与测设工作有关的设计图纸主要有：

1. 建筑总平面图

建筑总平面图给出了建筑场地上所有建筑物和道路的平面位置及其主要点的坐标，标出相邻建筑物之间的尺寸关系，注明各栋建筑物室内地坪高程，是测设建筑物总体位置和高程的重要依据，如图11-1所示。要注意其与相邻建筑物、用地红线、道路红线及高压线等的间距是否符合要求。

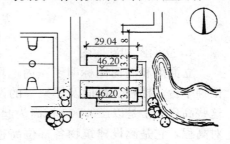

图11-1 建筑总平面图

2. 建筑平面图

建筑平面图标明了建筑物首层、标准层等各楼层的总尺寸，以及楼层内部各轴线之间的尺寸关系，如图11-2所示。它是测设建筑物细部轴线的依据，要注意其尺寸是否与建筑总平面图的尺寸相符。

3. 基础平面图及基础详图

基础平面图及基础详图标明了基础形式、基础平面布置、基础中心或中线的位置、基础边线与定位轴线之间的尺寸关系、基础横断面的形状和大小、以及基

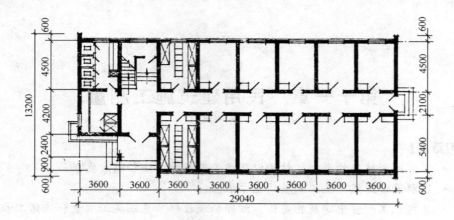

图 11-2 建筑平面图

础不同部位的设计标高等,它是测设基槽(坑)开挖边线和开挖深度的依据,也是基础定位及细部放样的依据。如图 11-3 所示。

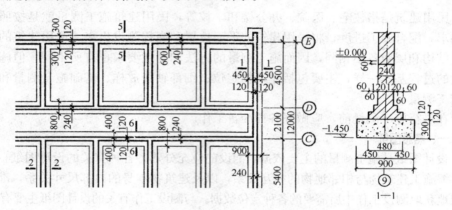

图 11-3 基础平面图及基础详图

4. 立面图和剖面图

立面图和剖面图标明了室内地坪、门窗、楼梯平台、楼板、屋面及屋架等的设计高程,这些高程通常是以 ±0.000 标高为起算点的相对高程,它是测设建筑物各部位高程的依据,如图 11-4 所示。

在熟悉图纸的过程中,应仔细核对各种图纸上相同部位的尺寸是否一致,同一图纸上总尺寸与各有关部位尺寸之和是否一致,以免发生错误。

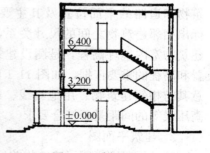

图 11-4 剖面图

二、现场踏勘

为了解施工现场上地物、地貌以及现有测量控制点的分布情况,应进行现场踏勘,以便根据实际情况考虑测设方案。

三、确定测设方案和准备测设数据

在熟悉设计图纸、掌握施工计划和施工进度的基础上,结合现场条件和实际情况,拟定测设方案。测设方案包括测设方法、测设步骤、采用的仪器工具、精度要求、时间安排等。

在每次现场测设之前,应根据设计图纸和测量控制点的分布情况,准备好相应的测设数据并对数据进行检核,需要时还可绘出测设略图,把测设数据标注在略图上,使现场测设时更方便快速,并减少出错的可能。

例如,现场已有 A、B 两个平面控制点,欲用经纬仪和钢尺,按极坐标法将图 11-1 所示两栋设计建筑物测设于实地上。定位测量一般测设建筑物的四个大角,即图 11-5(a) 所示的 1、2、3、4 点,其中第 4 点是虚点,应先根据有关数据计算其坐标;此外,应根据 A、B 的已知坐标和 1~4 点的设计坐标,计算各点的测设角度值和距离值,以备现场测设之用。如果是用全站仪按极坐标法测设,由于全站仪能自动计算方位角和水平距离,则只需准备好每个角点的坐标即可。

再如,上述建筑物的四个主轴线点测设好后,测设细部轴线点时,一般用经纬仪定线,然后以主轴线点为起点,用钢尺依次测设次要轴线点。准备测设数据时,应根据其建筑平面图(见图 11-2)所示的轴线间距,计算每条次要轴线至主轴线的距离,并绘出标有测设数据的草图,如图 11-5(b) 所示。

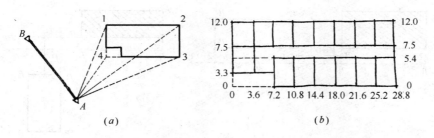

图 11-5 测设数据草图

第二节 建筑物的定位和放线

一、建筑物的定位

建筑物四周外廓主要轴线的交点决定了建筑物在地面上的位置,称为定位点或角点,建筑物的定位就是根据设计条件,将这些轴线交点测设到地面上,作为细部轴线放线和基础放线的依据。由于设计条件和现场条件不同,建筑物的定位方法也有所不同,下面介绍三种常见的定位方法。

1. 根据控制点定位

如果待定位建筑物的定位点设计坐标是已知的,且附近有高级控制点可供利用,可根据实际情况选用极坐标法、角度交会法或距离交会法来测设定位点。在这三种方法中,极坐标法适用性最强,是用得最多的一种定位方法。

2. 根据建筑方格网和建筑基线定位

如果待定位建筑物的定位点设计坐标是已知的,且建筑场地已设有建筑方格网或建筑基线,可利用直角坐标法测设定位点,当然也可用极坐标法等其他方法进行测设,但直角坐标法所需要的测设数据的计算较为方便,在用经纬仪和钢尺实地测设时,建筑物总尺寸和四大角的精度容易控制和检核。

3. 根据与原有建筑物和道路的关系定位

如果设计图上只给出新建筑物与附近原有建筑物或道路的相互关系,而没有提供建筑物定位点的坐标,周围又没有测量控制点、建筑方格网和建筑基线可供利用,可根据原有建筑物的边线或道路中心线,将新建筑物的定位点测设出来。

具体测设方法随实际情况的不同而不同,但基本过程是一致的,就是在现场先找出原有建筑物的边线或道路中心线,再用经纬仪和钢尺将其延长、平移、旋转或相交,得到新建筑物的一条定位轴线,然后根据这条定位轴线,用经纬仪测设角度(一般是直角),用钢尺测设长度,得到其他定位轴线或定位点,最后检核四个大角和四条定位轴线长度是否与设计值一致。下面分两种情况说明具体测设的方法:

(1) 根据与原有建筑物的关系定位。如图 11-6(a)所示,拟建建筑物的外墙边线与原有建筑的外墙边线在同一条直线上,两栋建筑物的间距为 10m,拟建建筑物四周长轴为 40m,短轴为 18m,轴线与外墙边线间距为 0.12m,可按下述方法测设其四个轴线交点:

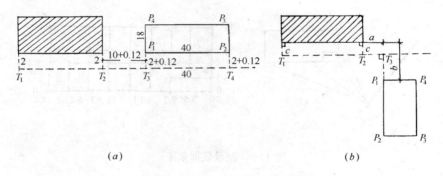

图 11-6 根据与原有建筑物的关系定位

1) 沿原有建筑物的两侧外墙拉线,用钢尺顺线从墙角往外量一段较短的距离(这里设为 2m),在地面上定出 T_1 和 T_2 两个点,T_1 和 T_2 的连线即为原有建筑物的平行线;

2) 在 T_1 点安置经纬仪,照准 T_2 点,用钢尺从 T_2 点沿视线方向量 10m+0.12m,在地面上定出 T_3 点,再从 T_3 点沿视线方向量 40m,在地面上定出 T_4 点,T_3 和 T_4 的连线即为拟建筑建筑物的平行线,其长度等于长轴尺寸;

3) 在 T_3 点安置经纬仪,照准 T_4 点,逆时针测设 90°,在视线方向上量 2m+0.12m,在地面上定出 P_1 点,再从 P_1 点沿视线方向量 18m,在地面上定出 P_4 点。同理,在 T_4 点安置经纬仪,照准 T_3 点,顺时针测设 90°,在视线方向上量 2m+0.12m,在地面上定出 P_2 点,再从 P_2 点沿视线方向量 18m,在地面上定出 P_3 点。则 P_1、P_2、P_3 和 P_4 点即为拟建筑物的四个定位轴线点;

4) 在 P_1、P_2、P_3 和 P_4 点上安置经纬仪，检核四个大角是否为 90°，用钢尺丈量四条轴线的长度，检核长轴是否为 40m，短轴是否为 18m。

如果是如图 11-6(b)所示的情况，则在得到原有建筑物的平行线并延长到 T_3 点后，应在 T_3 点测设 90°并量距，定出 P_1 和 P_2 点，得到拟建建筑物的一条长轴，再分别在 P_1 和 P_2 点测设 90°并量距，定出另一条长轴上的 P_4 和 P_3 点。注意不能先定短轴的两个点(例如 P_1 和 P_4 点)，再在这两个点上设站测设另一条短轴上的两个点(例如 P_2 和 P_3 点)，否则误差容易超限。

(2) 根据与原有道路的关系定位。如图 11-7 所示，拟建建筑物的轴线与道路中心线平行，轴线与道路中心线的距离见图 11-7，测设方法如下：

1) 在每条道路上选两个合适的位置，分别用钢尺测量该处道路宽度，其宽度的 1/2 处即为道路中心点，如此得到路一中心线的两个点 C_1 和 C_2，同理得到路二中心线的两个点 C_3 和 C_4；

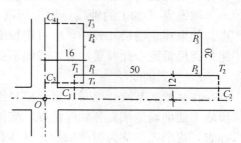

图 11-7 根据与原有道路的关系定位

2) 分别在路一的两个中心点上安置经纬仪，测设 90°，用钢尺测设水平距离 12m，在地面上得到路一的平行线 T_1-T_2，同理作出路二的平行线 T_3-T_4；

3) 用经纬仪内延或外延这两条线，其交点即为拟建建筑物的第一个定位点 P_1，再从 P_1 沿长轴方向的平行线 50m，得到第二个定位点 P_2；

4) 分别在 P_1 和 P_2 点安置经纬仪，测设直角和水平距离 20m，在地面上定出 P_3 和 P_4 点。在 P_1、P_2、P_3 和 P_4 点上安置经纬仪，检核角度是否为 90°，用钢尺丈量四条轴线的长度，检核长轴是否为 50m，短轴是否为 20m。

二、建筑物的放线

建筑物的放线，是指根据现场上已测设好的建筑物定位点，详细测设其他各轴线交点的位置，并将其延长到安全的地方做好标志。然后以细部轴线为依据，按基础宽度和放坡要求用白灰撒出基础开挖边线。

1. 测设细部轴线交点

如图 11-8 所示，A 轴、E 轴、①轴和⑦轴是建筑物的四条外墙主轴线，其交点 A_1、A_7、E_1 和 E_7 是建筑物的定位点，这些定位点已在地面上测设完毕并打好桩点，各主次轴线间隔见图 11-8，现欲测设次要轴线与主轴线的交点。

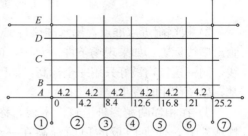

图 11-8 测设细部轴线交点

在 A_1 点安置经纬仪，照准 A_7 点，把钢尺的零端对准 A_1 点，沿视线方向拉钢尺，在钢尺上读数等于①轴和②轴间距(4.2m)的地方打下木桩，打的过程中要经常用仪器检查桩顶是否偏离视线方向，并不时拉一下钢尺，看钢尺读数是否还在桩顶上，如有偏移要及时调整。打好桩后，用经纬仪视线指挥在桩顶上画一条纵线，再拉好钢尺，在读数等于轴间距处画一条横线，两线交点即 A 轴与②轴的交点 A_2。

在测设 A 轴与 3 轴的交点 A_3 时，方法同上，注意仍然要将钢尺的零端对准 A_1 点，并沿视线方向拉钢尺，而钢尺读数应为①轴和③轴间距（8.4m），这种做法可以减小钢尺对点误差，避免轴线总长度增长或减短。如此依次测设 A 轴与其他有关轴线的交点。测设完最后一个交点后，用钢尺检查各相邻轴线桩的间距是否等于设计值，误差应小于 1/3000。

测设完 A 轴上的轴线点后，用同样的方法测设 E 轴、①轴和⑦轴上的轴线点。如果建筑物尺寸较小，也可用拉细线绳的方法代替经纬仪定线，然后沿细线绳拉钢尺量距。此时要注意细线绳不要碰到物体，风大时也不宜作业。

2. 引测轴线

在基槽或基坑开挖时，定位桩和细部轴线桩均会被挖掉，为了使开挖后各阶段施工能准确地恢复各轴线位置，应把各轴线延长到开挖范围以外的地方并作好标志，这个工作称为引测轴线，具体有设置龙门板和轴线控制桩两种形式。

（1）龙门板法

1) 如图 11-9 所示，在建筑物四角和中间隔墙的两端，距基槽边线约 2m 以外，牢固地埋设大木桩，称为龙门桩，并使桩的一侧平行于基槽；

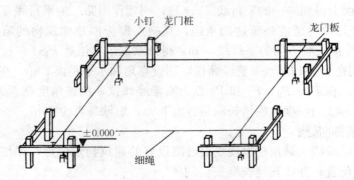

图 11-9　龙门桩与龙门板

2) 根据附近水准点，用水准仪将±0.000 标高测设在每个龙门桩的外侧上，并画出横线标志。如果现场条件不允许，也可测设比±0.000 高或低一定数值的标高线，同一建筑物最好只用一个标高，如因地形起伏大用两个标高时，一定要标注清楚，以免使用时发生错误；

3) 在相邻两龙门桩上钉设木板，称为龙门板，龙门板的上沿应和龙门桩上的横线对齐，使龙门板的顶面标高在一个水平面上，并且标高为±0.000，或比±0.000 高低一定的数值，龙门板顶面标高的误差应在±5mm 以内；

4) 根据轴线桩，用经纬仪将各轴线投测到龙门板的顶面，并钉上小钉作为轴线标志，称为轴线钉，投测误差应在±5mm 以内。对小型的建筑物，也可用拉细线绳的方法延长轴线，再钉上轴线钉，如事先已打好龙门板，可在测设细部轴线的同时钉设轴线钉，以减少重复安置仪器的工作量；

5) 用钢尺沿龙门板顶面检查轴线钉的间距，其相对误差不应超过 1/3000。

恢复轴线时，将经纬仪安置在一个轴线钉上方，照准相应的另一个轴线钉，其视线即为轴线方向，往下转动望远镜，便可将轴线投测到基槽或基坑内。也可用白线将相对的两个轴线钉连接起来，借助于垂球，将轴线投测到基槽或基坑内。

(2) 轴线控制桩法。

由于龙门板需要较多木料，而且占用场地，使用机械开挖时容易被破坏，因此也可以在基槽或坑外各轴线的延长线上测设轴线控制桩，作为以后恢复轴线的依据。即使采用了龙门板，为了防止被碰动，对主要轴线也应测设轴线控制桩。

轴线控制桩一般设在开挖边线 4m 以外的地方，并用水泥砂浆加固。最好是附近有固定建筑物和构筑物，这时应将轴线投测在这些物体上，使轴线更容易得到保护，但每条轴线至少应有一个控制桩是设在地面上的，以便今后能安置经纬仪来恢复轴线。

轴线控制桩的引测主要采用经纬仪法，当引测到较远的地方时，要注意采用盘左和盘右两次投测取中法来引测，以减少引测误差和避免错误的出现。

3. 撒开挖边线

如图 11-10 所示，先按基础剖面图给出的设计尺寸，计算基槽的开挖宽度 d，

$$d = B + 2mh \qquad (11-1)$$

式中 B——基底宽度，可由基础剖面图查取；

h——基槽深度；

m——边坡坡度的分母。

根据计算结果，在地面上以轴线为中线往两边各量出 $d/2$，拉线并撒上白灰，即为开挖边线。如果是基坑开挖，则只需按最外围墙体基础的宽度、深度及放坡确定开挖边线。

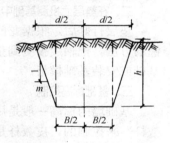

图 11-10　基槽开挖宽度

第三节　建筑物基础施工测量

一、开挖深度和垫层标高控制

为了控制基槽开挖深度，当基槽挖到接近槽底设计高程时，应在槽壁上测设一些水平桩，使水平桩的上表面离槽底设计高程为某一整分米数（例如 0.5m），用以控制挖槽深度，也可作为槽底清理和打基础垫层时掌握标高的依据。如图11-11所示，一般在基槽各拐角处均应打水平桩，在直槽上则每隔 10m 左右打一个水平桩，然后拉上白线，线下 0.5m 即为槽底设计高程。

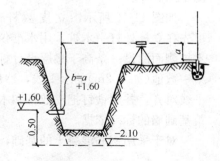

图 11-11　基槽水平桩测设

水平桩可以是木桩也可以是竹桩，测设时，以画在龙门板或周围固定地物的±0.000 标高线为已知高程点，用水准仪进行测设，小型建筑物也可用连通水管法进行测设。水平桩上的高程误差应在±10mm 以内。

例如，设龙门板顶面标高为±0.000，槽底设计标高为-2.1m，水平桩高于槽底0.5m，即水平桩高程为-1.6m，用水准仪后视龙门板顶面上的水准尺，读数 $a=1.286$m，则水平桩上标尺的应有读数为

$$0+1.286-(-1.6)=2.886\text{m}$$

测设时沿槽壁上下移动水准尺，当读数为2.886m时沿尺底水平地将桩打进槽壁，然后检核该桩的标高，如超限便进行调整，直至误差在规定范围以内。

垫层面标高的测设可以水平桩为依据在槽壁上弹线，也可在槽底打入垂直桩，使桩顶标高等于垫层面的标高。如果垫层需安装模板，可以直接在模板上弹出垫层面的标高线。

如果是机械开挖，一般是一次挖到设计槽底或坑底的标高，因此要在施工现场安置水准仪，边挖边测，随时指挥挖土机调整挖土深度，使槽底或坑底的标高略高于设计标高（一般为10cm，留给人工清土）。挖完后，为了给人工清底和打垫层提供标高依据，还应在槽壁或坑壁上打水平桩，水平桩的标高一般为垫层面的标高。当基坑底面积较大时，为便于控制整个底面的标高，应在坑底均匀地打一些垂直桩，使桩顶标高等于垫层面的标高。

二、在垫层上投测基础中心线

垫层打好后，根据龙门板上的轴线钉或轴线控制桩，用经纬仪或用拉线挂吊锤的方法，把轴线投测到垫层面上，并用墨线弹出基础中心线和边线，以便砌筑基础或安装基础模板。

三、基础标高控制

基础墙的标高一般是用基础"皮数杆"来控制的，皮数杆是用一根木杆做成，在杆上注明±0.000的位置，按照设计尺寸将砖和灰缝的厚度，分皮从上往下一一画出来，此外还应注明防潮层和预留洞口的标高位置，如图11-12所示。

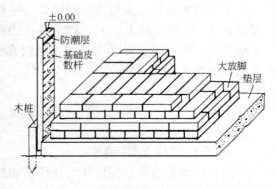

图11-12 基础皮数杆

如图11-12所示，立皮数杆时，可先在立杆处打一木桩，用水准仪在木桩侧面测设一条高于垫层设计标高某一数值（如0.2m）的水平线，然后将皮数杆上标高相同的一条线与木桩上的水平线对齐，并用铁钉把皮数杆和木桩钉在一起，这样立好皮数杆后，即可作为砌筑基础墙的标高依据。

对于采用钢筋混凝土的基础，可用水准仪将设计标高测设于模板上。

第四节 墙体施工测量

一、首层楼房墙体施工测量

1. 墙体轴线测设

基础工程结束后，应对龙门板或轴线控制桩进行检查复核，以防基础施工期间发生碰动移位。复核无误后，可根据轴线控制桩或龙门板上的轴线钉，用经纬仪法或拉线法，把首层楼房的墙体轴线测设到防潮层上，并弹出墨线，然后用钢尺检查墙体轴线的间距和总长是否等于设计值，用经纬仪检查外墙轴线四个主要交角是否等于90°。符合要求后，把墙轴线延长到基础外墙侧面上并弹线和做出标志，作为向上投测各层楼房墙体轴线的依据。同时还应把门、窗和其他洞口的边线，也在基础外墙侧面上做出标志，如图11-13所示。

墙体砌筑前，根据墙体轴线和墙体厚度，弹出墙体边线，照此进行墙体砌筑。砌筑到一定高度后，用吊锤线将基础外墙侧面上的轴线引测到地面以上的墙体上，以免基础覆土后看不见轴线标志。如果轴线处是钢筋混凝土柱，则在拆柱模后将轴线引测到桩身上。

2. 墙体标高测设

墙体砌筑时，其标高用墙身"皮数杆"控制。如图11-14所示，在皮数杆上根据设计尺寸，按砖和灰缝厚度画线，并标明门、窗、过梁、楼板等的标高位置。杆上标高注记从±0.000向上增加。

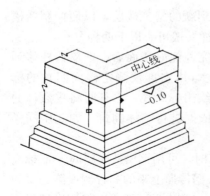

图11-13　墙体轴线与标高线标

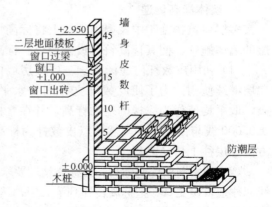

图11-14　墙身皮数杆

墙身皮数杆一般立在建筑物的拐角和内墙处，固定在木桩或基础墙上。为了便于施工，采用里脚手架时，皮数杆立在墙的外边；采用外脚手架时，皮数杆应立在墙里边。立皮数杆时，先用水准仪在立杆处的木桩或基础墙上测设出±0.000标高线，测量误差在±3mm以内，然后把皮数杆上的±0.000线与该线对齐，用吊锤校正并用钉钉牢，必要时可在皮数杆上加两根钉斜撑，以保证皮数杆的稳定。

墙体砌筑到一定高度后(1.5m左右)，应在内、外墙面上测设出+0.50m标高的水平墨线，称为"+50线"。外墙的+50线作为向上传递各楼层标高的依据，内墙的+50线作为室内地面施工及室内装修的标高依据。

二、二层以上楼房墙体施工测量

1. 墙体轴线投测

每层楼面建好后，为了保证继续往上砌筑墙体时，墙体轴线均与基础轴线在同一铅垂面上，应将基础或首层墙面上的轴线投测到楼面上，并在楼面上重新弹出墙体的轴线，检查无误后，以此为依据弹出墙体边线，再往上砌筑。在这个测量工作中，从下往上进行轴线投测是关键，一般多层建筑常用吊锤线。

将较重的垂球悬挂在楼面的边缘，慢慢移动，使垂球尖对准地面上的轴线标志，或者使吊锤线下部沿垂直墙面方向与底层墙面上的轴线标志对齐，吊锤线上部在楼面边缘的位置就是墙体轴线位置，在此画一条短线作为标志，便在楼面上得到轴线的一个端点，同法投测另一端点，两端点的连线即为墙体轴线。

一般应将建筑物的主轴线都投测到楼面上来，并弹出墨线，用钢尺检查轴线间的距离，其相对误差不得大于 1/3000，符合要求之后，再以这些主轴线为依据，用钢尺内分法测设其他细部轴线。在困难的情况下至少要测设两条垂直相交的主轴线，检查交角合格后，用经纬仪和钢尺测设其他主轴线，再根据主轴线测设细部轴线。

吊锤线法受风的影响较大，楼层较高时风的影响更大，因此应在风小的时候作业，投测时应等待吊锤稳定下来后再在楼面上定点。此外，每层楼面的轴线均应直接由底层投测上来，以保证建筑物的总竖直度，只要注意这些问题，用吊锤线法进行多层楼房的轴线投测的精度是有保证的。

2. 墙体标高传递

多层建筑物施工中，要由下往上将标高传递到新的施工楼层，以便控制新楼层的墙体施工，使其标高符合设计要求。标高传递一般可有以下两种方法：

（1）利用皮数杆传递标高。一层楼房墙体砌完并建好楼面后，把皮数杆移到二层继续使用。为了使皮数杆立在同一水平面上，用水准仪测定楼面四角的标高，取平均值作为二楼的地面标高，并在立杆处绘出标高线，立杆时将皮数杆的 ±0.000 线与该线对齐，然后以皮数杆为标高的依据进行墙体砌筑。如此用同样方法逐层往上传递高程。

（2）利用钢尺传递标高。在标高精度要求较高时，可用钢尺从底层的 +50 标高线起往上直接丈量，把标高传递到第二层，然后根据传递上来的高程测设第二层的地面标高线，以此为依据立皮数杆。在墙体砌到一定高度后，用水准仪测设该层的 +50 标高线，再往上一层的标高可以此为准用钢尺传递，依次类推，逐层传递标高。

第五节 高层建筑施工测量

在高层建筑工程施工测量中，由于高层建筑的体形大、层数多、高度高、造型多样化、建筑结构复杂、设备和装修标准高，因此，在施工过程中对建筑物各部位的水平位置、轴线尺寸、垂直度和标高的要求都十分严格，对施工测量的精度要求也高。为确保施工测量符合精度要求，应事先认真研究和制定测量方案，拟定出各种误差控制和检核措施，所用的测量仪器应符合精度要求，并按规定认真检校。此外，由于高层建筑工程量大，机械化程度高，各工种立体交叉大，施工组织严密，因此施工测量应事先做好准备工作，密切配合工程进度，以便及时、快速和准确地进行测量放线，为下一步施工提供平面和标高依据。

高层建筑施工测量的工作内容很多，下面主要介绍建筑物定位、基础施工、轴线投测和高程传递等几方面的测量工作。

一、高层建筑定位测量

1. 测设施工方格网

根据设计给定的定位依据和定位条件，进行高层建筑的定位放线，是确定建筑物平面位置和进行基础施工的关键环节，施测时必须保证精度，因此一般采用测设专用的施工方格网的形式来定位，因为施工方格网精度有保证，检核条件多，使用也方便。

施工方格网是测设在基坑开挖范围以外一定距离，平行于建筑物主要轴线方向的矩形控制网，如图 11-15 所示，$MNPQ$ 为拟建高层建筑的四大角轴线交点，$M'N'P'Q'$ 是施工方格网的四个角点。施工方格网一般在总平面布置图上进行设计，先根据现场情况确定其各条边线与建筑轴线的间距，再确定四个角点的坐标，然后在现场根据城市测量控制网或建筑场地上测量控制网，用极坐标法或直角坐标法，在现场测设出来并打桩。最后还应在现场检测方格网的四个内角和四条边长，并按设计角度和尺寸进行相应的调整。

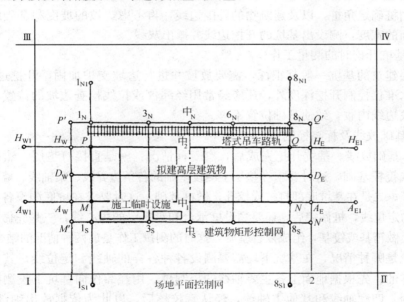

图 11-15 高层建筑定位测量

2. 测设主轴线控制桩

在施工方格网的四边上，根据建筑物主要轴线与方格网的间距，测设主要轴线的控制桩。如图 11-15 所示的 1_S、1_N 为轴线 MP 的控制桩，8_S、8_N 为轴线 NQ 的控制桩，A_W、A_E 为轴线 MN 的控制桩，H_W、H_E 为轴线 PQ 的控制桩，测设时要以施工方格网各边的两端控制点为准，用经纬仪定线，用钢尺拉通尺量距来打桩定点。测设好这些轴线控制桩后，施工时便可方便准确地在现场确定建筑物的四个主要角点。

因为高层建筑的主轴线上往往是柱或剪力墙，施工中通视和量距困难，为了便于使用，实际上一般是测设主轴线的平行线。由于其作用和效果与主轴线完全一样，为方便起见，这里仍统一称为主轴线。

除了四廊的轴线外，建筑物的中轴线等重要轴线也应在施工方格网边线上测设出来，与四廊的轴线一起，称为施工控制网中的控制线，一般要求控制线的间距为30～50m。控制线的增多，可为以后测设细部轴线带来方便，也便于校核轴线偏差。如果高层建筑是分期分区施工，为满足某局部区域定位测量的需要，应把对该局部区域有控制意义的轴线在施工方格网边线测设出来。施工方格网控制线的测距精度不低于1/10000，测角精度不低于±10″。

如果高层建筑准备采用经纬仪法进行轴线投测，还应把应投测轴线的控制桩往更远处安全稳固的地方引测，例如图11-15中，四条外廓主轴线是今后要往高处投测的主轴线，用经纬仪引测，得到H_{w1}等八个轴线控制桩，这些桩与建筑物的距离应大于建筑物的高度，以免用经纬仪投测时仰角太大。

二、高层建筑基础施工测量

1. 测设基坑开挖边线

高层建筑一般都有地下室，因此要进行基坑开挖。开挖前，先根据建筑物的轴线控制桩确定角桩，以及建筑物的外围边线，再考虑边坡的坡度和基础施工所需工作面的宽度，测设出基坑的开挖边线并撒出灰线。

2. 基坑开挖时的测量工作

高层建筑的基坑一般都很深，需要放坡并进行边坡支护加固，开挖过程中，除了用水准仪控制开挖深度外，还应经常用经纬仪或拉线检查边坡的位置，防止出现坑底边线内收，致使基础位置不够。

3. 基础放线及标高控制

（1）基础放线。基坑开挖完成后，有三种情况：一是直接打垫层，然后做箱形基础或筏板基础，这时要求在垫层上测设基础的各条边界线、梁轴线、墙宽线和柱位线等；二是在基坑底部打桩或挖孔，做桩基础，这时要求在坑底测设各条轴线和桩孔的定位线，桩做完后，还要测设桩承台和承重梁的中心线；三是先做桩，然后在桩上做箱基或筏基，组成复合基础，这时的测量工作是前两种情况的结合。

不论是哪种情况，在基坑下均需要测设各种各样的轴线和定位线，其方法是基本一样的。先根据地面上各主要轴线的控制桩，用经纬仪向基坑下投测建筑物的四大角、四廊轴线和其他主轴线，经认真校核后，以此为依据放出细部轴线，再根据基础图所示尺寸，放出基础施工中所需的各种中心线和边线，例如桩心的交线以及梁、柱、墙的中线和边线等。

测设轴线时，有时为了通视和量距方便，不是测设真正的轴线，而是测设其平行线，这时一定要在现场标注清楚，以免用错。另外，一些基础桩、梁、柱、墙的中线不一定与建筑轴线重合，而是偏移某个尺寸，因此要认真按图施测，防止出错，如图11-16所示。

如果是在垫层上放线，可把有关轴线和边线直接用墨线弹在垫层上，由于基础轴线的位置决定了整个高层建筑的平面位置和尺寸，因此施测时要严格检核，保证精度。如果是在基坑下做桩基，则测设轴线和桩位时，宜在基坑护壁上设立轴线控制桩，既能保留较长时间，也便于施工时用来复核桩位和测设桩顶上的承

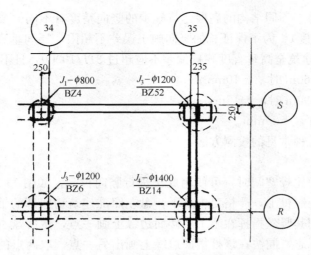

图 11-16 有偏心桩的基础平面图

台和基础梁等。

从地面往下投测轴线时，一般是用经纬仪投测法，由于俯角较大，为了减小误差，每个轴线点均应盘左盘右各投测一次，然后取中数。

（2）基础标高测设。基坑完成后，应及时用水准仪根据地面上的±0.000水平线，将高程引测到坑底，并在基坑护坡的钢板或混凝土桩上做好标高为负的整米数的标高线。由于基坑较深，引测时可多设几站观测，也可用悬吊钢尺代替水准尺进行观测。在施工过程中，如果是桩基，要控制好各桩的顶面高程；如果是箱基和筏基，则直接将高程标志测设到竖向钢筋和模板上，作为安装模板、绑扎钢筋和浇筑混凝土的标高依据。

三、高层建筑的轴线投测

当高层建筑的地下部分完成后，根据施工方格网校测建筑物主轴线控制桩后，将各轴线测设到做好的地下结构顶面和侧面，又根据原有的±0.000水平线，将±0.000标高（或某整分米数标高）也测设到地下结构顶部的侧面上，这些轴线和标高线，是进行首层主体结构施工的定位依据。

随着结构的升高，要将首层轴线逐层往上投测，作为施工的依据。此时建筑物主轴线的投测最为重要，因为它们是各层放线和结构垂直度控制的依据。随着高层建筑物设计高度的增加，施工中对竖向偏差的控制要求就越高，轴线竖向投测的精度和方法就必须与其适应，以保证工程质量。

高层建筑竖向及标高施工偏差限差   表 11-1

结构类型	竖向施工偏差限差（mm）		标高偏差限差（mm）	
	每 层	全 高	每 层	全 高
现浇混凝土	8	$H/1000$（最大 30）	±10	±30
装配式框架	5	$H/1000$（最大 20）	±5	±30
大模板施工	5	$H/1000$（最大 30）	±10	±30
滑模施工	5	$H/1000$（最大 50）	±10	±30

有关规范对于不同结构的高层建筑施工的竖向精度有不同的要求,见表 11-1 (H 为建筑总高度)。为了保证总的竖向施工误差不超限,层间垂直度测量偏差不应超过 3mm,建筑全高垂直度测量偏差不应超过 $3H/10000$,且不应大于:

30m<H≤60m 时,±10mm;

60m<H≤90m 时,±15mm;

90m<H 时,±20mm。

下面介绍几种常见的投测方法:

1. 经纬仪法

当施工场地比较宽阔时,可使用此法进行竖向投测,如图 11-17 所示,安置经纬仪于轴线控制桩上,严格对中整平,盘左照准建筑物底部的轴线标志,往上转动望远镜,用其竖丝指挥在施工层楼面边缘上画一点,然后盘右再次照准建筑物底部的轴线标志,同法在该处楼面边缘上画出另一点,取两点的中间点作为轴线的端点。其他轴线端点的投测与此法相同。

当楼层建的较高时,经纬仪投测时的仰角较大,操作不方便,误差也较大,此时应将轴线控制桩用经纬仪引测到远处(大于建筑物高度)稳固的地方,然后继续往上投测。如果周围场地有限,也可引测到附近建筑物的房顶上。如图 11-18 所示,先在轴线控制桩 A_1 上安置经纬仪,照准建筑物底部的轴线标志,将轴线投测到楼面上 A_2 点处,然后在 A_2 上安置经纬仪,照准 A_1 点,将轴线投测到附近建筑物屋面上 A_3 点处,以后就可在 A_3 点安置经纬仪,投测更高楼层的轴线。注意上述投测工作均应采用盘左盘右取中法进行,以减少投测误差。

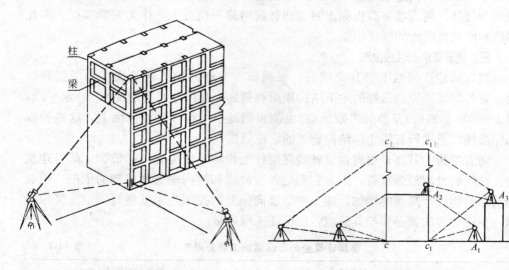

图 11-17　经纬仪轴线竖向投测　　　　图 11-18　减小经纬仪投测角

所有主轴线投测上来后,应进行角度和距离的检核,合格后再以此为依据测设其他轴线。

2. 吊线坠法

当周围建筑物密集,施工场地窄小,无法在建筑物以外的轴线上安置经纬仪时，可采用此法进行竖向投测。该法与一般的吊锤线法的原理是一样的，只是线坠的重量更大，吊线（细钢丝）的强度更高。此外，为了减少风力的影响，应将吊线坠的位置放在建筑物内部。

如图 11-19 所示，事先在首层地面上埋设轴线点的固定标志，轴线点之间应构成矩形或十字形等，作为整个高层建筑的轴线控制网。各标志的上方每层楼板都预留孔洞，供吊锤线通过。投测时，在施工层楼面上的预留孔上安置挂有吊线坠的十字架，慢慢移动十字架，当吊锤尖静止地对准地面固定标志时，十字架的中心就是应投测的点，在预留孔四周做上标志即可，标志连线交点，即为从首层投上来的轴线点。同理测设其他轴线点。

使用吊线坠法进行轴线投测，经济、简单又直观，精度也比较可靠，但投测费时费力，正逐渐被下面所述的垂准仪法所替代。

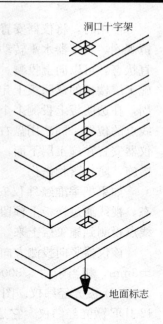

图 11-19　吊线坠法投测

3. 垂准仪法

垂准仪法就是利用能提供铅直向上（或向下）视线的专用测量仪器，进行竖向投测。常用的仪器有垂准经纬仪、激光经纬仪和激光垂准仪等。用垂准仪法进行高层建筑的轴线投测，具有占地小、精度高、速度快的优点，在高层建筑施工中用得越来越多。

垂准仪法也需要事先在建筑底层设置轴线控制网，建立稳固的轴线标志，在标志上方每层楼板都预留孔洞（大于 15cm×15cm），供视线通过，如图 11-20 所示。

（1）垂准经纬仪。如图 11-21(a) 所示，该仪器的特点是在望远镜的目镜位置上配有弯曲成 90°的目镜，使仪器铅直指向正上方时，测量员能方便地进行观测。此外该仪器的中轴是空心的，使仪器也能观测正下方的目标。

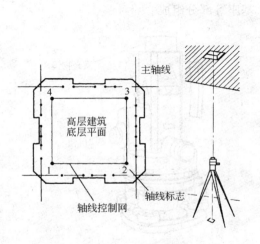

图 11-20　轴线控制桩与投测孔

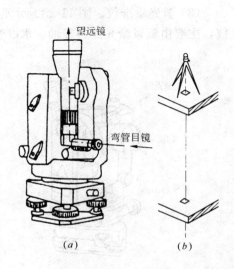

图 11-21　垂准经纬仪

使用时，将仪器安置在首层地面的轴线点标志上，严格对中整平，由弯管目镜观测，当仪器水平转动一周时，若视线一直指向一点上，说明视线方向处于铅直状态，可以向上投测。投测时，视线通过楼板上预留的孔洞，将轴线点投测到施工层楼板的透明板上定点，为了提高投测精度，应将仪器照准部水平旋转一周，在透明板上投测多个点，这些点应构成一个小圆，然后取小圆的中心作为轴线点的位置。同法用盘右再投测一次，取两次的中点作为最后结果。由于投测时仪器安置在施工层下面，因此在施测过程中要注意对仪器和人员的安全采取保护措施，防止落物击伤。

如果把垂准经纬仪安置在浇筑后的施工层上，将望远镜调成铅直向下的状态，视线通过楼板上预留的孔洞，照准首层地面的轴线点标志，也可将下面的轴线点投测到施工层上来，如图11-21(b)所示。该法较安全，也能保证精度。

该仪器竖向投测方向观测中误差不大于$\pm 6''$，即100m高处投测点位误差为$\pm 3mm$，相当于约1/30000的铅垂度，能满足高层建筑对竖向的精度要求。

(2) 激光经纬仪。图11-22所示为装有激光器的苏州第一光学仪器厂生产的J2-JDE激光经纬仪，它是在望远镜筒上安装一个氦氖激光器，用一组导光系统把望远镜的光学系统联系起来，组成激光发射系统，再配上电源，便成为激光经纬仪。为了测量时观测目标方便，激光束进入发射系统前设有遮光转换开关。遮去发射的激光束，就可在目镜（或通过弯管目镜）处观测目标，而不必关闭电源。

激光经纬仪用于高层建筑轴线竖向投测，其方法与配弯管目镜的经纬仪是一样的，只不过是用可见激光代替人眼观测。投测时，在施工层预留孔中央设置用透明聚酯膜片绘制的接收靶，在地面轴线点处对中整平仪器，起辉激光器，调节望远镜调焦螺旋，使投射在接收靶上的激光束光斑最小，再水平旋转仪器，检查接收靶上光斑中心是否始终在同一点，或划出一个很小的圆圈，以保证激光束铅直，然后移动接收靶使其中心与光斑中心或小圆圈中心重合，将接收靶固定，则靶心即为欲投测的轴线点。

(3) 激光垂准仪。图11-23所示为苏州第一光学仪器厂生产的DJJ2激光垂准仪，主要由氦氖激光器、竖轴、水准管、基座等部分组成。

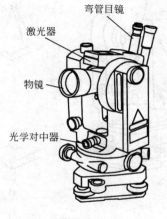

图11-22 激光经纬仪

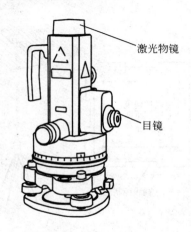

图11-23 激光垂准仪

激光垂准仪用于高层建筑轴线竖向投测时，其原理和方法与激光经纬仪基本相同，主要区别在于对中方法。激光经纬仪一般用光学对中器，而激光垂准仪用激光管尾部射出的光束进行对中。

四、高层建筑的高程传递

高层建筑各施工层的标高，是由底层±0.000标高线传递上来的。高层建筑施工的标高偏差限差见表11-1。

1. 用钢尺直接测量

一般用钢尺沿结构外墙、边柱或楼梯间，由底层±0.000标高线向上竖直量取设计高差，即可得到施工层的设计标高线。用这种方法传递高程时，应至少由三处底层标高线向上传递，以便于相互校核。由底层传递到上面同一施工层的几个标高点，必须用水准仪进行校核，检查各标高点是否在同一水平面上，其误差应不超过±3mm。合格后以其平均标高为准，作为该层的地面标高。若建筑高度超过一尺段（30m或50m），可每隔一个尺段的高度，精确测设新的起始标高线，作为继续向上传递高程的依据。

2. 悬吊钢尺法

在外墙或楼梯间悬吊一根钢尺，分别在地面和楼面上安置水准仪，将标高传递到楼面上。用于高层建筑传递高程的钢尺，应经过检定，量取高差时尺身应铅直和用规定的拉力，并应进行温度改正。

思 考 题 与 习 题

1. 民用建筑施工测量前有哪些准备工作？
2. 图11-24中给出了原有建筑物与新建筑物的相对位置关系，新旧建筑物的外墙间距为20m，右侧墙边对齐，新建筑物设计尺寸（算至外墙边线）为长40m，宽20m。试述根据原有建筑物测设新建筑物轴线交点的步骤及方法。
3. 设置龙门板或引桩的作用是什么？如何设置？
4. 一般民用建筑条形基础施工过程中要进行哪些测量工作？
5. 一般民用建筑墙体施工过程中，如何投测轴线？如何传递标高？
6. 在高层建筑施工中，如何控制建筑物的垂直度和传递标高？

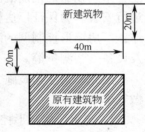

图11-24 原有建筑物与新建筑物的相对位置关系

第十二章 工业建筑施工测量

【学习重点】
- 了解工业建筑的类型分单层和多层、装配式和现浇整体式。
- 理解简单矩形控制网的测设可以采用直角坐标法、极坐标法和角度交会法等。对大型工业厂房则需要建立有主轴线较为复杂的矩形控制网。
- 掌握在施工中应进行以下几个方面的测量工作：厂房矩形控制网的测设；厂房柱列轴线放样；杯形基础施工测量；厂房构件及设备安装测量等。

第一节 概 述

工业建筑主要以厂房为主，而工业厂房多为排柱式建筑，跨距和间距大，隔墙少，平面布置简单，而且其施工测量精度又明显高于民用建筑，故其定位一般是根据现场建筑基线或建筑方格网，采用由主轴线控制桩组成的矩形方格网作为厂房的基本控制网。

厂房有单层和多层、装配式和现浇整体式之分。单层工业厂房以装配式为主，采用预制的钢筋混凝土柱、吊车梁、屋架、大型屋面板等构件，在施工现场进行安装。为保证厂房构件就位的正确性，施工测量中应进行以下几个方面的工作：厂房矩形控制网的测设；厂房柱列轴线放样；杯形基础施工测量；厂房构件及设备安装测量等。

因此，工业建筑施工测量除与民用建筑施工测量相同的准备工作之外，还需做好下列工作：

1. 制定厂房矩形控制网的测设方案及计算测设数据

工业建筑厂房测设的精度要求高于民用建筑，而厂区原有的控制点的密度和精度又不能满足厂房测设的要求，因此，对于每个厂房还应在原有控制网的基础上，根据厂房的规模大小，建立满足精度要求的独立矩形控制网，作为厂房施工测量的基本控制。

对于一般中、小型厂房，可测设一个单一的厂房矩形控制网，即在基础的开挖边线以外，测设一个与厂房轴线平行的矩形控制网 RSPQ，可满足测设的需要。如图 12-1 所示，L、M、N 等为建筑方格网点，厂房外廓各轴线交点的坐标为设计值，P、Q、R、S 为布置在厂房基坑开挖范围以外的厂房矩形控制网的四个交点。对于大型厂房或设备基础复杂的厂房，为保证厂房各部分精度一致，需先测设一条主轴线，然后以此主轴线测设出矩形控制网。

厂房矩形控制网的测设方案，通常是根据厂区的总平面图、厂区控制网、厂房施工图和现场地形情况等资料来制定的。其主要内容为：确定主轴线位置、矩

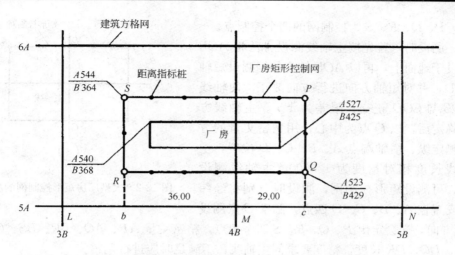

图 12-1 矩形控制网示意图

形控制网位置、距离指标桩的点位、测设方法和精度要求。在确定主轴线点及矩形控制网位置时，要考虑到控制点能长期保存，应避开地上和地下管线，位置应距厂房基础开挖边线以外 1.5～4m。距离指标桩即沿厂房控制网各边每隔若干柱间距埋设一个控制桩，故其间距一般为厂房柱距的倍数，但不要超过所用钢尺的整尺长。

2. 绘制测设略图

根据厂区的总平面图、厂区控制网、厂房施工图等资料，按一定比例绘制测设略图，如图 12-1 所示，为测设工作做好准备。

第二节 厂房矩形控制网的测设

一、中小型工业厂房控制网的建立

对于单一的中小型工业厂房而言，测设一个简单的矩形控制网即可满足放样的要求。矩形控制网的测设可以采用直角坐标法、极坐标法和角度交会法等，现以直角坐标法为例，介绍依据建筑方格网建立厂房控制网的方法。

如图 12-1 所示，根据测设方案与测设略图，将经纬仪安置在建筑方格网点 M 上，分别精确照准 L、N 点。自 M 点沿视线方向分别量取 $Mb=36.00$m 和 $Mc=29.00$m，定出 b、c 两点。然后，将经纬仪分别安置于 b、c 两点上，用测设直角的方法分别测出 bS、cP 方向线，沿 bS 方向测设出 R、S 两点，沿 cP 方向测设出 Q、P 两点，分别在 P、Q、R、S 四个点上钉上木桩，做好标志。最后检查控制桩 P、Q、R、S 各点的直角是否符合精度要求，一般情况下其误差不应超过 $\pm 10''$，各边长度相对误差不应超过 $1/10000 \sim 1/25000$。

然后，可按放样略图测设距离指标桩，以便对厂房进行细部放样工作。

二、大型工业厂房控制网的建立

对于大型工业厂房、机械化程度较高或有连续生产设备的工业厂房，需要建立有主轴线的较为复杂的矩形控制网。主轴线一般应与厂房某轴线方向平行或重合，如图 12-2 所示，主轴线 AOB 和 COD 分别选定在厂房柱列轴线Ⓒ轴和③轴上，P、Q、R、S为控制网的四个控制点。

测设时，首先按主轴线测设方法将AOB测设于地面上，再以AOB轴为依据测设短轴COD，并对短轴方向进行方向改正，使轴线AOB与COD正交，限差为±5″。主轴线方向确定后，以O点为中心，用精密丈量的方法测定纵、横轴端点A、B、C、D位置，主轴线长度相对精度为1/5000。主轴线测设后，可测设矩形控制网，测设时分别将经纬仪安置在A、B、C、D四点，瞄准O点测设90°方向，交会定出P、Q、R、S四个角点，精密丈量AP、AQ、BR、BS、CP、CS、DQ、DR长度，精度要求同主轴线，不满足时应进行调整。

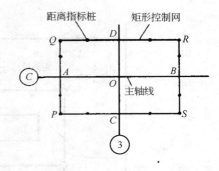

图 12-2　大型厂房矩形控制网的测设

为了便于厂房细部施工放样，在测定矩形控制网各边后，仍按放样略图测设距离指标桩。

第三节　厂房柱列轴线与柱基测设

图 12-3 是某厂房的平面示意图，A、B、C轴线及1、2、3……等轴线分别是厂房的纵、横柱列轴线，又称定位轴线。纵向轴线的距离表示厂房的跨度，横向轴线的距离表示厂房的柱距。在进行柱基测设时，应注意定位轴线不一定是柱的中心线，一个厂房的柱基类型很多，尺寸不一，放样时应特别注意。

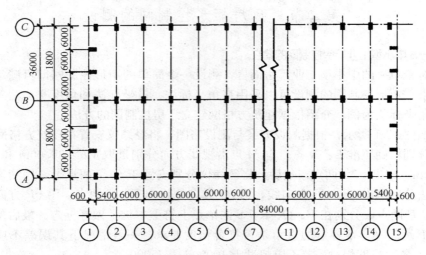

图 12-3　厂房平面示意图

一、厂房柱列轴线的测设

在厂房控制网建立以后，即可按柱列间距和跨距用钢尺从靠近的距离指标桩量起，沿矩形控制网各边定出各柱列轴线桩的位置，并在桩顶上钉入小钉，作为桩基放线和构件安置的依据，如图 12-4 所示。

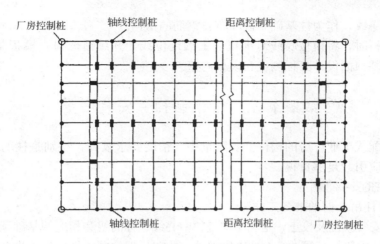

图 12-4　厂房柱列轴线的测设

二、柱基测设

柱基的测设应以柱列轴线为基线，按基础施工图中基础与柱列轴线的关系尺寸进行。现以图 12-5 所示Ⓒ轴与⑤轴交点处的基础详图为例，说明柱基的测设方法。

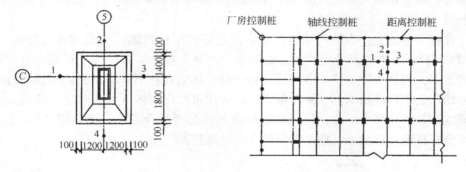

图 12-5　柱基测设示意图

首先将两台经纬仪分别安置在Ⓒ轴与⑤轴一端的轴线控制桩上，瞄准各自轴线另一端的轴线控制桩，交会定出轴线交点作为该基础的定位点（注意：该点不一定是基础中心点）。沿轴线在基础开挖边线以外 1～2m 处的轴线上打入四个小木桩 1、2、3、4，并在桩上用小钉标明位置。木桩应钉在基础开挖线以外一定位置，留有一定空间以便修坑和立模。再根据基础详图的尺寸和放坡宽度，量出基坑开挖的边线，并撒上石灰线，此项工作称为柱列基线的放线。

三、柱基施工测量

当基坑挖到一定深度后，用水准仪在坑壁四周离坑底 0.3～0.5m 处测设几个水平桩，用作检查坑底标高和打垫层的依据，如图 12-6 所示。图中垫层标高桩在打垫层前测设。

基础垫层做好后，根据基坑旁的定位小木桩，用拉线吊锤球法将基础轴线投测到垫层

图 12-6　柱基施工测量示意图

上，弹出墨线，作为柱基础立模和布置钢筋的依据。

立模板时，将模板底线对准垫层上的定位线，并用锤球检查模板是否垂直。最后将柱基顶面设计高程测设在模板内壁。

第四节　厂房预制构件安装测量

在装配式工业厂房的构件安装测量中，精度要求较高，特别是柱的安装就位是关键，应引起足够重视。

一、柱的安装测量

（一）柱吊装前的准备工作

柱的安装就位及校正，是利用柱身的中心线、标高线和相应的基础顶面中心定位线、基础内侧标高线进行对位来实现的。故在柱就位前须做好以下准备工作：

1. 柱身弹线及投测柱列轴线

在柱子安装之前，首先将柱子按轴线编号，并在柱身三个侧面弹出柱子的中心线，并且在每条中心线的上端和靠近杯口处画上"▶"标志。并根据牛腿面设计标高，向下用钢尺量出－60cm 的标高线，并画出"▼"标志，如图 12-7 所示，以便校正时使用。

在杯形基础上，由柱列轴线控制桩用经纬仪把柱列轴线投测到杯口顶面上，如图12-8所示，并弹出墨线，用红油漆画上"▶"标志，作为柱子吊装时确定轴线的依据。当柱子中心线不通过柱列轴线时，还应在杯形基础顶面四周弹出柱子中心线，仍用红油漆画上"▶"标志。同时用水准仪在杯口内壁测设一条－60cm 标高线，并画"▼"标志，用以检查杯底标高是否符合要求。然后用 1∶2 水泥砂浆抹在杯底进行找平，使牛腿面符合设计高程。

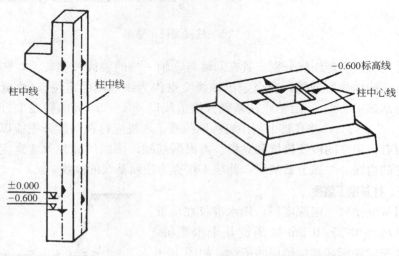

图 12-7　柱身弹线示意图　　　图 12-8　基础杯口弹线示意图

2. 柱子安装测量的基本要求

（1）柱子中心线应与相应的柱列中心线一致，其允许偏差为±5mm；

(2) 牛腿顶面及柱顶面的实际标高应与设计标高一致，其允许偏差为：当柱高≤5m 时应不大于±5mm；柱高>5m 时应不大于±8mm；

(3) 柱身垂直允许误差：当柱高≤5m 时应不大于±5mm；当柱高在 5～10m 时应不大于±10mm；当柱高超过 10m 时，限差为柱高的 1‰，且不超过 20mm。

(二) 柱子安装时的测量工作

柱子被吊装进入杯口后，先用木楔或钢楔暂时进行固定。用铁锤敲打木楔或者钢楔，使柱在杯口内平移，直到柱中心线与杯口顶面中心线平齐。并用水准仪检测柱身已标定的标高线。

然后用两台经纬仪分别在相互垂直的两条柱列轴线上，相对于柱子的距离为 1.5 倍柱高处同时观测，如图 12-9 所示，进行柱子校正。观测时，将经纬仪照准柱子底部中心线上，固定照准部，逐渐向上仰望远镜，通过校正使柱身中心线与十字丝竖丝相重合。

柱子校正时的注意事项：

(1) 校正用的经纬仪事前应经过严格校正，因为校正柱子垂直度时，往往只用盘左或盘右观测，仪器误差影响很大。操作时还应注意使照准部水准管气泡严格居中。

(2) 柱子在两个方向的垂直度都校正好后，应再复查平面位置，看柱子下部的中心线是否仍对准基础的轴线。

(3) 为了提高工作效率，一般可以将经纬仪安置在轴线的一侧，与轴线成 10°左右的方向线上(为保证精度，与轴线角度不得大于 15°)，一次可以校正几根柱子，如图 12-10 所示；当校正变截面柱子时，经纬仪必须放在轴线上进行校正，否则容易出现差错。

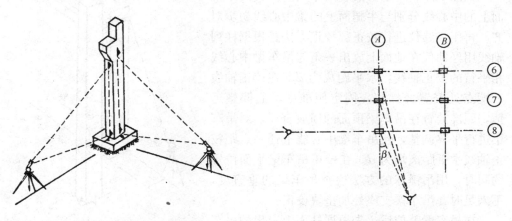

图 12-9　单根柱子校正示意图　　图 12-10　多根柱子校正示意图

(4) 考虑到过强的日照将使柱子产生弯曲，使柱顶发生位移，当对柱子垂直度要求较高时，柱子垂直度校正应尽量选择在早晨无阳光直射或阴天时校正。

二、吊车梁及屋架的安装测量

吊车梁安装时，测量工作的任务是使柱子牛腿上的吊车梁的平面位置、顶面标高及梁端中心线的垂直度都符合要求。屋架安装测量的主要任务同样是使其平面位置及垂直度符合要求。

1. 准备工作

首先在吊车梁顶面和两端弹出中心线，再根据柱列轴线把吊车梁中心线投测到柱子牛腿侧面上，作为吊装测量的依据。投测方法如图 12-11 所示，先计算出轨道中心线到厂房纵向柱列轴线的距离 e，再分别根据纵向柱列轴线两端的控制桩，采用平移轴线的方法，在地面上测设出吊车轨道中心线 A_1A_1 和 B_1B_1。将经纬仪分别安置在 A_1A_1 和 B_1B_1 一端的控制点上，严格对中、整平，照准另一端的控制点，仰视望远镜，将吊车轨道中心线投测到柱子的牛腿侧面上，并弹出墨线。

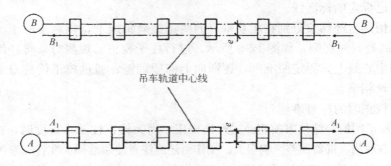

图 12-11 吊车梁中心线投测示意图

同时根据柱子±0.000 位置线，用钢尺沿柱侧面量出吊车梁顶面设计标高线，画出标志线作为调整吊车梁顶面标高用。

2. 吊车梁吊装测量

如图 12-12 所示，吊装吊车梁应使其两个端面上的中心线分别与牛腿面上的梁中心线初步对齐，再用经纬仪进行校正。校正方法是根据柱列轴线用经纬仪在地面上放出一条与吊车梁中心线相平行的校正轴线，水平距离为 d。在校正轴线一端点处安置经纬仪，固定照准部，上仰望远镜，照准放置在吊车梁顶面的横放直尺，对吊车梁进行平移调整，使吊车梁中心线上任一点距校正轴线水平距离均为 d。在校正吊车梁平面位置的同时，用吊锤球的方法检查吊车梁的垂直度，不满足时在吊车梁支座处加垫块校正。

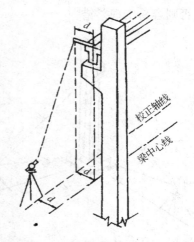

图 12-12 吊车梁安装校正示意图

在吊车梁就位后，先根据柱面上定出的吊车梁设计标高线检查梁面的标高，并进行调整，不满足时用抹灰调整。再把水准仪安置在吊车梁上，进行精确检测实际标高，其误差应在±3mm 以内。

3. 屋架的安装测量

如图 12-13 所示，屋架的安装测量与吊车梁安装测量的方法基本相似。屋架的垂直度是靠安装在屋架上的三把卡尺，通过经纬仪进行检查、调整。屋架垂直度允许误差为屋架高度的 1/250。

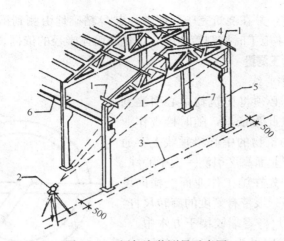

图 12-13 屋架安装测量示意图
1—卡尺；2—经纬仪；3—定位轴线；4—屋架；5—柱；6—吊木架；7—基础

第五节 烟囱施工测量

烟囱是典型的高耸构筑物，其特点是：基础小，筒身高，抗倾覆性能差，其对称轴通过基础圆心的铅垂线。因而施工测量的工作主要是严格控制其中心位置，确保主体竖直。按施工规范规定：筒身中心轴线垂直度偏差最大不得超过110mm；当筒身高度 $H>100$m 时，其偏差不应超过 $0.05H‰$，烟囱圆环的直径偏差不得大于 30mm。其放样方法和步骤如下：

一、烟囱基础施工测量

首先按照设计施工平面图的要求，根据已知控制点或原有建筑物与基础中心的尺寸关系，在施工场地上测设出基础中心位置 O 点。如图 12-14 所示，在 O 点上安置经纬仪，任选一点 A 作为后视点，同时在此方向上定出 a 点，然后，顺时针旋转照准部依次测设 90°直角，测出 OC、OB、OD 方向上的 C、c、B、b、D、d 各点，并转回 OA 方向归零校核。其中 A、B、C、D 各控制桩至烟囱中心的距离应大于其高度的 1~1.5 倍，并应妥善保护。a、b、c、d 四个定位桩，应尽量靠近所建构筑物但又不影响桩位的稳固，用于修坑和恢复其中心位置。

然后，以基础中心点 O 为圆心，以 $r+\delta$ 为半径（δ 为基坑的放坡宽度，r 为构筑物基础的外侧半径）在场地上画圆，撒上石灰线以标明土方开挖范围，如图12-14所示。

当基坑开挖快到设计标高时，可在基坑内壁测设水平桩，作为检查基础深度和浇筑混凝土垫层的依据。

浇筑混凝土基础时，应在基础中心位置

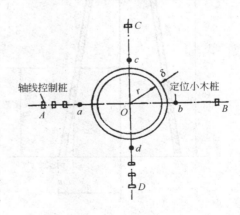

图 12-14 烟囱基础定位放线图

埋设钢筋作为标志，并在浇筑完毕后把中心点 O 精确地引测到钢筋标志上，刻上"＋"线，作为筒体施工时控制筒体中心位置和筒体半径的依据。

二、烟囱筒身施工测量

1. 引测筒体中心线

筒体施工时，必须将构筑物中心引测到施工作业面上，以此为依据，随时检查作业面的中心是否在构筑物的中心铅垂线上。通常是每施工一个作业面高度引测一次中心线。具体引测方法是：先在施工作业面上横向设置一根控制方木和一根带有刻度的旋转尺杆，如图 12-15 所示，尺杆零端铰接于方木中心。方木的中心下悬挂质量为 8～12kg 的锤球。平移方木，将锤球尖对准基础面上的中心标志，如图 12-16 所示，即可检核施工作业面的偏差，并在正确位置继续进行施工。

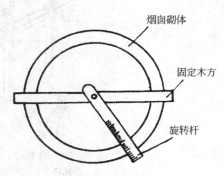

图 12-15　旋转尺杆

筒体每施工 10m 左右，还应向施工作业面用经纬仪引测一次中心，对筒体进行检查。检查时，把经纬仪安置在各轴线控制桩上，瞄准各轴线相应一侧的定位小木桩 a、b、c、d，将轴线投测到施工面边上，并做标记，然后将相对的两个标记拉线，两线交点为烟囱中心线。如果有偏差，应立即进行纠正，然后再继续施工。

对高度较高的混凝土烟囱，为保证精度要求，可采用激光经纬仪进行烟囱铅垂定位。定位时将激光经纬仪安置在烟囱基础的"＋"字交点上，在工作面中央处安放激光铅垂仪接收靶，每次提升工作平台前和后都应进行铅垂定位测量，并及时调整偏差。

2. 筒体外壁收坡的控制

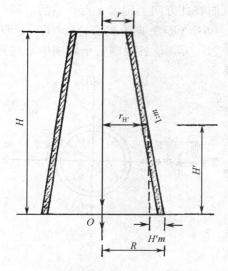

图 12-16　筒体中心线引测示意图

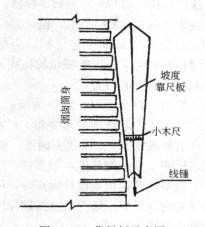

图 12-17　靠尺板示意图

为了保证筒身收坡符合设计要求，除了用尺杆画圆控制外，还应随时用靠尺板来检查。靠尺形状如图 12-17 所示，两侧的斜边是严格按照设计要求的筒壁收坡系数制作的。在使用过程中，把斜边紧靠在筒体外侧，如筒体的收坡符合要求，则锤球线正好通过下端的缺口。如收坡控制不好，可通过坡度尺上小木尺读数反映其偏差大小，以便使筒体收坡及时得到控制。

在筒体施工的同时，还应检查筒体砌筑到某一高度时的设计半径。如图 12-16 所示，某高度的设计半径 $\gamma_{H'}$ 可由图示计算求得

$$\gamma_{H'}=R-H'm \tag{12-1}$$

式中 R——筒体底面外侧设计半径；

m——筒体的收坡系数。

收坡系数的计算公式为

$$m=\frac{R-r}{H} \tag{12-2}$$

式中 γ——筒体顶面外侧设计半径；

H——筒体的设计高度。

3. 筒体的标高控制

筒体的标高控制是用水准仪在筒壁上测出 +0.500m（或任意整分米）的标高控制线，然后以此线为准用钢尺量取筒体的高度。

思 考 题 与 习 题

1. 在工业厂房施工测量中，为什么要建立独立的厂房控制网？在控制网中距离指标桩是什么？其设立的目的何在？
2. 如何进行柱子吊装的竖直校正工作？应注意哪些具体要求？
3. 高耸构筑物测量有何特点？在烟囱筒身施工测量中如何控制其垂直度？
4. 简述工业厂房柱列轴线如何进行测设？它的具体作用是什么？
5. 简述吊车梁的安装测量工作。
6. 简述工业厂房柱基的测设方法。

第十三章　线路测量与桥梁施工测量

【学习重点】

- 了解各种管线工程在勘测设计和施工管理阶段所进行的测量工作。
- 理解在线路勘测设计阶段的定测阶段主要是在选定设计方案的路线上进行路线中线、高程、横断面、纵断面、桥涵、路线交叉、沿线设施、环境保护等测量和资料调查，为施工图设计提供资料。
- 掌握圆曲线主点和细部点的计算和测设方法；纵、横断面图的测绘。

第一节　概　　述

一、线路测量概述

"线路"是指道路工程以及给水管、排水管、电力线、通讯线等管线工程，在这些线路工程的勘测设计和施工阶段所进行的测量工作，称为线路测量。主要内容有控制测量、带状地形图测绘、中线测量、纵横断面测量以及施工放样测量。其中，控制测量是沿线路可能延伸的方向布设测量平面控制点和高程控制点，作为其他各项测量工作的依据；带状地形图测绘是测绘线路两侧一定范围内的地形图，为线路选线和线路设计提供资料；中线测量是按设计要求将线路中心线测设于实地上；纵、横断面测量是测定线路中线方向和垂直于中线方向的地面高低起伏情况，并绘制纵、横断面图，为线路纵坡设计、边坡设计以及土石方工程量计算提供资料；施工放样测量是根据线路工程施工进度，在实地测设线路的平面位置和高程，为施工提供依据，具体来说，有恢复中线测量、边线测量、填挖高程测量及安装测量等。本章主要介绍中线测量、纵横断面测量以及施工放线测量。

线路测量的精度要求与线路的类别有关，例如，高速公路比普通公路的测量精度要求高，自流管道比压力管道的高程测量精度要求高。同类线路在横向、纵向及高程方面的测量精度要求也各不相同，例如，对城市地下排水管道施工测量来说，高程精度要求最高，以保证正确的排水坡向及坡度；横向精度要求次之，以保证管道与道路及其他管线正确的平面关系；纵向精度要求相对较低，但也应保证预制管道在接口处能正确对接安装。

二、桥梁施工测量概述

道路在通过江河、峡谷或者跨越其他道路时，一般要架设桥梁，桥梁按其轴线长度分为小桥（<30m）、中桥（30～100m）、大桥（100～500m）和特大桥（>500m），桥梁在勘测设计阶段和施工阶段也要进行大量的测量工作。在勘测设计阶段，需要测绘岸上地形图、水下地形图和河床断面图；在施工阶段，要建立桥梁平面控制网和高程控制网，进行桥墩、桥台定位和梁的架设等施工测量；在运营阶段，一些重要桥梁还需要定期进行变形观测，以确保其安全使用。本章主要介绍桥梁在施工阶段中的测量工作。

桥梁因为结构复杂，安装定位要求高，对施工测量精度要求较高，特别是大中型桥梁，对轴线测设、墩台定位要求更高，要按照相应的精度等级进行平面控制测量和高程控制测量，并用较精密的方法进行墩台定位和架设梁部结构。

第二节 中 线 测 量

中线测量的任务是根据线路设计平面位置，将线路中心线测设在实地上。如图13-1 所示，中线的平面几何线形由直线段和曲线段组成，其中曲线段一般为某曲率半径的圆弧。铁路和高等级公路在直线段和圆曲线段之间还应插入一段缓和曲线，其曲率半径由无穷大逐渐变化为所接圆曲线的曲率半径，以提高行车的稳定性。

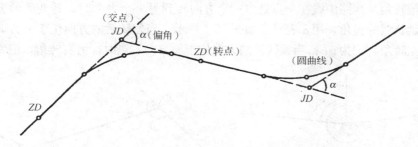

图 13-1 线路的平面线型

中线测量的主要内容有测设中线交点、测定转折角、测设里程桩和加桩、测设曲线等，本节主要介绍测设中线交点、测定转折角以及测设里程桩和加桩的内容。

一、交点测设

线路测设时，应先定出线路的转折点（含线路起点和终点），这些转折点称为交点，是确定线路走向的关键点，习惯用 "JD" 加编号表示，如 "JD_6" 表示第6号交点。交点的位置一般先在带状地形图上选定，然后测设于实地上。当线路直线段很长或因地形变化通视困难时，在两个交点之间还应测设定向桩点，称为转点（ZD）。下面主要介绍两种常见的交点测设方法。

1. 根据地物测设交点

如图 13-2 所示，交点 JD_6 的位置已在地形图上选定，图上交点附近有房屋、电杆等地物，可先在图上量出 JD_6 至两房角和电杆的距离，然后在现场找到相应的地物，经复核无误后，用卷尺按距离交会法测设出该交点。

这种方法适合于定位精度要求不太高的场合，而且要求交点周围有定位特征明显的地物作为参照。

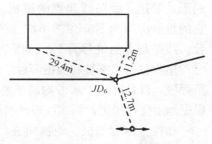

图 13-2 根据地物测设交点

2. 根据平面控制点测设交点

线路工程的平面控制点一般用导线的形式布设，经导线测量和计算后，导线上各控制点的坐标已知，可根据控制点坐标和交点设计坐标，按极坐标法测设交点。一般来说，交点设计坐标可在设计图纸上查到，如果没有，可在标有交点的地形图上量取。

如图 13-3 所示，6、7 为导线点，JD_4 为交点，与 6 点通视。可先计算 6 点至 JD_4 的水平距离 S，6 点至 7 点的方位角和 6 点至 JD_4 的方位角，然后在 6 点上设站按极坐标法测设 JD_4。

根据平面控制点测设交点时，一般采用电子全站仪施测，可达到很高的定位精度，并且方便灵活，工作效率高，是现代线路工程中测设交点的主要方法。

二、转角测定

测设好中线交点桩后，还应测出线路在交点处的偏转角（转折角），以便测设曲线。偏转角是线路中线在交点处由一个方向转到另一个方向时，转变后的方向与原方向延长线的夹角，用 α 表示，如图 13-4 所示。当偏转后的方向位于原方向左侧时，为左转角，记为 $\alpha_\text{左}$；当偏转后的方向位于原方向右侧时，为右转角，记为 $\alpha_\text{右}$。

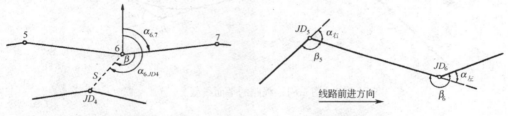

图 13-3　利用导线点测设交点　　　图 13-4　线路转角（偏角）

一般是通过观测线路右侧的水平角 β 来计算出偏转角。观测时，将经纬仪安置在交点上，用测回法观测一个测回，取盘左盘右的平均值，得到水平角 β。当 $\beta>180°$ 时为左转角，当 $\beta<180°$ 时为右转角。左转角和右转角的计算式分别为

$$\alpha_\text{左}=\beta-180° \tag{13-1}$$

$$\alpha_\text{右}=180°-\beta \tag{13-2}$$

三、测设里程桩

为了标志线路中线的位置，由线路起点开始，沿中线方向每隔一定距离钉设一个里程桩。通过里程桩的测设，不仅具体地表示了中线的位置，而且利用桩号的形式表达了距路线起点的里程。如某桩点距线路起点的距离为 5278.61m，则它的桩号应写为 K5+278.61，桩号中"+"号前面为千米数，"+"号后面为米数。线路起点的桩号为 K0+000。

里程桩分为整桩和加桩两种。整桩是按规定桩距每隔一距离设置桩号为整数的里程桩，百米桩和千米桩均属于整桩。通常是直线段的桩距较大，宜为 20～50m，根据地形变化确定；而曲线段的桩距较小，宜为 5～20m，按曲线半径和长度选定。

加桩分地形加桩、地物加桩、曲线加桩和关系加桩。凡沿中线地形起伏变化处，横向坡度变化处，以及天然河沟处所设置的里程桩称为地形加桩，桩号精确

到米。沿中线的人工构筑物如桥梁、涵洞处，线路与其他公路、铁路、渠道等交叉处以及土的地质变化处加设的里程桩称为地物加桩，桩号精确到米或分米，对于人工构筑物，在书写里程时要冠上工程名称如"涵 K18＋154.5"等，如图13-5(a)所示。

曲线加桩，是指曲线主点上设置的里程桩，如圆曲线中的曲线起点、中点、终点等。曲线加桩要求计算至厘米。关系加桩是指路线上的交点桩，一般量至厘米为止。对于曲线加桩和关系加桩，在书写里程时，应先写其缩写名称如"ZY K5＋125.65"、"JD K8＋598.52"等。

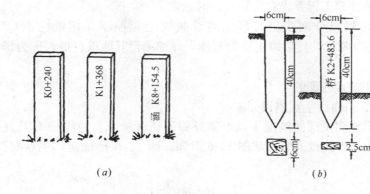

图 13-5 里程桩

此外，由于局部地段改线或事后发现量距计算中发生错误，因而出现实际里程与原桩号不一致的现象，使桩号不连续，这种情况称断链，桩号重叠的叫长链，桩号间断的叫短链。为了不牵动全线桩号，在局部改线或差错地段改用新桩号，其他不变动地段仍采用老桩号，并在新老桩号变更处打断链桩。其写法示例为：改 1＋100＝原 1＋080，长链 20m。

测设里程桩时，按工程的不同精度要求，可用经纬仪法或目测法确定中线方向，然后依次沿中线方向按设计间隔量距打桩。量距时可使用电磁波测距仪或经检定过的钢尺量距，精度要求较低的线路工程，如旧河整治或排水沟等测量时，可用视距法量距。对于市政工程，线路中线桩位与曲线测设的精度要求，应符合表 13-1 的规定。

线路中线桩位与曲线测设的限差　　　　　　表 13-1

线段类别		主要线路	次要线路	山地线路
直线	纵向相对误差	1/2000	1/1000	1/500
	横向偏差(cm)	2.5	5	10
曲线	纵向相对闭合差	1/2000	1/1000	1/500
	横向闭合差(cm)	5	7.5	10

里程桩和加桩一般不钉中心钉，但在距线路起点每隔 500m 的整倍数桩、重要地物加桩(如桥位桩、隧道桩和曲线主点桩等)，均应钉大木桩并钉中心钉表示。

大木桩应打入地面，在旁边再打一个标有桩名和桩号的指示桩，如图 13-5(b) 所示。

第三节　圆曲线的测设

当道路的平面走向由一个方向转到另一个方向时，必须用平面曲线来连接。曲线的形式较多，其中圆曲线（又称单曲线）是最基本的一种平面曲线。如图 13-6 所示，确定圆曲线的参数是偏转角 α 和半径 R，其中 α 根据所测右角计算得到，R 则根据地形条件和工程要求在线路设计时选定。

圆曲线的测设分两步进行，先测设曲线上起控制作用的主点（ZY、QZ、YZ），称为主点测设，然后以主点为基础，详细测设其他里程桩，称为详细测设，下面分述之：

一、圆曲线主点的测设

（一）计算圆曲线主点测设元素

为了在实地测设圆曲线的主点，需要知道切线长 T、曲线长 L 及外矢距 E，这些数据称为主点测设元素。从图 13-6 可知，因 α、R 已确定，主点测设元素的计算公式为

切线长 $$T = R \cdot \tan\frac{\alpha}{2} \tag{13-3}$$

曲线长 $$L = R \cdot \alpha \cdot \frac{\pi}{180} \tag{13-4}$$

外矢距 $$E = R\left(\sec\frac{\alpha}{2} - 1\right) \tag{13-5}$$

切曲差 $$D = 2T - L \tag{13-6}$$

式中 α 以度为单位。

（二）主点桩号计算

交点的桩号已由中线丈量得到，根据交点的桩号和曲线测设元素，可计算出各主点的桩号，由图 13-6 所示可知

$$ZY = JD - T \tag{13-7}$$

$$QZ = ZY + \frac{L}{2} \tag{13-8}$$

$$YZ = QZ + \frac{L}{2} \tag{13-9}$$

为了避免计算中的错误，可用下式进行计算检核

$$JD = YZ - T + D \tag{13-10}$$

【例 13-1】 已知圆曲线 JD 的桩号为 K6+183.56，转角 $\alpha_{右} = 42°36'$，设计圆曲线半径 $R = 150$m，求曲线主点测设元素和主点桩号。

【解】（1）曲线测设元素计算

$$T = 150 \cdot \tan 21°18' = 58.48 \text{m}$$

$$L = 150 \times 42.600° \times \frac{\pi}{180} = 111.53 \text{m}$$

$$E = 150(\sec 21°18' - 1) = 11.00 \text{m}$$

$$D = 2 \times 58.48 - 111.53 = 5.43 \text{m}$$

（2）主点桩号计算

$$ZY = K6 + 183.56 - 58.48 = K6 + 125.08$$
$$QZ = K6 + 125.08 + 55.76 = K6 + 180.84$$
$$YZ = K6 + 180.84 + 55.77 = K6 + 236.61$$

检核计算：按式(12-10)计算

$$JD = K6 + 236.61 - 58.48 + 5.43 = K6 + 183.56$$

与交点原来桩号相等，证明计算正确。

（三）圆曲线主点的测设

1. 用经纬仪和检定过的钢尺测设

如图 13-6 所示，置经纬仪于交点 JD 上，后视相邻交点方向，自测站起沿该方向量切线长 T，得曲线起点 ZY，打一木桩，标明桩号；经纬仪前视相邻交点桩，自测站起沿该方向量切线长 T，得曲线终点 YZ 桩。然后仍前视相邻交点桩，配置水平度盘读数为 $0°$，顺时针转动照准部，使水平度盘读数为平分角值 β

$$\beta = \left(\frac{180 - \alpha_{右}}{2}\right)$$

则望远镜视线即为指向圆心方向，沿此方向量出外矢距 E，得曲线中点，打下 QZ 桩。

如果交点位于水面、峡谷、房屋，不能安置经纬仪时，可用间接方法测设主点，下面介绍其中一种方法。如图 13-7 所示，先在两条直线上便于设站和量距且互相通视的地方选定 A、B 两点，分别安置经纬仪观测水平角 β_1、β_2，则线路在交点的转角为

$$\alpha = \beta_1 + \beta_2$$

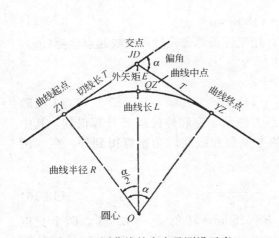

图 13-6　圆曲线的主点及测设元素

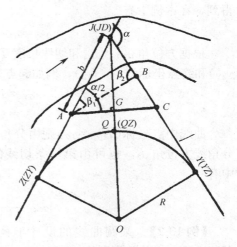

图 13-7　交点不能设站时测设主点的方法

根据 α 和半径 R 按曲线元素计算公式求切线长 T、曲线长 L 和外矢距 E。测设时，经纬仪在 A 点后视直线中线桩，纵转望远镜，测设 $\alpha/2$ 方向与另一直线相交于 C 点，则 JAC 为一等腰三角形，测量 AC 的距离并取其中点 G，便可计算 A

至 ZY、C 至 YZ 和 G 至 QZ 的距离 AZ、CY 和 GQ

$$AZ = CY = T - AG \cdot \sec\frac{\alpha}{2} \quad (13-11)$$

$$GQ = E - AG \cdot \tan\frac{\alpha}{2} \quad (13-12)$$

分别在 A 点和 C 点设站，沿切线方向丈量 AZ、CY，得曲线的起、终点，再在 G 点设站，后视 C 点，顺时针测设 90°，在此方向上丈量 GQ，即可定出曲线中点。

2. 用全站仪按极坐标法测设

用全站仪测设线路主点时，一般采用极坐标法，具有速度快、精度高、现场条件适应性强的特点。测设时，仪器安置在平面控制点或线路交点上，输入测站坐标和后视点坐标(或后视方位角)，再输入要测设的主点坐标，仪器即自动计算出测设角度和距离，据此进行主点现场定位。下面介绍主点坐标计算方法。

如图 13-8 所示，根据 JD_1 和 JD_2 的坐标 (x_1, y_1)、(x_2, y_2)，用坐标反算公式计算第一条切线的方位角 α_{2-1}

$$\alpha_{2-1} = \arctan\frac{y_1 - y_2}{x_1 - x_2} \quad (13-13)$$

第二条切线的方位角 α_{2-3} 可由 JD_2、JD_3 的坐标反算得到，也可由第一条切线的方位角和线路转角推算得到，在本例中有

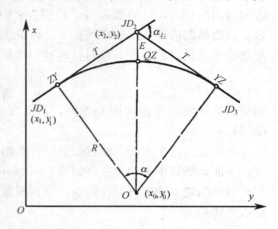

图 13-8 圆曲线主点坐标计算

$$\alpha_{2-3} = \alpha_{2-1} - (180 - \alpha_\text{右}) \quad (13-14)$$

根据方位角 α_{2-1}、α_{2-3} 和切线长度 T，用坐标正算公式计算曲线起点坐标 $(x_\text{ZY}, y_\text{ZY})$ 和终点坐标 $(x_\text{YZ}, y_\text{YZ})$，例如起点坐标为

$$x_\text{ZY} = x_2 + T\cos\alpha_{2-1}$$
$$y_\text{ZY} = y_2 + T\sin\alpha_{2-1} \quad (13-15)$$

曲线中点坐标 $(x_\text{QZ}, y_\text{QZ})$ 则由分角线方位角 α_{2-QZ} 和外矢距 E 计算得到，其中分角线方位角 α_{2-QZ} 也可由第一条切线的方位角和线路转角推算得到外，在本例中有

$$\alpha_{2-QZ} = \alpha_{2-1} - \frac{180 - \alpha_\text{右}}{2} \quad (13-16)$$

【例 13-2】 某圆曲线的设计半径 $R = 150$m，转角 $\alpha_\text{右} = 42°36'$，两个交点 JD_1、JD_2 的坐标分别为 (1922.821, 1030.091)、(1967.128, 1118.784) 试计算各主点坐标。

【解】 先计算 JD_2 至各主点 (ZY、QZ、YZ) 的坐标方位角，再根据坐标方位角和计算出的测设元素切线长度 T、外矢径 E，用坐标正算公式计算主点坐标，计算结果见表 13-2。

圆曲线主点坐标计算表　　　　　表 13-2

主点	JD_2 至各主点的方位角	JD_2 至各主点的距离(m)	坐标 x(m)	坐标 y(m)
ZY	243°27′19″	T=58.48	1940.994	1066.469
QZ	174°45′19″	E=11.00m	1956.174	1119.790
YZ	106°03′19″	T=58.48m	1950.955	1174.983

二、圆曲线的详细测设

当曲线长度小于 40m 时，测设曲线的三个主点已能满足设计和施工的需要。如果曲线较长，除了测设三个主点以外，还要按照一定的桩距 l，在曲线上测设里程桩，这个工作称为圆曲线的详细测设。曲线上的桩距的一般规定为：$R \geqslant 100$m 时，$l=20$m；50m$<R<100$m 时，$l=10$m；$R \leqslant 50$m 时，$l=5$m。下面介绍三种常用的测设方法。

（一）偏角法

1. 测设数据计算

偏角法是利用偏角(弦切角)和弦长来测设圆曲线的方法。如图 13-9 所示，里程桩整桩的桩距(弧长)为 l，首尾两段零头弧长为 l_1、l_2，弧长 l_1、l_2、l 所对应的圆心角分别为 φ_1、φ_2 和 φ，可按下列公式计算

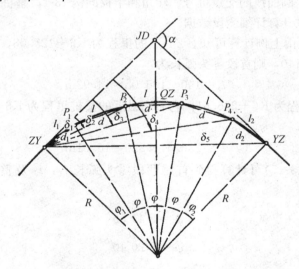

图 13-9 偏角法测设圆曲线

$$\left.\begin{array}{l}\varphi_1=\dfrac{180°}{\pi}\cdot\dfrac{l_1}{R}\\[4pt]\varphi_2=\dfrac{180°}{\pi}\cdot\dfrac{l_2}{R}\\[4pt]\varphi=\dfrac{180°}{\pi}\cdot\dfrac{l}{R}\end{array}\right\} \qquad (13\text{-}17)$$

弧长 l_1、l_2、l 所对应的弦长分别为 d_1、d_2 和 d，可按下列公式计算

$$d_1 = 2R \cdot \sin\frac{\varphi_1}{2}$$
$$d_2 = 2R \cdot \sin\frac{\varphi_2}{2} \quad \quad (13\text{-}18)$$
$$d = 2R \cdot \sin\frac{\varphi}{2}$$

曲线上各点的偏角等于相应所对圆心角的一半，即

第 1 点的偏角为 $\delta_1 = \dfrac{\varphi_1}{2}$

第 2 点的偏角为 $\delta_2 = \dfrac{\varphi_1}{2} + \dfrac{\varphi}{2}$

……   (13-19)

第 i 点的偏角为 $\delta_i = \dfrac{\varphi_1}{2} + (i-1)\dfrac{\varphi}{2}$

……

终点 YZ 的偏角为 $\delta_n = \dfrac{\alpha}{2}$

【例 13-3】 圆曲线的交点桩号、转角和半径同例 13-1，整桩距为 $l = 20\text{m}$，按偏角法测设，试计算详细测设数据。

【解】（1）由上例计算可知，ZY 点的里程为 K6+125.08，它前面最近的整桩里程为 K6+140，则首段零头弧长为

$$l_1 = 140 - 125.08 = 14.92\text{m}$$

YZ 点的里程为 K6+236.61，它后面最近的整桩里程为 K6+220，则尾段零头弧长为

$$l_2 = 236.61 - 220 = 16.61\text{m}$$

（2）由式(13-17)可计算得到首尾两段零头弧长 l_1、l_2 及整弧长 l 所对应的偏角

$$\phi_1 = 5°41'56''$$
$$\phi_2 = 6°20'40''$$
$$\phi = 7°38'22''$$

（3）由式(13-18)可计算得到首尾两段零头弧长 l_1、l_2 及整弧长 l 所对应的弦长

$$d_1 = 14.91\text{m}$$
$$d_2 = 16.60\text{m}$$
$$d = 19.99\text{m}$$

（4）由式(13-19)计算偏角，结果见表 13-3。

各桩号偏角表　　　　　　　　表 13-3

桩　　号	桩点到 ZY 的弧长 l_i(m)	偏 角 值	相邻桩点间弧长(m)	相邻桩点间弦长(m)
ZY K6+125.08	0	0°00′00″	0	0
K6+140	14.92	2°50′58″	14.92	14.91
K6+160	34.92	6°40′09″	20	19.99
K6+180	54.92	10°29′20″	20	19.99
QZ K6+180.84	55.76	10°38′58″	0.84	0.84
K6+200	74.92	14°18′31″	19.16	19.15
K6+220	94.92	18°07′42″	20	19.99
YZ K6+236.61	111.53	21°18′02″	16.61	16.60

2. 测设步骤

以例 13-3 为例，偏角法的测设步骤如下：

(1) 将经纬仪置于 ZY 点上，瞄准交点 JD 并将水平度盘配置为 0°00′00″；

(2) 转动照准部使水平度盘读数为里程桩 K6+140 的偏角度数 2°50′58″，从 ZY 点沿此方向量取弦长 d_1=14.91m，定出 K6+140 桩；

(3) 转动照准部使水平度盘读数为里程桩 K6+160 的偏角度数 6°40′09″，由 K6+140 桩量取弦长 d=19.99m 与视线方向相交，定出 K6+160 桩。依此类推测设其他里程桩。最后一个整里程桩 K6+220 至 YZ 点的距离应为 d_2=16.60m，以此来检查测设的质量。

用偏角法测设曲线细部点时，常因遇障碍物挡住视线而不能直接测设，如图 13-10 所示，经纬仪在曲线起点 ZY 点测设出细部点①、②、③后，视线被房屋挡住，这时，可把经纬仪移至③点，用盘右后视 ZY 点，将水平度盘配置为 0°00′00″，然后纵转望远镜变成盘左（水平度盘读数仍为 0°00′00″），转动照准部使水平度盘读数为④点的偏角度数，此时视线方向即在③至④的方向上，在此方向上从③量取弦长 d，即可测设出④点。接着按原计算的偏角继续测设曲线上其余各点。

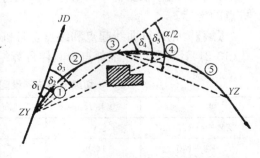

图 13-10　偏角法测设视线受阻时的处理

（二）切线支距法

切线支距法是以曲线起点或终点为坐标原点，以切线为 x 轴，通过原点的半径方向为 y 轴，建立一个独立平面直角坐标系，根据曲线细部点在此坐标系中的坐标 x、y，按直角坐标法进行测设。

1. 测设数据计算

如图 13-11 所示，设圆曲线半径为 R，ZY 点至前半条曲线上各里程桩点的弧

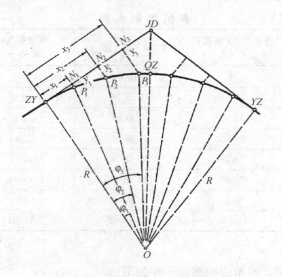

图 13-11 切线支距法测设圆曲线

长 l_i,所对应的圆心角为

$$\varphi_i = \frac{l_i}{R} \cdot \frac{180}{\pi} \quad (13-20)$$

该桩点的坐标为

$$\left.\begin{array}{l} x_i = R\sin\varphi_i \\ y_i = R(1-\cos\varphi_i) \end{array}\right\} \quad (13-21)$$

【例 13-4】 根据例 13-1 的曲线元素、桩号和桩距,按切线支距法计算各里程桩点的坐标。

【解】 先计算曲线起点和终点至各桩点的弧长,按式(13-20)计算圆心角,按式(13-21)计算圆曲线细部点,具体计算结果见表 13-4。

切线支距法测设圆曲线坐标计算表　　　　　表 13-4

桩　点	弧长 l(m)	圆心角 φ	支距坐标 x(m)	支距坐标 y(m)
ZY K6+125.08	0	0°00′00″	0	0
K6+140	14.92	5°41′56″	14.90	0.74
K6+160	34.92	13°20′18″	34.60	4.05
K6+180	54.92	20°58′40″	53.70	9.94
QZ K6+180.84	55.76	21°17′56″	54.48	10.24
K6+200	36.61	13°59′02″	36.25	4.44
K6+220	16.61	6°20′40″	16.58	0.92
YZ K6+236.61	0	0°00′00″	0	0

2. 测设方法

切线支距法测设曲线时,为了避免支距过长,一般由 ZY 点和 YZ 点分别向 QZ 点施测,测设步骤如下:

(1) 从 ZY(或 YZ)点开始,用钢尺沿切线方向量取 x_1、x_2、x_3…等纵距,得

各垂足点 N_1、N_2、N_3，用测钎在地面作标记；

（2）在垂足点上作切线的垂直线，分别沿垂直线方向用钢尺量出 y_1、y_2、y_3 … 等纵距，得出曲线细部点 P_1、P_2、P_3。

用此法测设的 QZ 点应与曲线主点测设时所定的 QZ 点相符，作为检核。

（三）极坐标法

用极坐标法测设圆曲线细部点时，要先计算各细部点在平面直角坐标系中的坐标值，测设时，全站仪安置在平面控制点或线路交点上，输入测站坐标和后视点坐标（或后视方位角），再输入要测设的细部点坐标，仪器即自动计算出测设角度和距离，据此进行细部点现场定位。下面介绍细部点坐标的计算方法。

1. 计算圆心坐标

如图 13-12 所示，设圆曲线半径为 R，用前述主点坐标计算方法，计算第一条切线的方位角 α_{2-1} 和 ZY 点坐标（x_{ZY}, y_{ZY}），因 ZY 点至圆心方向与切线方向垂直，其方位角为 α_{2-1} 为

$$\alpha_{ZY\text{-}O} = \alpha_{2-1} - 90° \tag{13-22}$$

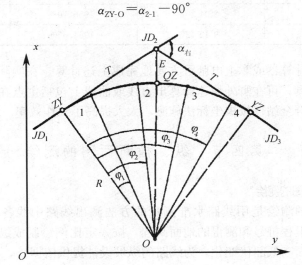

图 13-12　极坐标法测设圆曲线

则圆心坐标（x_O, y_O）为

$$\begin{aligned} x_O &= x_{ZY} + R\cos\alpha_{ZY\text{-}O} \\ y_O &= y_{ZY} + R\sin\alpha_{ZY\text{-}O} \end{aligned} \tag{13-23}$$

2. 计算圆心至各细部点的方位角

设 ZY 点至曲线上某细部里程桩点的弧长为 l_i，其所对应的圆心角 φ_i 按式（13-20）计算得到，则圆心至各细部点的方位角 α_i 为

$$\alpha_i = (\alpha_{ZY\text{-}O} + 180°) + \varphi_i \tag{13-24}$$

3. 计算各细部点的坐标

根据圆心至细部点的方位角和半径，可计算细部点坐标

$$\begin{aligned} x_i &= x_O + R\cos\alpha_i \\ y_i &= y_O + R\sin\alpha_i \end{aligned} \tag{13-25}$$

【例 13-5】 根据例 13-2 的曲线元素、桩号、桩距以及两个交点 JD_1、JD_2 的坐标，计算各里程桩点的坐标。

【解】 由例 13-2 可知，ZY 点坐标为 (1940.994，1066.469)，JD 至 ZY 点的方位角 α_{2-1} 为 243°27′19″，则可按式 (13-22) 计算 ZY 点至圆心的方位角为 153°27′18″，按式 (13-23) 计算圆心坐标为 (1806.806，1133.503)，再按式 (13-20) 和式 (13-24) 计算圆心至各细部点的方位角 α_i，最后按式 (13-25) 计算各点坐标，结果见表 13-5。

圆曲线细部桩点坐标表　　　　　　表 13-5

桩　号	圆心与各细部点的方位角	坐标 $x(m)$	坐标 $y(m)$
K6+140	339°09′14″	1946.987	1080.125
K6+160	346°47′36″	1952.839	1099.234
K6+180	354°25′58″	1956.099	1119.952
K6+200	2°04′20″	1956.708	1138.928
K6+220	9°42′42″	1954.656	1158.807

用可编程计算器或掌上电脑可方便地完成上述计算。在实际线路测量中，利用这些计算工具，可在野外快速计算出直线或曲线上包括主点在内的任意桩号的中线坐标，配合全站仪按极坐标法施测，大大提高了工作效率。

第四节　纵、横断面图的测绘

一、纵断面图的测绘

纵断面图的测绘是用线路水准测量的方法测出线路中线各里程桩的地面高程，然后根据里程桩号和测得的地面高程，按一定比例绘制成纵断面图，用以表示线路纵向地面高低起伏变化，为线路的纵坡设计提供依据。

线路水准测量一般分两步进行，先进行高程控制测量，即在线路附近每隔一定距离设置一个水准点，按等级水准测量的精度要求，测定其高程，称为基平测量；然后根据各水准点高程，按等外水准测量的精度要求，测定线路中线各里程桩的地面高程，称为中平测量。

（一）基平测量

1. 水准点的布设

水准点是路线高程的控制点，勘测设计和施工阶段都要使用，有的甚至在竣工后还需要使用。因此，在布设水准点时，根据不同的需要和用途，可布设永久性水准点和临时性水准点。路线的起点和终点、需要长期观测高程的重点工程附近均应设置永久性水准点，一般地区应每隔 25～30km 布设一点。永久性水准点要埋设标石，也可设在永久性建筑物上或用金属标志嵌在基岩上。

临时性水准点的布设密度，应根据地形的复杂情况以及工程的需要而定，例如市政线路工程一般每隔 300m 左右设置一个。在大桥两岸、隧道两端以及一般的中小桥附近和工程集中的地段均应设置临时性水准点。水准点应设在施工范围以外，标志应明显、牢固和使用方便。

2. 基平测量方法

基平测量时，首先应将起始水准点与附近国家水准点进行联测，以获得绝对高程。在沿线其他水准点的测量过程中，凡能与附近国家水准点进行连测的均应联测，以便获得更多的检查条件。

基平测量一般采用水准测量方法，对于精度要求较高的工程，按四等水准测量要求或根据需要另行设计施测，对一般市政工程的线路水准测量，可按介于四等水准与等外水准之间的精度要求施测，也可用光电三角高程测量方法施测，其主要技术要求应符合表 13-6 要求。

市政线路水准测量和电磁波测距三角高程测量主要技术要求　　表 13-6

线路水准测量	仪器类型		标尺类型	视线长度(m)	观测方法	附合线路闭合差(mm)
	DS$_3$ 水准仪		单面	100	单程后-前	$\leq \pm 30\sqrt{L}$
线路电磁波测距三角高程测量	竖直角对向观测测回数(DJ$_2$ 经纬仪)		垂直角较差与指标差较差	测距仪器、方法与测回数	对向观测高差较差(mm)	附合路线闭合差(mm)
	三丝法	中丝法				
	1	2	$\leq \pm 30''$	Ⅱ级、单程、1	$\leq \pm 60\sqrt{D}$	$\leq \pm 30\sqrt{L}$

注：表中 D 为测距边长度(km)；L 为水准线路长度(km)。

（二）中平测量

中平测量又名中桩抄平，一般是以相邻两水准点为一测段，从一个水准点出发，逐个测定中桩的地面高程，闭合在下一个水准点上。测量时，在每一个测站上除了观测中桩外，还需在一定距离内设置转点，每两转点间所观测的中桩，称为中间点。由于转点起传递高程作用，观测时应先观测转点，后观测中间点。转点读数至毫米，视线长度一般不应超过 150m，立尺应立于尺垫、稳固的桩顶或坚石上；中间点读数可至厘米，视线长度也可适当延长，立尺于紧靠桩边的地面上。

如图 13-13 所示，水准仪置于 1 站，分别后视水准点 BM$_1$ 和前视第一个转点 TP$_1$，将读数记入表 13-7 中的后视、前视栏内；然后观测 BM$_1$ 和 TP$_1$ 之间的里程桩 K0+000～K0+060，将其读数记入中视读数栏内。测站计算时，先计算该站仪器的视线高程，再计算转点高程，然后计算各中桩高程，计算公式如下：

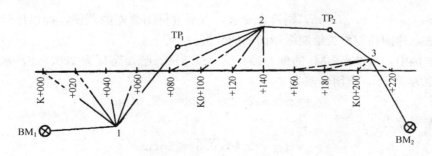

图 13-13　中平测量示意图

视线高程＝后视点高程＋后视读数
转点高程＝视线高程－前视读数
中桩高程＝视线高程－中视读数

中平测量记录计算表　　　　　　　　　　表 13-7

点号	水准尺读数(m)			视线高程(m)	高程(m)	备注
	后视	中视	前视			
BM_1	1.986			280.679	278.693	
K0+000		1.57			279.109	
0+020		1.93			278.749	
0+040		1.56			279.119	
0+060		1.12			279.559	
TP_1	2.283		0.872	282.090	279.807	
0+080		0.68			281.41	
0+100		1.59			280.50	
0+120		2.11			279.98	
0+140		2.66			279.43	
TP_2	2.185		2.376	281.899	279.714	
0+160		2.18			279.719	
0+180		2.04			279.859	
0+200		1.65			280.249	
0+220		1.27			280.629	
BM_2			1.387		280.512	(280.528)

再将仪器搬至 2 站，先后视转点 TP_1 和前视第二个转点 TP_2，然后观测各中间点 K0+080～K0+120，将读数分别记入后视、前视和中视栏，并计算视线高程、转点高程和中桩高程。按上述方法继续往前观测，直至附合于另一个水准点 BM_2，完成这个测段的观测工作。

每一测段观测完后，应立即根据该测段的第二个水准点的观测推算高程和已知高程，计算高差闭合差 f_h，即

$$f_h = 推算高程 - 已知高程$$

若 $f_h \leqslant f_{h允} = \pm 40\sqrt{L}$ mm，则符合要求，可不进行闭合差的调整，而以原计算的各中桩点地面高程作为绘制纵断面图的数据。

本例中，水准点 BM_2 的推算高程为 280.512，已知高程为 280.528，水准线路长度为 300m，则闭合差为

$$f_h = 280.512 - 280.528 = -0.016 \text{m}$$

闭合差限差为

$$f_{h允} = \pm 40\sqrt{0.3} = 22 \text{mm}$$

因 $f_h < f_{h允}$，故成果合格。

(三) 纵断面图的绘制

纵断面图是反映中平测量成果的最直观的图件，是进行线路竖向设计的主要依据，纵断面图包括图头、注记、展线和图尾四部分。不同的线路工程其具体内容有所不同，下面以道路设计纵断面图为例，说明纵断面图的绘制方法。

如图 13-14 所示，在图的上半部，从左至右绘有两条贯穿全图的线，一条是细线，表示中线方向的地面线，是以中桩的里程为横坐标，以中桩的地面高程为纵坐标绘制的。里程的比例尺一般与线路带状地形图的比例尺一致，高程比例尺则是里程比例尺的若干倍（一般取 10 倍），以便更明显地表示地面的起伏情况，例如里程比例尺为 1：1000 时，高程比例尺可取 1：100。另一条是粗线，表示带有竖曲线在内的纵坡设计线，根据设计要求绘制。

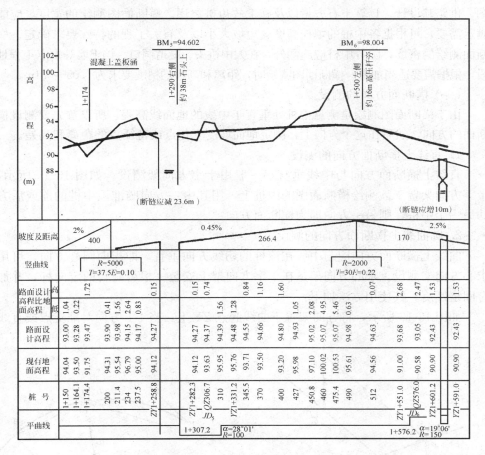

图 13-14 道路纵断面图

在图的顶部，是一些标注，例如水准点位置、编号及其高程，桥涵的类型、孔径、跨数、长度、里程桩号及其设计水位，与某公路、铁路交叉点的位置、里程及其说明等，根据实际情况进行标注。

图的下部绘有七栏表格，注记有关测量和纵坡设计的资料，自下而上分别是平曲线、桩号、地面高程、设计高程、设计与地面的高差、竖曲线、坡度及距离。其中平曲线是中线的示意图，其曲线部分用成直角的折线表示，上凸的表示曲线右偏，下凸的表示曲线左偏，并注明交点编号和曲线半径，带有缓和曲线的应注明其长度，在不设曲线的交点位置，用锐角折线表示；里程栏按横坐标比例尺标注里程桩号，一般标注百米桩和千米桩；地面高程栏按中平测量成果填写各里程桩的地面高程；设计高程栏填写设计的路面高程；设计与地面的高差栏填写各里程桩处，设计高程减地面高程所得的高差；竖曲线栏标绘竖曲线的示意图及其曲线元素；坡度栏用斜线表示设计纵坡，从左至右向上斜的表示上坡，下斜的表示下坡，并在斜线上以百分比注记坡度的大小，在斜线下注记坡长。

二、横断面图的测绘

横断面图的测绘，是测定中桩两侧垂直于线路中线的地面高程，绘制成横断面图，供路基设计、计算土石方量以及施工放边桩之用。横断面图测绘的宽度，应能满足需要，可根据各中桩的填挖高度、边坡大小以及有关工程的特殊要求确定。横断面测绘的密度，除各中桩应施测外，在大中桥头、隧道洞口、挡土墙等重点工程地段，根据需要适当加密。横断面图测绘时，距离和高程的精度要求为 0.05～0.1m。

（一）横断面方向的测设

由于横断面图测绘是测量中桩处垂直于中线的地面线高程，所以首先要测设横断面的方向，然后在这个方向上，测定地面坡度变化点或特征点的距离和高差。

1. 直线上横断面方向的测设

直线上横断面方向与中线垂直，一般用十字方向架测设。如图 13-15 所示，十字方向架置于欲测绘横断面图的中桩上，用其中一方向瞄准该中桩的前或后方的另一个中桩，则另一方向即为横断面方向。

2. 圆曲线上横断面方向的测设

曲线上横断面方向应与中线在该桩的切线方向垂直，即指向圆心方向，可用求心方向架测设。求心方向架是在十字方向架上安装一根可旋转的定向杆，并加有固定螺旋。其使用方法如下：

如图 13-16 所示，将方向架置于曲线起点 ZY 上，当 1-1′方向对准交点或直线

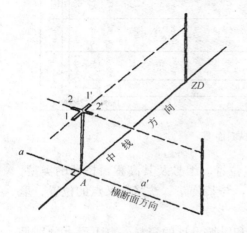

图 13-15　测设直线段横断面方向

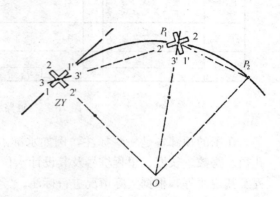

图 13-16　测设曲线段横断面方向

上的中桩时，与此垂直的另一方向 2-2′ 即为 ZY 点的横断面方向。为了测定曲线上点的横断面方向，转动定向杆 3-3′ 对准 P_1 点，拧紧固定螺旋，将方向架移至 P_1 点，用 2-2′ 对准 ZY 点，根据同弧段的两弦切角相等原理，定向杆的 3-3′ 方向即为该点的断面方向。

在 P_1 点的横断面方向定出之后，为了测定下一点 P_2 的横断面方向，不动方向架，转动定向杆 3-3′ 对准 P_2 点，拧紧固定螺旋，将方向架移至 P_2 点，用 2-2′ 对准 P_1 点，定向杆 3-3′ 的方向即为 P_2 点的横断面方向。同法测设其他里程桩的横断面方向。

（二）横断面的施测方法

1. 标杆皮尺法

如图 13-17 所示，A、B、C 为断面方向上的变坡点，将标杆立于 A 点，皮尺靠中桩地面拉平量出至 A 点的距离，而皮尺截于标杆的红白格数（每格 0.2m）即为两点间的高差。同法测出测段 A~B、B~C 的距离和高差，直至需要的测绘宽度为止。

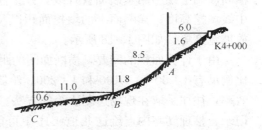

图 13-17　标杆皮尺法测量横断面

记录表格见表 13-8，表中按路线前进方向分左右侧，用分数形式表示各测段的高差和距离，分子表示高差，分母表示距离，正号表示升高，负号表示降低。自中桩由近及远逐段记录。这种方法的优点是简易、轻便、迅速，适用于起伏多变，高差不大的地段。

横断面测量记录表　　　　　　　　　　　　表 13-8

左　　侧			桩　号	右　　侧		
−0.6/11.0	−1.8/8.5	−1.6/6.0	K4+000	+1.5/5.2	+1.8/6.9	+1.2/9.8

2. 水准仪皮尺法

水准仪安置后，以中桩地面高程点为后视，以中桩两侧横断面方向地形特征点为前视，读数至厘米，再用皮尺分别量出各特征点到中桩的平距，量至分米。记录格式与表 12-8 类似，但分子为中桩地面与特征点地面的高差，分母为中桩至各特征点的距离。水准仪皮尺法适用于横断面较宽的平坦地区，在一个测站上可以观测多个横断面。

3. 经纬仪法

安置经纬仪于中桩上，直接用经纬仪定出横断面方向，然后量出仪器高，用视距法测出中桩至各地形变化点的距离和高差并记录。此法适用于地形困难，山坡陡峻地段的大型断面。

4. 全站仪法

利用全站仪的对边测量功能，可直接测得各横断面上各地形特征点相对中桩的水平距离和高差，有的全站仪有横断面测量功能，其操作、记录与成图更为方便。

（三）横断面图的绘制

根据横断面的测量，取得各变坡点间的高差和水平距离，即可在毫米方格纸上绘出各中桩的横断面图。绘图时，先注明桩号，标定中桩位置。由中桩位置开始，以平距为横坐标，高差为纵坐标，逐一将变坡点标在图上，再用直线把相邻点连接起来，即绘出断面的地面线。经过设计，横断面图上绘出路基断面设计线，并标注中线填挖高度、横断面上的填挖面积以及放坡宽度等，如图13-18所示。

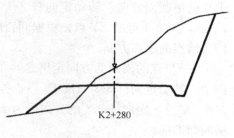

图 13-18 横断面图

由于计算面积的需要，横断面图的距离比例尺与高差比例尺是相同的，通用比例尺有 1∶50、1∶100 和 1∶200。绘制横断面图的工作量较大，为了提高工作效率，往往采取在现场边测边绘的方法。这样，不但可省略记录，而且能避免从记录、整理到室内点绘这几道工序中可能产生的差错，还可以及时地与实地核对，如有不符，立即纠正，保证横断面图的正确性。

第五节 道路施工测量

一、恢复中线测量

道路勘测完成到开始施工这一段时间内，有一部分中线桩可能被碰动或丢失，因此施工前应根据原定线条件进行复核，并将碰动和丢失的交点桩和中线桩校正和恢复好。恢复中线的测量方法与线路中线测量方法基本相同，只不过恢复中线是局部性的工作。在恢复中线时，应将道路附属物，如涵洞、检查井和挡土墙等的位置一并定出。对于部分改线地段，应重新定线，并测绘相应的纵横断面图。

二、施工控制桩的测设

由于中线桩在路基施工中都要被挖掉或堆埋，为了在施工中能控制中线位置，应在不受施工干扰、便于引用、易于保存桩位的地方，测设施工控制桩。测设方法主要有平行线法和延长线法两种，可根据实际情况互相配合使用。

1. 平行线法

平行线法是在设计的路基宽度以外，测设两排平行于中线的施工控制桩，如图13-19所示。为了施工方便，控制桩的间距一般取 10～20m。平行线法多用于地势平坦、直线段较长的道路。

2. 延长线法

延长线法是在道路转折处的中线延长线上，以及曲线中点至交点的延长线上测设施工控制桩，如图13-20所示。每条延长线上应设置两个以上的控制桩，量出其间距及与交点的距离，做好记录，据此恢复中线交点。延长线法多用于地势起伏较大、直线段较短的道路。

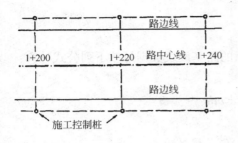

图 13-19　平行线法

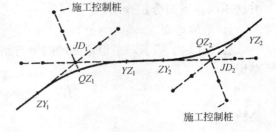

图 13-20　延长线法

三、路基边桩的测设

路基的形式主要有三种，即填方路基（称为路堤，如图 13-21(a) 所示）、挖方路基（称为路堑，如图 13-21(b) 所示），和半填半挖路基（如图 13-18 所示）。路基边桩测设，就是把设计路基的边坡与原地面相交的点测设出来，在地面上钉设木桩（称为边桩），作为路基施工的依据。

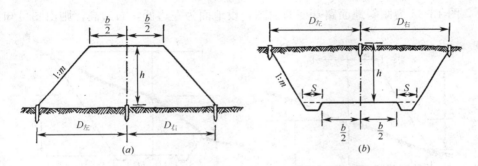

图 13-21　平坦地面的填、挖路基

每个断面上在中桩的左、右两边各测设一个边桩，边桩距中桩的水平距离取决于设计路基宽度、边坡坡度、填土高度或挖土深度以及横断面的地形情况。边桩的测设方法如下：

（一）图解法

图解法是将地面横断面图和路基设计断面图绘在同一张毫米方格纸上，设计断面高出地面部分采用填方路基，其填土边坡线按设计坡度绘出，与地面相交处即为坡脚；设计断面低于地面部分采用挖方路基，其开挖边坡线按设计坡度绘出，与地面相交处即为坡顶。得到坡脚或坡顶后，用比例尺直接在横断面图上量取中桩至坡脚点或坡顶点的水平距离，然后到实地，以中桩为起点，用皮尺沿着横断面方向往两边测设相应的水平距离，即可定出边桩。

道路设计图纸上，各桩号的横断面图上一般都标注有图解得到的左、右两个边桩距中桩的水平距离，施工时如经复核设计横断面图上的地面线与实地相符，可直接采用所标注的数据测设边桩。

（二）解析法

解析法是通过计算求出路基中桩至边桩的距离，在平地和山坡，计算和测设方法不同。下面分别介绍。

1. 平坦地面

如图 13-21 所示，平坦地面的路堤与路堑的路基放线数据可按下列公式计算：

路堤
$$D_左 = D_右 = \frac{b}{2} + mh \tag{13-26}$$

路堑
$$D_左 = D_右 = \frac{b}{2} + S + mh \tag{13-27}$$

式中 $D_左$、$D_右$——道路中桩至左、右边桩的距离；
 b——路基的宽度；
 $1:m$——路基边坡坡度；
 h——填土高度或挖土深度；
 S——路堑边沟顶宽。

2. 倾斜地面

图 13-22 为倾斜地面路基横断面图，设地面为左边低，右边高，则由图可知：

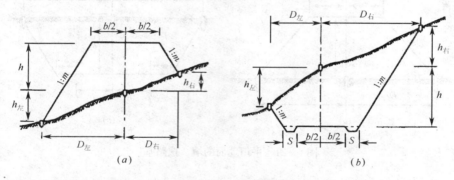

图 13-22 倾斜地面路基横断面图

路堤
$$D_左 = \frac{b}{2} + m(h + h_左) \tag{13-28}$$

$$D_右 = \frac{b}{2} + m(h - h_右) \tag{13-29}$$

路堑
$$D_左 = \frac{b}{2} + S + m(h - h_左) \tag{13-30}$$

$$D_右 = \frac{b}{2} + S + m(h + h_右) \tag{13-31}$$

上式中，b、m 和 S 均为设计时已知，因此 $D_左$、$D_右$ 随 $h_左$、$h_右$ 而变，而 $h_左$、$h_右$ 为左右边桩地面与路基设计高程的高差，由于边桩位置是待定的，故 h 左、h 右均不能事先知道。在实际测设工作中，是沿着横断面方向，采用逐渐趋近法测设边桩。现以测设路堑左边桩为例进行说明。如图 13-22(b) 所示，设路基宽度为 10m，左侧边沟顶宽度为 2m，中心桩挖深为 5m，边坡坡度为 1:1，测设步骤如下：

(1) 估计边桩位置 根据地形情况，估计左边桩处地面比中桩地面低 1m，即

$h_左 = 1\text{m}$,则代入式(13-30)得左边桩的近似距离

$$D_左 = \frac{10}{2} + 2 + 1 \times (5-1) = 11\text{m}$$

在实地沿横断面方向往左侧量 11m,在地面上定出 1 点。

(2) 实测高差　用水准仪实测 1 点与中桩之高差为 1.5m,则 1 点距中桩之平距应为

$$D_左 = \frac{10}{2} + 2 + 1 \times (5-1.5) = 10.5\text{m}$$

此值比初次估算值小,故正确的边桩位置应在 1 点的内侧。

(3) 重估边桩位置　正确的边桩位置应在距离中桩 10.5～11m 之间,重新估计边桩距离为 10.8m,在地面上定出 2 点。

(4) 重测高差　测出 2 点与中桩的实际高差为 1.2m,则 2 点与中桩之平距应为

$$D_左 = \frac{10}{2} + 2 + 1 \times (5-1.2) = 10.8\text{m}$$

此值与估计值相符,故 2 点即为左侧边桩位置。

第六节　管道施工测量

在城市和工业建设中,要敷设许多地下管道,如给水、排水、天然气、暖气、电缆、输气和输油管道等。管道施工测量的主要任务,就是根据工程进度的要求,向施工人员随时提供中线方向和标高位置。

一、施工前的测量工作

1. 熟悉图纸和现场情况

施工前,要收集管道测量所需要的管道平面图、纵横断面图、附属构筑物图等有关资料,认真熟悉和核对设计图纸,了解精度要求和工程进度安排等,还要深入施工现场,熟悉地形,找出各交点桩、里程桩、加桩和水准点位置。

2. 恢复中线

管道中线测量时所钉设的交点桩和中线桩等,到施工时可能会有部分碰动和丢失,为了保证中线位置准确可靠,应根据设计的定线条件进行复核,并将碰动和丢失的桩点重新恢复。在恢复中线时,应将检查井、支管等附属构筑物的位置同时定出。

3. 施工控制桩的测设

由于施工时中线上各桩要被挖掉,为了便于恢复中线和附属构筑物的位置,应在不受施工干扰、引测方便、易于保存桩位的地方,测设施工控制桩。

施工控制桩分中线控制桩和附属构筑物控制桩两种,如图 13-23 所示。中线控制桩一般测设在管道起止点和各转折点处的中线延长线上,若

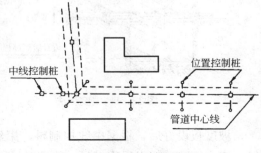

图 13-23　管道控制桩设置

管道直线段较长，可在中线一侧的管槽边线外测设一排与中线平行的控制桩；附属构筑物控制桩测设在管道中线的垂直线上，恢复附属构筑物的位置时，通过两控制桩拉细绳，细绳与中线的交点即是。

4. 施工水准点的加密

为了在施工过程中引测高程方便，应根据原有水准点，在沿线附近每100～150m左右增设一个临时水准点，其精度要求由管线工程性质和有关规范确定。

二、管道施工测量

（一）槽口放线

槽口放线是根据管径大小、埋设深度和土质情况，决定管槽开挖宽度，并在地面上钉设边桩，沿边桩拉线撒出灰线，作为开挖的边界线。

若埋设深度较小、土质坚实，管槽可垂直开挖，这时槽口宽度即等于设计槽底宽度，若需要放坡，且地面横坡比较平坦，槽口宽度可按下式计算

$$D_{左}=D_{右}=\frac{b}{2}+mh$$

式中　$D_{左}$、$D_{右}$——管道中桩至左、右边桩的距离；

　　　　b——槽底宽度；

　　　　$1:m$——边坡坡度；

　　　　h——挖土深度。

（二）施工过程中的中线、高程和坡度测设

管槽开挖及管道的安装和埋设等施工过程中，要根据进度，反复地进行设计中线、高程和坡度的测设。下面介绍两种常用的方法：

1. 坡度板法

坡度板是用来控制中线和构筑物位置、掌握设计高程和坡度的标志，一般跨槽设置，如图13-24所示，每隔10～20m设置一块，并编以桩号。坡度板应根据工程进度及要求及时设置，当槽深在2.5m以内时，应于开槽前埋设在槽口上；当槽深在2.5m以上时，应待开挖至距槽底2m左右时再埋设在槽内，如图13-25所示。坡度板应埋设牢固，板面要保持水平。

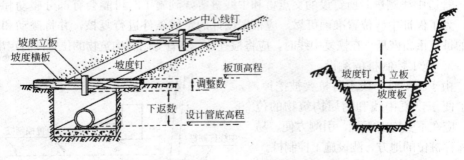

图13-24　坡度板法　　　　　　图13-25　深槽坡度板法

坡度板设好后，根据中线控制桩，用经纬仪把管道中心线投测至坡度板上，钉上中心钉，并标上里程桩号。施工时，用中心钉的连线可方便地检查和控制管

道的中心线。

再用水准仪测出坡度板顶面高程，板顶高程与该处管道设计高程之差，即为板顶往下开挖的深度。为方便起见，在各坡度板上钉一坡度立板，然后从坡度板顶面高程起算，从坡度板上向上或向下量取高差调整数，钉出坡度钉，使坡度钉的连线平行于管道设计坡度线，并距设计高程一整分米数，称为下返数，施工时，利用这条线可方便地检查和控制管道的高程和坡度。高差调整数可按下式计算：

$$高差调整数＝（板顶高程－管底设计高程）－下返数$$

若高差调整数为正，往下量取；若高差调整数为负，往上量取。

例如，预先确定下返数为 1.5m，某桩号的坡度板的板顶实测高程为 78.868m，该桩号管底设计高程为 77.2m，则高差调整数为：$(78.868-77.2)-1.5=0.168$m，即从板顶沿立板往下量 0.168m，钉上坡度钉，则由这个钉下返 1.5m 便是设计管底位置。

2. 平行轴腰桩法

当现场条件不便采用坡度板时，对精度要求较低的管道，可采用平行轴腰桩法来测设中线、高程及坡度控制标志。如图 13-26 所示，开挖前，在中线一侧（或两侧）测设一排（或两排）与中线平行的轴线桩，平行轴线桩与管道中线的间距为 a，各桩间隔 20m 左右，各附属构筑物位置也相应设桩。

管槽开挖时至一定深度以后，为方便起见，以地面上的平行轴线桩为依据，在高于槽底约 1m 的槽坡上再钉一排平行轴线桩，它们与管道中线的间距为 b，称为腰桩。用水准仪测出各腰桩的高程，腰桩高程与该处相对应的管底设计高程之差，即是下返数。施工时，根据腰桩可检查和控制管道的中线和高程。

也可在槽坡上另外单独测设一排坡度桩，使其连线与设计坡度线平行，并与设计高程相差一个整数，方法见有关章节。这样，使用起来更为方便。

三、顶管施工测量

当管线穿越铁路、公路或其他建筑物时，如果不便采用开槽的方法施工，这时就常采用顶管施工法。顶管施工测量的主要任务，是控制好管道中线方向、高程和坡度。

1. 中线测设

如图 13-27 所示，先挖好顶管工作坑，根据地面上标定的中线控制桩，用经纬仪将顶管中心线引测到坑下，在前后坑底和坑壁设置中线标志。将经纬仪安置

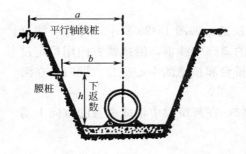

图 13-26 平行轴腰桩法

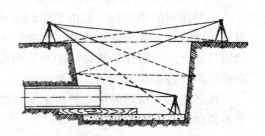

图 13-27 顶管中线测设

于靠近后壁的中线点上，后视前壁上的中线点，则经纬仪视线即为顶管的设计中线方向。在顶管内前端水平放置一把直尺，尺上标明中心点，该中心点与顶管中心一致。每顶进一段(0.5~1m)距离，用经纬仪在直尺上读出管中心偏离设计中线方向的数值，据此校正顶进方向。

如果使用激光经纬仪或激光准直仪，则沿中线发射一条可见光束，使管道顶进中的校正更为直观和方便。

如果顶进距离不长，也可在前后坑壁中线钉之间拉一条细绳，细绳上挂两个吊锤，两吊锤线的连线即为中线方向。

2．高程测设

先在工作坑内设置临时水准点，将水准仪安置于坑内，后视临时水准点，前视立于管内各测点的短标尺，即可测得管底各点的高程。将测得的管底高程与管底设计高程进行比较，即可得到顶管高程和坡度的校正数据。

如果将激光经纬仪或激光准直仪的安置高度和视准轴的倾斜坡度与设计的管道中心线相符合，则可以同时控制顶管作业中的方向和高程。

第七节　桥梁工程施工测量

桥梁工程施工测量的任务，是根据桥梁设计的要求和施工详图，遵循从整体到局部的原则，先进行控制测量，再进行细部放样测量。将桥梁构造物的平面和高程位置，在实地放样出来，及时地为不同的施工阶段提供准确的设计位置和尺寸，并检查其施工质量。

桥梁施工阶段的测量工作，首先是通过平面控制网的测量，求出桥梁轴线的长度、方向和放样桥墩中心位置的数据，通过水准测量，建立桥梁墩台施工放样的高程控制；其次，当桥梁构造物的主要轴线(如桥梁中线、墩台纵横轴线等)放样出来后，按主要轴线进行构造物轮廓特征点的细部放样和进行施工观测；最后还要进行竣工测量以及桥梁墩台的沉降位移观测。下面分别介绍小型桥梁和大中型桥梁的施工测量。

一、小型桥梁施工测量

建造跨度较小的小型桥梁，一般用临时筑坝截断河流或选在枯水季节进行，以便于桥梁的墩台定位施工。

1．桥梁中轴线和控制桩的测设

小型桥梁的中轴线一般由道路的中线来决定，如图 13-28 所示，可将经纬仪安置在桥梁一端的道路中线桩，照准另一端的道路中线桩，沿视线方向用检定过的钢尺或光电测距仪，按设计距离，测设出桥台和桥墩的中心桩位。同时，在河道两岸测设桥梁中轴线的控制桩。

在各桥台和桥墩的中心桩位上安置经纬仪，在与桥梁中轴线垂直的方向上测设各桥台和桥墩的控制桩。

2．桥台和桥墩施工测量

根据桥台和桥墩的十字中心线定出基坑开挖边界线，其宽度应根据坑深、放

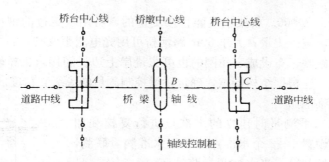

图 13-28 小型桥梁定位

坡、土质和施工方法确定。基坑开挖到一定深度后,应根据水准点高程在坑壁测设距基底设计面为一定高差(如 1m)的水平桩,作为控制挖深及基础施工中掌握高程的依据。

基础完工后,应根据桥梁中轴线控制桩和桥台、桥墩的控制桩,用经纬仪在基础面上测设出桥台、桥墩的中心及纵、横方向的轴线,再据此放样出桥台、桥墩砌筑或浇筑的外廓线,作为桥台和桥墩施工的平面依据。此外,用水准仪将设计标高线测设在基础侧面上,作为桥台和桥墩施工的高程依据。

二、大、中型桥梁施工测量

建造大、中型桥梁时,因河道宽阔,桥墩在河水中建造,且墩台较高,基础较深,墩间跨距大,梁部结构复杂,因此,对桥轴线测设、墩台定位等要求精度较高。为此需要在施工前布设平面控制网和高程控制网,用较精密的方法进行墩台定位和架设梁部结构。

1. 平面控制测量

桥梁平面控制测量,可根据现场及设备情况采用三角测量或导线测量等,桥轴线包含在三角或导线中,图 13-29 是采用三角网时的几种具体布设形式。控制点布设时,除满足测量本身的需要外,还要求选在不被水淹、不受施工干扰、稳固可靠的地方。如果桥梁有引桥,则平面控制网还应向其延伸。

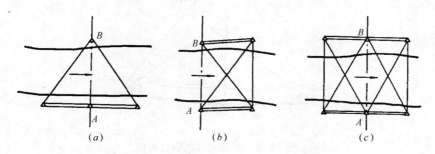

图 13-29 桥梁平面控制三角网的形式
(a)双三角形;(b)四边形;(c)双四边形

桥梁平面控制测量的等级,应满足桥梁中线长度相对中误差的规定,当桥长小于 200m 时,相对中误差不应大于 1/10000,当桥长为 200~500m 时,相对中误差不应大于 1/20000。桥梁中线能直接丈量的,可用检定过的钢尺按一级导线量距的技术要求进行丈量;大于 50m 跨河桥可用光电测距仪按一、二级测距边的测距技术要求施测,布设成三角网的也可丈量岸上边长间接求出桥轴长度。对特殊的桥梁结构,应根据结构特点,确定桥梁控制测量的等级和精度。

2. 高程控制测量

根据线路基平测量时建立的水准点进行复核和加密,两岸应各设置 1~2 个水准点,并用水准测量联测,组成桥梁高程控制网。当水准测量跨越河流、深沟,且视线长度超过 200m 时,应采用跨河水准测量方法。

跨河水准用两台水准仪同时作对向观测,如图 13-30 所示,A、B 为要连测的水准点,C、D 为测站点,要求 AD 与 BC 距离基本相等,AC 与 BD 距离基本相等且不小于 10m。

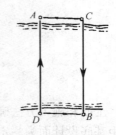

图 13-30 跨河水准测量

观测时,C 站先测本岸 A 点尺上读数 a_1,后测对岸 B 点尺上读数 b_1,其高差为 $h_1=a_1-b_1$;同时 D 站先测本岸 B 点尺上读数 b_2,后测对岸 A 点尺上读数 a_2,其高差为 $h_2=a_2-b_2$;取 h_1 和 h_2 的平均数作为 A、B 之间的高差,完成一个测回。跨河水准应观测两个测回,两测回间较差不得超过 $\pm 40\sqrt{s}$ mm(s 为跨河视线长度,以千米为单位)。

3. 墩台定位测量

大中桥梁墩台中心点的定位测量常采用角度交会法和极坐标法。角度交会法应采用三台经纬仪同时交会,如图 13-31 所示,其中一台应安置在桥轴控制桩上,交会误差三角形在容许范围时,取另两台经纬仪视线交点在桥轴线上的垂足 P 作为墩台中心点。

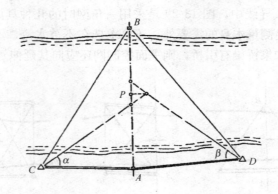

图 13-31 方向交会法墩台定位

极坐标法一般采用全站仪测设,最好是将仪器安置在一个桥轴控制桩上,瞄准另一端的桥轴控制桩作为定向,以保证墩台中心位于桥轴线上。

4. 梁部架设施工测量

桥梁梁部结构较复杂,在架设前,应先对已完工的墩台的方向、距离和高程用较高的精度测定，并做好标志，作为架设的依据。其中，桥梁中线方向可用经纬仪测设，相邻桥墩中心点的距离用光电测距仪测定，墩台顶面高程用水准仪测定，构成水准路线，附合到两岸水准点上。

大跨度钢桁架或连续梁采用悬臂或半悬安装架设，拼装开始前，应在横梁顶部和底部分中点作出标志，架梁时用以测量钢梁中心线与桥梁中心线的偏差值。在梁的拼装开始后，应通过不断的测量，使钢梁始终在正确的平面位置上，并且高程符合设计的要求。

全桥架通后，作一次方向、距离和高程的全面测量，其成果资料可作为钢梁整体纵、横移支和起落调整的施工依据，称为全桥贯通测量。

思考题与习题

1. 什么是中线测量？中线测量的内容是什么？
2. 什么叫里程桩？怎样测设直线段上的里程桩？
3. 线路转角的定义是什么？绘图说明左、右转角的意义。
4. 在图 13-3 中，设导线点 6 的坐标为(456.990，785.900)，导线点 7 的坐标为(481.885，907.580)，线路中线交点 JD_4 的坐标为(402.569，747.079)，在导线点 6 设站，按极坐标法测设交点 JD_4，请计算测设角度和距离值，并说明测设步骤。
5. 什么是圆曲线的主点？圆曲线元素有哪些？如何测设圆曲线的主点？
6. 圆曲线细部放样方法有哪几种？各适用于什么情况？
7. 已知线路交点里程为 K12+478.56，线路转角(右角)为 28°24′，圆曲线半径 $R=300$m，请计算圆曲线元素和各主点里程，并说明主点测设步骤。
8. 对上题所述圆曲线，在 ZY 点上设站，用偏角法每隔 20m 放样一里程桩，请计算圆曲线上各放样点的里程、弦长及偏角，并说明测设步骤。
9. 已知线路交点的里程桩为 K4+342.18，测得转角 $\alpha_{左}=25°38′$，圆曲线半径为 $R=250$m，曲线整桩距为 20m，若采用切线支距法测设，试计算各桩坐标(要求前半曲线由 ZY 点开始测设，后半曲线由 YZ 点开始测设)，并说明测设步骤。
10. 上题中，若交点的平面坐标为(2088.273，1535.011)，交点至曲线起点(ZY)的坐标方位角为 243°27′18″，请计算曲线主点坐标和细部坐标。
11. 线路纵、横断面测量的任务是什么？包括哪些内容？
12. 线路中心线的纵断面图是怎样绘制的？它有哪些主要内容？
13. 某段线路中平水准测量记录见表 13-9，请计算各点的高程，并绘出纵断面图，其中距离比例尺为1：1000，高程比例尺为 1：100。

线路中平水准测量记录　　　　表 13-9

点　号	水准尺读数(m)			视线高程(m)	高程(m)	备　注
	后　视	中　视	前　视			
BM_1	1.247			89.373	88.126	
K0+000		1.65				
0+020		2.21				
0+040		2.58				
TP_1	1.105		2.658			

续表

点 号	水准尺读数(m)			视线高程 (m)	高 程 (m)	备 注
	后 视	中 视	前 视			
0+060		2.23				
0+080		1.62				
0+100		1.88				
BM_2			1.782			BM_2 高程 286.032

14. 横断面测量有哪些方法？适用于什么情况？
15. 中线为圆曲线时，如何确定横断面方向，请绘图加以说明。
16. 道路边桩放样有哪些方法？各适用于什么情况？
17. 管道施工测量的项目有哪些？
18. 桥梁施工测量包括哪些主要内容？
19. 桥墩定位有哪几种方法？

第十四章　建筑物变形观测和竣工总平面图的编绘

【学习重点】
- 了解建筑物变形观测的特点。
- 理解对于高层建筑、重要厂房、高耸构筑物及地质不良地段的建筑物，都要进行较长时期的、系统的沉降观测和倾斜观测。
- 掌握变形观测的技术要求，水准点位置的选择，测量的精度要求，从而确定建筑物的下沉量及下沉规律。

第一节　建筑物变形观测概述

测定建筑物及其地基在建筑物荷重和外力作用下，随时间而变形的工作称为变形观测。随着经济建设的不断发展，全国各地兴建了大量的水工建筑物，工业与交通建筑物，高大建筑物以及为开发地下资源而兴建的工程设施，安装了许多精密机械、导轨，以及科学试验设备和设施等。由于各种因素的影响，在这些工程建筑物及其设备的运营过程中，都会产生变形。这种变形在一定限度之内是正常的现象，但如果超过了规定的界限，就会影响建筑物的正常使用，严重时还会危及建筑物的安全。因此，在工程建筑物的施工和运营期间，必须对它们进行监测，即变形观测。以便从实测数据方面，反映其变形程度，并根据多方面的资料，分析其稳定情况。

工程建筑物产生变形的原因有很多，最主要的原因有两个方面，一是自然条件及其变化，即建筑物地基的工程地质、水文地质、土的物理性质、大气温度和风力等因素引起。例如，同一建筑物由于基础的地质条件不同，引起建筑物不均匀沉降，使其发生倾斜或裂缝。二是建筑物自身的原因，即建筑物本身的荷载、结构、型式及动载荷（如风力、振动等）的作用。此外，勘测、设计、施工的质量及运营管理工作的不合理也会引起建筑物的变形。

变形观测的任务就是周期性地对所设置的观测点（或建筑物某部位）进行重复观测，以求得在每个观测周期内的变化量。若需测量瞬时变形，可采用各种自动记录仪器测定其瞬时位置。

变形测量的观测周期，应根据建（构）筑物的特征、变形速率、观测精度要求和工程地质条件等因素综合考虑，观测过程中，根据变形量的变化情况，应适当调整。一般在施工过程中，频率应大些，周期可以为三天、七天、十五天等，等竣工投产以后，频率可小一些，一般为一个月、两个月、三个月、半年及一年等周期。若遇特殊情况，还要临时增加观测的次数。

变形观测的精度要求，应根据建筑物的性质、结构、重要性、对变形的敏感程度等因素确定。

通过变形观测可取得大量的可靠资料和数据，用于监视工程建筑物的状态变化和工作情况。若发生异常现象，可及时分析原因，采取加固措施或改变运营方式，以保证安全。除此以外，还可根据变形观测的数据，验证地基与基础的计算方法，工程结构的设计方法，合理规定不同地基与工程结构的允许变形值，为工程建筑物的设计、施工、管理和科学研究工作提供资料，以保证工程建筑物的合理设计、正确施工和安全使用。因此，大型或重要工程建筑物、构筑物，在工程设计时，应对变形测量统筹安排，施工开始时，即应进行变形观测，并一直持续到变形趋于稳定时终止。

变形观测的内容，要求有明确的针对性，应根据建筑物的性质与地基情况来确定，既要有重点，又要作全面考虑，以便能全面且正确地反映出建筑物的变化情况。

工业与民用建筑物，对基础而言，其主要的观测内容是测算绝对沉降量、平均沉降量、相对弯曲、相对倾斜、平均沉降速度以及绘制沉降分布图等。建筑物的地基变形特征值(沉降量、沉降差、倾斜、局部倾斜以及沉降速率等)是衡量地基变形发展程度与状况的重要标志。

对于建筑物本身来说，主要看变形是否影响房屋的正常使用，如：是否产生裂缝，倾斜是否超出允许范围等。

对于工业设备、厂房柱子、导轨等，其主要观测内容是水平位移和垂直位移等。

在建筑施工过程中，一般采用精密水准仪进行沉降观测，采用经纬仪进行倾斜观测，其实测数据是建筑物工程质量检查的主要依据，也是竣工验收的主要技术档案之一。

建筑变形观测还包括：基坑回弹观测、地基土分层沉降观测，地基土变形相邻影响观测及场地沉降观测，裂缝观测、挠度观测和高层建筑的风振测量等。本章由于篇幅所限，主要介绍建筑物的沉降观测、倾斜观测、裂缝与位移观测。

第二节 建筑物沉降观测

测定建筑物上一些点的高程随时间而变化的工作叫沉降观测。沉降观测时，在能表示沉降特征的部位设置沉降观测点，在沉降影响范围之外埋设水准基点，用水准测量方法定期测量沉降点相对于水准基点的高差，也可以用液体静力水准仪等专用仪器进行。从各个沉降点高程的变化中了解建筑物的上升或下降的情况。

另外，测定一定范围内地面高程随时间而变化的工作，也是沉降观测，通常称为地表沉降观测。

一、水准点和观测点的设置

1. 水准点的设置

水准点作为沉降观测的基准，其型式和埋设要求及观测方法均与三、四等水准测量相同。水准点高程应从建筑区永久水准基点引测。其埋设还应符合下列要求：

(1) 应布设在沉降影响范围之外，距沉降观测点不超过 100m；

(2) 宜设置在基岩上，或设在压缩性较低的土层上，并避开道路、河岸等处，以保持其稳定性；

（3）为保证水准点高程的正确性和便于相互检核，水准点一般不应少于三个；

（4）在冰冻地区，水准点应埋设在冰冻线以下 0.5m。

若施工水准点能满足沉降观测的精度要求，可作为沉降观测水准点之用。

2. 沉降观测点的设置

设置沉降观测点，应能够反映建（构）筑物变形特征和变形明显的部位，标志应稳固、明显、结构合理，不影响建（构）筑物的美观和使用。点位应避开障碍物，便于观测和长期保存。

建（构）筑物的沉降观测点，应按设计图纸埋设，并符合下列要求：

（1）建筑物四角或沿外墙每 10～15m 处或每隔 2～3 根柱基上；

（2）裂缝、沉降缝或伸缩缝的两侧，新旧建筑物或高低建筑物应在纵横墙交接处；

（3）人工地基和天然地基的接址处，建筑物不同结构的分界处；

（4）烟囱、水塔和大型储藏罐等高耸构筑物的基础轴线的对称部位，每一构筑物不得少于 4 个点。

建筑物、构筑物的基础沉降观测点，应埋设于基础底板上。

基坑回弹观测时，回弹观测点宜沿基坑纵横轴线或能反映回弹特征的其他位置上设置。回弹观测的标志，应埋入基底面 10～20cm。

地基土的分层沉降观测点，应选择在建筑物、构筑物的地基中心附近。观测标志的深度，最浅的应在基础底面 50cm 以下，最深的应超过理论上的压缩层厚度。

建筑场地的沉降点布设范围，宜为建筑物基础深度的 2～3 倍，并应由密到疏布点。

二、建筑物的沉降观测

1. 沉降观测的时间

沉降观测的时间和次数，应根据工程性质、工程进度、地基的土质情况及基础荷重增加情况决定。

一般建筑物的沉降观测周期为：观测点埋设稳固后，且在建（构）筑物主体开工前，即进行第一次观测；主体施工过程中，荷重增加前后（如基础浇灌、回填土、安装柱子、房架、砖墙每砌筑一层楼、设备安装及运转等）均应进行观测；如施工期间中途停工时间较长，应在停工时和复工前进行观测；当基础附近地面荷重突然增加，周围积水及暴雨后，或周围大量挖方等均应观测。工程竣工后，一般每月观测一次，如果沉降速度减缓，可改为 2～3 个月观测一次，直到沉降量 100 天不超过 1mm 时，观测才可停止。

基础沉降观测在浇灌底板前和基础浇灌完毕后应至少各观测一次。回弹观测点的高程，宜在基坑开挖前、开挖后及浇灌基础之前，各测定一次。地基土的分层沉降观测，应在基础浇灌前开始。

2. 沉降观测方法

沉降观测的观测方法视沉降观测点的精度要求而定，观测的方法有：一、二、三等水准测量，液体静力水准测量，微水准测量，三角高程测量等。其中最常用的是水准测量方法。

对于多层建筑物的沉降观测,可采用 S_3 水准仪,用普通水准测量方法进行。对于高层建筑物的沉降观测,则应采用 S_1 精密水准仪,用二等水准测量方法进行。为了保证水准测量的精度,每次观测前,对所使用的仪器和设备,应进行检验校正。观测时视线长度一般不得超过 50m,前、后视距离要尽量相等,视线高度应不低于 0.3m。

沉降观测的各项记录,必须注明观测时的气象情况和荷载变化。

3. 沉降观测的工作要求

沉降观测是一项较长期的连续观测工作,为了保证观测成果的正确性,应尽可能做到四定:

(1) 固定观测人员;
(2) 使用固定的水准仪和水准尺;
(3) 使用固定的水准基点;
(4) 按规定的日期、方法及既定的路线、测站进行观测。

三、沉降观测的成果整理

每次观测结束后,应检查记录中的数据和计算是否准确,精度是否合格,然后把各次观测点的高程,列入沉降观测成果表中,并计算两次观测之间的沉降量和累计沉降量,同时也要注明日期及荷载情况,见表 14-1。为了更清楚地表示出沉降、荷载和时间三者之间的关系,可画出各观测点的荷载、时间、沉降量曲线图,如图 14-1 所示。

沉降观测成果表　　　　　表 14-1

观测日期	荷载 (t/m^2)	观测点								
		1			2			3		
		高程 (m)	本次沉降 (mm)	累计沉降 (mm)	高程 (m)	本次沉降 (mm)	累计沉降 (mm)	高程 (m)	本次沉降 (mm)	累计沉降 (mm)
2001.3.15	0	21.067	0	0	21.083	0	0	21.091	0	0
4.1	4.0	21.064	3	3	21.081	2	2	21.089	2	2
4.15	6.0	21.061	3	6	21.079	2	4	21.087	2	4
5.10	8.0	21.060	1	7	21.076	3	7	21.084	3	7
6.5	10.0	21.059	1	8	21.075	1	8	21.082	2	9
7.5	12.0	21.058	1	9	21.072	3	11	21.080	2	11
8.5	12.0	21.057	1	10	21.070	2	13	21.078	2	13
10.5	12.0	21.056	1	11	21.069	1	14	21.078	0	13
12.5	12.0	21.055	1	12	21.068	1	15	21.076	2	15
2002.2.5	12.0	21.055	0	12	21.067	1	16	21.076	0	15
4.5	12.0	21.054	1	13	21.066	1	17	21.075	1	16
6.5	12.0	21.054	0	13	21.066	0	17	21.074	1	17

在沉降测量工作中常会遇到一些矛盾现象,需要分析原因,进行合理处理,下面是一些常见问题及其处理方法。

1. 曲线在首次观测后即发生回升现象

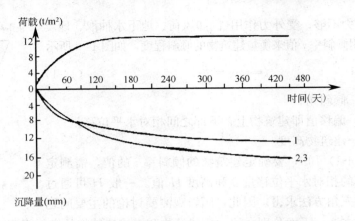

图 14-1　建筑物的荷载、时间、沉降量关系曲线图

在第二次观测时发现曲线上升，至第三次后，曲线又逐渐下降。发生此种现象，一般都是由于首次观测成果存在较大误差所引起的。此时，应将第一次观测成果作废，而采用第二次观测成果作为首次观测成果。

2. 曲线在中间某点突然回升

发生此种现象的原因，多半是因为水准基点或沉降观测点被碰所致，如水准基点被压低，或沉降观测点被撬高，此时，应仔细检查水准基点和沉降观测点的外观有无损伤。如果众多沉降观测点出现此种现象，则水准基点被压低的可能性很大。此时可改用其他水准点作为水准基点来继续观测，并再埋设新水准点，以保证水准点个数不少于三个。如果只有一个沉降观测点出现此种现象，则多半是该点被撬高，如果观测点被撬后已活动，则需另行埋设新点，若点位尚牢固，则可继续使用，对于该点的沉降计算，则应进行合理处理。

3. 曲线自某点起渐渐回升

产生此种现象一般是由于水准基点下沉所致。此时，应根据水准点之间的高差来判断出最稳定的水准点，以此作为新水准基点，将原来下沉的水准基点废除。另外，埋在裙楼上的沉降观测点，由于受主楼的影响，有可能会出现属于正常的渐渐回升现象。

4. 曲线的波浪起伏现象

曲线在后期呈现微小波浪起伏现象，其原因是测量误差所造成的。曲线在前期波浪起伏之所以不突出，是因为下沉量大于测量误差之故；但到后期，由于建筑物下沉极微或已接近稳定，因此在曲线上就出现测量误差比较突出的现象。此时，可将波浪曲线改成为水平线，并适当地延长观测的间隔时间。

只有排除了这类反常因素的影响之后的沉降资料，才可用于力学分析的依据。

第三节　建筑物倾斜观测

测量建筑物倾斜率随时间而变化的工作叫倾斜观测。建筑物产生倾斜的原因主要有：地基承载力不均匀；因建筑物体型复杂而形成不同荷载；施工未达到设计要求以至承载力不够；受外力作用（例如风荷、地下水抽取、地震等）。一般用倾斜率 i 值来衡量建筑物的倾斜程度，如图 14-2 所示

$$i=\tan\alpha=\frac{\delta}{H} \tag{14-1}$$

式中　α——倾斜角；
　　　δ——偏移值即建筑物上、下部之间相对水平位移量；
　　　H——建筑物高度。

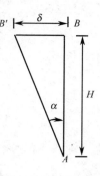

图 14-2　倾斜率

由式（14-1）可知，要确定建筑物的倾斜率 i 的值，需测定其上、下部的相对水平位移量 δ 和高度 H 值。一般 H 可通过直接丈量或三角方法求得。因此，倾斜观测要讨论的主要问题是测定 δ 的方法。下面分别介绍一般建筑物和塔式建筑物的倾斜观测方法。

一、一般建筑物的倾斜观测

1. 直接观测法

一般的倾斜观测常用此法。其观测步骤是先在欲观测的墙面顶部设置一标志点 M，如图 14-3 所示，置经纬仪于距墙面约 1.5 倍墙高处，瞄准观测点 M，用正倒镜分中法向下投点得 N 点，做好标志。隔一定时间后再次观测，用经纬仪照准 M 点（由于建筑物倾斜，实际 M 点已偏移到 M' 点）后，向下投点得 N' 点，用钢尺量取 N 和 N' 间的水平距离 δ，则根据墙高 H，即得建筑物的倾斜率为：$i=\dfrac{\delta}{H}$。

2. 间接计算法

建筑物发生倾斜，主要是地基的不均匀沉降造成的，如通过沉降观测测出了建筑物的不均匀沉降量 Δh，如图 14-4 所示，则偏移值 δ 可由下式计算

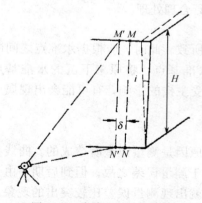

图 14-3　直接观测法测倾斜

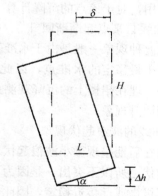

图 14-4　间接计算法测倾斜

$$\delta=\frac{\Delta h}{L}\cdot H \tag{14-2}$$

式中　δ——建筑物上、下部相对位移值；
　　　Δh——基础两端点的相对沉降量；
　　　L——建筑物的基础宽度；
　　　H——建筑物的高度。

这种方法适用于建筑物本身刚性强，发生倾斜时自身结构仍然完整，且沉降资料可靠的建筑物。

二、塔式建筑物的倾斜观测

1. 纵、横轴线法

此法适用于邻近有空旷场地的塔式建筑物的倾斜观测。

如图 14-5 所示，以烟囱为例，先在拟测建筑物的纵、横两轴线方向上距建筑物 $1.5 \sim 2$ 倍建筑物高处选定两个点作为测站，图中为 N_1 和 N_2。在烟囱横轴线上布设观测标志 1、2、3、4 点，在纵轴线上布设观测标志 5、6、7、8 点，并选定远方通视良好的固定点 M_1 和 M_2 作为零方向。

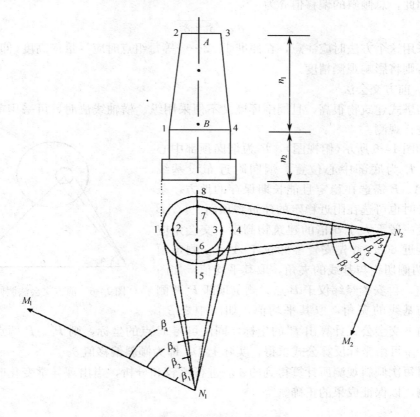

图 14-5　纵、横轴线法测倾斜

观测时，首先在 N_1 设站，以 M_1 为零方向，以 1、2、3、4 为观测方向，用 J_2 经纬仪按方向观测法观测两个测回(若用 J_6 经纬仪则应测四个测回)，得方向值分别为 β_1、β_2、β_3 和 β_4，则上部中心 A 的方向值为 $(\beta_2+\beta_3)/2$；下部中心 B 的方向值为 $(\beta_1+\beta_4)/2$，则 A、B 在纵轴线方向水平夹角 θ_1 为

$$\theta_1 = \frac{(\beta_1+\beta_4)-(\beta_2+\beta_3)}{2} \tag{14-3}$$

若已知 N_1 点至烟囱底座中心水平距离为 l_1，则在纵轴线方向的倾斜位移量 δ_1 为

$$\delta_1 = \frac{\theta_1}{\rho} \cdot l_1 \tag{14-4}$$

即
$$\delta_1 = \frac{(\beta_1 + \beta_4) - (\beta_2 + \beta_3)}{2\rho''} \cdot l_1 \tag{14-5}$$

同理，在 N_2 设站，以 M_2 为零方向测出 5、6、7、8 各点的方向值 β_5、β_6、β_7 和 β_8，可得横轴线方向的倾斜位移量 δ_2 为

即
$$\delta_2 = \frac{(\beta_5 + \beta_8) - (\beta_6 + \beta_7)}{2\rho''} \cdot l_2 \tag{14-6}$$

式中 l_2 为 N_2 点至烟囱底座中心的水平距离。

因此，总倾斜的偏移值 δ 为
$$\delta = \sqrt{\delta_1^2 + \delta_2^2} \tag{14-7}$$

采用这个方法时应注意，在照准 1、2……等每组点时应尽量使高度（仰角）相等，否则将影响观测精度。

2. 前方交会法

当塔式建筑物很高，且周围环境又不便采用纵、横轴线法时，可采用前方交会法进行观测。

如图 14-6 所示（俯视图），P' 为烟囱顶部中心位置，P 为底部中心位置，烟囱附近布设基线 AB，A、B 需选在稳定且能长期保存的地方，条件困难时也可选在附近稳定的建筑物顶面上。AB 的长度一般不大于 5 倍的建筑物高度，交会角应尽量接近 60°。首先安置经纬仪于 A 点，测定顶部 P' 两侧切线与基线的夹角，取其平均值，如图中之 α_1。再安置经纬仪于 B 点，测定顶部 P' 两侧切线与基线的夹角，取其平均值，如图中之 β_1，

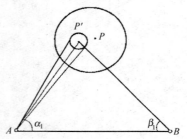

图 14-6 前方交会法测倾斜

利用前方交会公式计算出 P' 的坐标，同法可得 P 点的坐标，则 P'、P 两点间的平距 $D_{PP'}$ 可由坐标反算公式求得，实际上 $D_{PP'}$ 即为倾斜偏移值 δ。

对每次倾斜观测所计算得到的 δ 应进行比较和分析，当出现异常变化时应进行复测，以保证成果的正确。

第四节 建筑物的裂缝与位移观测

一、建筑物的裂缝观测

测定建筑物上裂缝发展情况的观测工作叫裂缝观测。建筑物产生裂缝往往与不均匀沉降有关，因此，进行裂缝观测的同时，一般需要进行建筑物的沉降观测，以便进行综合分析和及时采取相应的措施。

裂缝观测时，首先应对拟观测的裂缝进行编号，在裂缝两侧设置观测标志，然后定期观测裂缝的宽度、长度及其方向等。

对标志设置的基本要求是，当裂缝开裂时标志就能相应地开裂或变化，正确

地反映建筑物变形发展的情况。下面介绍三种常用的简便型裂缝观测标志。

1. 石膏板标志

如图 14-7(a)所示，用厚 10mm，宽约 50~80mm 的石膏板覆盖在裂缝上，和裂缝两侧牢固地连在一起。当裂缝继续开裂与延伸时，裂缝上的标志即石膏板也随之开裂，从而观测裂缝的大小及其继续发展情况。

2. 白铁片标志

如图 14-7(b)所示，用两块白铁片，一片为 150mm×150mm 的正方形，固定在裂缝的一侧，并使其一边和裂缝边缘对齐。另一片为 50mm×200mm，固定在裂缝的另一侧，并使其一部分紧贴在正方形的铁片上。当两块铁片固定好之后，在其表面涂上红漆，如果裂缝继续发展，两块白铁片将会拉开，露出正方形白铁片上原被覆盖没有涂油漆的部分，其宽度即为裂缝加大的宽度，可用尺子量出。

3. 金属棒标志

如图 14-7(c)所示，将长约 100mm，直径约 10mm 左右的钢筋头插入，并使其露出墙外约 20mm 左右，用水泥砂浆填灌牢固。两钢筋头标志间距离不得小于 150mm。待水泥砂浆凝固后，用游标卡尺量出两金属棒之间的距离，并记录下来。以后如裂缝继续发展，则金属棒的间距也就不断加大。定期测量两棒的间距并进行比较，即可掌握裂缝发展情况。

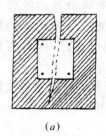 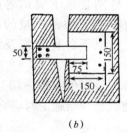 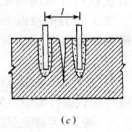

(a)   (b)   (c)

图 14-7 裂缝观测标志

(a)石膏板标志；(b)白铁片标志；(c)金属棒标志

裂缝观测结果常与其他数据相结合，可供探讨建筑物变形的原因、变形的发展趋势和判断建筑物的安全等。

二、建筑物的位移观测

测定建筑物的平面位置随时间移动的工作叫位移观测，其产生往往与不均匀沉降，横向挤压等有关。位移观测首先要在建筑物旁埋设测量控制点，再在建筑物上设置位移观测点。

如图 14-8 所示，欲对建筑物进行位移观测时，可在建筑物底部埋设观测标志点 a、b；在地面上建立控制点 A、B、C，使其成为一直线。定

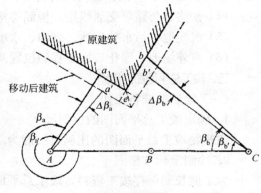

图 14-8 位移观测

期测定各观测标志,即可掌握建筑物随时间位移量的情况。观测时,将经纬仪分别安置在 A、C 点上,测得控制点与观测点的夹角分别为 β_a 和 β_b,若一段时间后建筑物随时间变化产生水平位移 aa' 和 bb',则再次测得控制点与观测点的夹角分别为 $\beta_{a'}$ 和 $\beta_{b'}$,其两次夹角之差值为 $\Delta\beta_a=\beta_a-\beta_{a'}$ 及 $\Delta\beta_b=\beta_b-\beta_{b'}$,则建筑物的纵横方向位移量按下式计算

$$\left. \begin{array}{l} aa'=Aa\dfrac{\Delta\beta_a}{\rho''} \\ bb'=Cb\dfrac{\Delta\beta_b}{\rho''} \end{array} \right\} \tag{14-8}$$

建筑物的总位移量 $e=\sqrt{(aa')^2+(bb')^2}$ (14-9)

第五节 竣工总平面图的绘制

竣工总平面图是设计总平面图在施工结束后实际情况的全面反映。设计总平面图与竣工总平面图一般不会完全一致,如在施工过程中可能由于设计时没有考虑到的问题而使设计有所变更,这种临时变更设计的情况必须通过测量反映到竣工总平面图上。因此,施工结束后应及时编绘竣工总平面图,以便于日后进行各种设施的维修工作,特别是地下管道等隐蔽工程的检查和维修工作。竣工图的测绘既是对建筑物竣工成果和质量的验收测量,又为企业的扩建提供了原有各项建筑物、地上和地下各种管线及测量控制点的坐标和高程等资料。

编绘竣工总平面图,需要在施工过程中收集一切有关的资料,并对资料加以整理,然后进行编绘。为此,在建筑物开始施工时应有所考虑和安排。

一、竣工总平面图的绘制内容

(1) 现场保存的测量控制点和建筑方格网、主轴线、矩形控制网等平面及高程控制点位;

(2) 地面建筑及地下建筑的平面位置、屋角坐标、层数、底层及室外标高;

(3) 室外给水、排水、电力、电讯及热力管线等位置,与建筑物的关系、编号、标高、坡度、管径、流向及管材等;

(4) 铁路、公路等交通线路,桥涵等构筑物的位置及标高;

(5) 沉淀池、污水处理池、烟囱、水塔等及其附属构筑物的位置及标高;

(6) 室外场地、绿化环境工程的位置及高程。

二、竣工总平面图的绘制

(一) 绘制前准备工作

1. 确定竣工总平面图的比例尺

建筑物竣工总平面图的比例尺一般为 1/500 或 1/1000。

2. 绘制坐标方格网

为了能长期保存竣工资料,竣工总平面图应采用质量较好的图纸,如聚酯薄膜、优质绘图纸等。编制竣工总平面图,首先要在图纸上精确地绘出坐标方格

网。坐标方格网画好后,应进行检查。用直尺检查有关的交叉点是否在同一直线上;同时用比例尺量出正方形的边长和对角线长,视其是否与应有的长度相等。图廓对角线绘制容许误差为±1mm。

3. 展绘控制点

以图纸上绘出的坐标方格网为依据,将施工控制网点按坐标展绘在图纸上。展点对所临近的方格而言,其容许误差为±0.3mm。

4. 展绘设计总平面图

在编制竣工总平面图之前,应根据坐标格网,先将设计总平面图的图面内容按其设计坐标,用铅笔展绘于图纸上,作为底图。

(二)竣工总平面的编绘

在建筑物施工过程中,在每一个单位工程完成后,应该进行竣工测量,并计算出该工程的竣工测量成果。对凡有竣工测量资料的工程,若竣工测量成果与设计值之比不超过所规定的定位容许误差时,按设计值编绘;否则应按竣工测量资料编绘。

对于各种地上、地下管线,应用各种不同颜色的墨线绘出其中心位置,注明转折点及井位的坐标、高程及有关注记。在一般没有设计变更的情况下,墨线绘的竣工位置与按设计原图用铅笔绘的设计位置应该重合。随着施工的进展,逐渐在底图上将铅笔线都绘成墨线。在图上按坐标展绘工程竣工位置时,与在图纸上展绘控制点的要求一样,均以坐标方格网为依据进行展绘,展点对临近的方格而言,其容许误差为±0.3mm。

另外,建筑物的竣工位置应到实地去测量,如根据控制点采用极坐标法或直角坐标法实测其坐标。外业实测时,必须在现场绘出草图,最后根据实测成果和草图,在室内进行展绘,就成为完整的竣工总平面图。

三、竣工总平面图的附件

为了全面反映竣工成果,便于管理、维修和日后的扩建或改建,下列与竣工总平面图有关的一切资料,应分类装订成册,作为竣工总平面图的附件保存:

(1) 建筑场地及其附近的测量控制点布置图及坐标与高程一览表;
(2) 建筑物或构筑物沉降及变形观测资料;
(3) 地下管线竣工纵断面图;
(4) 工程定位、检查及竣工测量的资料;
(5) 设计变更文件;
(6) 建设场地原始地形图等。

思 考 题 与 习 题

1. 建筑物变形观测的目的是什么?主要内容有哪些?
2. 沉降观测设置水准点和观测点的要求是什么?
3. 倾斜观测的方法有哪几种?各适用于什么情况?
4. 如何观测建筑物上的裂缝?
5. 为什么要编绘竣工总平面图?竣工总平面图包括哪些内容?

6. 某点的沉降观测数据如表 14-2 所示，试绘图表示沉降量与时间的关系。

某点的沉降观测数据　　　　　　　　　　表 14-2

观测日期	01.9.10	01.11.12	01.12.15	02.2.30	02.4.20	02.6.9	02.7.26
观测高程(m)	7.343	7.336	7.332	7.325	7.317	7.311	7.303
观测日期	02.10.3	02.12.6	03.2.4	03.4.10	03.6.3	03.8.3	03.10.6
观测高程(m)	7.297	7.292	7.288	2.284	8.282	7.281	7.280

7. 在一建筑物上设一变形观测点，通过三次观测，其坐标值分别为 $x_1=9929.089$m，$y_1=10211.976$m；$x_2=9929.076$m；$y_2=10211.980$m，$x_3=9929.064$m；$y_3=10211.975$m。求此变形观测点每次观测的水平位移量及总位移量。
8. 由于地基不均匀沉降，使建筑物发生倾斜，现测得建筑物前后基础的不均匀沉降量为 0.023m。已知该建筑物的高为 19.20m，宽为 7.20m，求偏移量及倾斜率。
9. 一圆形尖顶古塔，现测得其顶部坐标为 $x_1=20.604$m，$y_1=27.008$m，底部中心坐标为 $x_2=20.927$m，$y_2=26.927$m，求倾斜量及倾斜方向。

附录一　水准仪系列的技术参数
（排名不分先后）

型号		S3(S3E)	S3D(S3ED)	S3AZ(S3BZ)	AL-22	AL-32	AL2430	DZS3-1	NAL124	NL20
产品名称		水准仪	水准仪	自动安平水准仪	自动安平水准仪	自动安平水准仪	自动安平水准仪	自动安平水准仪	自动安平水准仪	自动安平水准仪
标准偏差		<±2.5mm	<±2.5mm	±2.0mm	±3.0mm	±2.5mm	±3.0mm	±3.0mm	2.0mm	2.5mm
望远镜	倒像（正像）	倒像（正像）	倒像（正像）	倒像（正像）	正像	正像	正像	正像	正像	正像
	物镜有效孔径	42mm	42mm	42mm	30mm	36mm	33mm	45mm	36mm	34mm
	放大率	30X	30X	30X	22X	32X	24X	30X	24X	20X
	视场角	1°26′	1°26′	1°26′	1°30′	1°20′	1°30′	1°	—	1°20′
	视距乘常数	100	100	100	100	100	100	100	100	100
	视距加常数	0	0	0	0	0	0	0	0	0
	最短视距	2m	2m	2m	1mm	1mm	0.8mm	2m	0.8mm	0.5m
补偿器	补偿范围	—	—	±8′(±12′)	±12′	±12′	±12′	±5′	±15′	±15′
	安平精度			≤±0.3″	0.5″	0.5″	0.5″		0.5″	±0.6″
	补偿时间			<2s	2s	2s	2s	—		
水准器	管状水准器	20″/2mm	20″/2mm	—						
	圆形水准器	8′/2mm	8′/2mm	8′/2mm	8′/2mm	8′/2mm	8′/2mm	8′/2mm	8′/2mm	8′/2mm
度盘	直径		70mm	77mm						
	格值		2°	1°	1°	1°			1°	
	估读	—	20′	5′						
仪器净重		<2kg	<2kg	<2kg				3.4kg	2kg	
厂家		南京1002厂	南京1002厂	南京1002厂	西北光电	西北光电	西光集团	北京博飞	苏州一光	南方测绘

附录二　光学经纬仪系列的技术参数
（排名不分先后）

型号		J6	J6E	径Ⅲ	径Ⅲ_Z	TDJ6	TDJ6E	TDJ2	TDJ2E	T2
产品名称		光学经纬仪	光学经纬仪	光学经纬仪	光学经纬仪	光学经纬仪	光学经纬仪	光学经纬仪	光学经纬仪	光学经纬仪
一测回水平方向标准误差		≤6″	≤6″	≤6″	≤6″	≤6″	≤6″	≤2″	≤2″	≤±0.8″
一测回垂直方向标准误差		≤9″	≤9″	≤9″	≤9″	≤10″	≤10″	≤6″	≤6″	—
望远镜	倒像（正像）	倒像	正像	正像	正像	倒像	正像	倒像	正像	正像
	物镜有效孔径	40mm	40mm	36mm	36mm	40mm	40mm	40mm	40mm	—
	放大率	28X	29X	25.5X	25.5X	28X	30X	28X	30X	20x
	视场角	1°20′	1°20′	1°30′	1°30′	1°30′	1°30′	1°30′	1°30′	—
	视距乘常数	100	100	100	100	100	100	100	100	100
	视距加常数	0	0	0	0	0	0	0	0	0
	最短视距	2m	2m	2m	2m	2m	2m	2m	2m	2.2m
读数系统	水平读数系统放大倍数	73X	73X	71.4X	71.4X	—	—	—	—	—
	垂直读数系统放大倍数	74X	74X	71.4X	71.4X	—	—	—	—	—
	水平度盘直径	93.4mm	93.4mm	93.4mm	93.4mm	—	—	—	—	—
	垂直度盘直径	73.4mm	73.4mm	73.4mm	73.4mm	—	—	—	—	—
水准器	照准部水准器	30″/2mm	30″/2mm	30″/2mm	30″/2mm	30″/2mm	30″/2mm	20″/2mm	20″/2mm	20″/2mm
	竖盘指标水准器	30″/2mm	30″/2mm	30″/2mm	30″/2mm	30″/2mm	30″/2mm	20″/2mm	20″/2mm	—
	圆水准器	8′/2mm	8′/2mm	—	—	8′/2mm	8′/2mm	8′/2mm	8′/2mm	—
光学对点器	放大倍数	1.1X	1.1X	1.7X	1.7X	3X	3X	3X	3X	—
	视场角	4°	4°	3.5°	3.5°	5°	5°	5°	5°	—
仪器净重		4.2kg	4.2kg	4kg	4kg	4.3kg	4.3kg	6kg	6kg	8.5kg
厂家		南京1002厂	南京1002厂	西北光电	西北光电	北京博飞	北京博飞	北京博飞	西光集团	苏州一光

附录三　全站型电子速测仪系列的技术参数
（排名不分先后）

	型号	OTS332	OTS232	BTS-6082C	BTS-3082C	NTS-322	NTS-325	TC(R)405	R-322N	DTM-352C
	产品名称	中文全站仪	中文全站仪	中文全站仪	中文全站仪	中文全站仪	中文全站仪	中文全站仪	中文全站仪	中文全站仪
	标准偏差	3″	2″	2″	2″	2″	5″	5″	2″	2″
望远镜	倒像（正像）	正像	正像	正像	正像	正像	正像	正像	正像	正像
	物镜有效孔径	45mm	45mm	45mm	45mm	45mm	45mm	40mm	45mm	45mm
	放大率	30X	30X	30X	30X	30X	30X	30X	30X	33X
	视场角	1°20′	1°20′	1°30′	1°30′	1°30′	1°30′	26m/1km	1°30′	1°20′
	最短视距	1.7m	1.7m	1.5m	1.5m	1m	1m	—	1.0m	1.3m
电子测角	测量方式	光电增量	光电增量	光栅增量	光栅增量	光栅增量	光栅增量	绝对编码	绝对编码	光电增量
	最小读数	1″/5″可选	1″/5″可选	1″/5″可选	1″/5″可选	1″/5″可选	1″/5″可选	1″/5″可选	1″	1″
	度盘直径	—	—	71mm	71mm	79mm	79mm			
	液晶显示	双面LCD	双面LCD	双面LCD	双面LCD	双面LCD	双面LCD	双面LCD	双面LCD	双面LCD
测距	测量	5km/单棱镜	5km/单棱镜	1.5km/单棱镜	1.5km/单棱镜	1.8km/单棱镜	1.6km/单棱镜	3.0km/单棱镜	3.4km/单棱镜	2.3km/单棱镜
	测量精度	±(3mm+3×10^{-6}mm)	±(3mm+3×10^{-6}mm)	±(3mm+2×10^{-6}mm)	±(5mm+3×10^{-6}mm)	±(3mm+2×10^{-6}mm)	±(3mm+2×10^{-6}mm)	±(2mm+2×10^{-6}mm)	±(2mm+2×10^{-6}mm)	±(2mm+2×10^{-6}mm)
	测量速度	精测1.2s	精测1.2s	精测2.5s	精测2.5s	精测3.0s	精测3.0s	精测<1.0s	精测2.0s	精测1.6s
	长水准器	30″/2mm	30″/2mm	30″/2mm	30″/2mm	30″/2mm	30″/2mm	—	30″/每刻度	
	圆水准器	8′/2mm	8′/2mm	8′/2mm	8′/2mm	8′/2mm	8′/2mm		8′/1mm	—
	内存点	2000	2000	8000	8000	8000	8000	9000	7500	12000
使用时间	整机测量	4h	4h	4h	4h	2h	2h	—	8h	16h
	角度测量	12h	12h	20h	20h	8h	8h	4h	12h	30h
	电压	7.2V	7.2V	7.2V	7.2V	6.0V	6.0V	6.0V	6.0V	7.2V
	电池类型	Ni-MH	Ni-MH	Ni-MH	Ni-MH	Ni-MH	Ni-MH	Ni-MH	Ni-MH	Ni-MH
	仪器净重	5.3kg	5.3kg	5.6kg	5.6kg	6.0kg	6.0kg	4.38kg	5.7kg	5.7kg
	厂家	苏州一光	苏州一光	北京博飞	北京博飞	南方测绘	南方测绘	徕卡	宾得	尼康

参 考 文 献

[1] 中华人民共和国国家标准. 工程测量规范(GB 50026—93). 北京：中国计划出版社，1993.
[2] 国家标准局. 地形图图式 1∶500、1∶1000、1∶2000. 北京：测绘出版社，1988.
[3] 武汉测绘科技大学《测量学》编写组. 测量学. 第3版. 北京：测绘出版社，1991.
[4] 过静珺. 土木工程测量. 武汉：武汉理工大学出版社，2000.
[5] 李生平. 建筑工程测量. 第2版. 武汉：武汉理工大学出版社，2003.
[6] 周建郑. 建筑工程测量技术. 武汉：武汉理工大学出版社，2002.
[7] 周相玉. 建筑工程测量. 武汉：武汉理工大学出版社，1997.
[8] 郑庄生. 建筑工程测量. 北京：中国建筑工业出版社，1995.
[9] 同济大学测量系，清华大学测量教研组. 测量学. 北京：测绘出版社，1991.
[10] 顾孝烈，鲍峰，程效军. 测量学. 上海：同济大学出版社，1999.
[11] 金和钟，陈丽华. 工程测量. 杭州：杭州大学出版社，1998.
[12] 钟孝顺，聂让. 测量学. 北京：人民交通出版社，1997.
[13] 李青岳，陈永奇. 工程测量学(修订版). 北京：测绘出版社，1995.
[14] 王云江，纪毓忠. 工程测量. 杭州：浙江大学出版社，2000.
[15] 靳祥升. 测量学. 郑州：黄河水利出版社，2001.

全国高职高专教育土建类专业教学指导委员会规划推荐教材

建筑工程测量实训指导书

(土建类专业适用)

本教材编审委员会组织编写
周建郑 主编
李会青 主审

中国建筑工业出版社

本教材编审委员会名单

主　任：杜国城

副主任：杨力彬　张学宏

委　员（按姓氏笔画为序）：

丁天庭　于　英　王武齐　危道军　朱勇年
朱首明　杨太生　林　密　周建郑　季　翔
胡兴福　赵　研　姚谨英　葛若东　潘立本
魏鸿汉

建筑工程测量实训指导书

班级：_____
姓名：_____
学号：_____

前 言

建筑工程测量实训是学生学习"建筑工程测量"课程的重要环节，特别是培养高职、高专学生在独立工作、提高动手能力方面起着显著作用。本书是高职、高专《建筑工程测量》教材的配套用书，与《建筑工程测量》教材内容紧密结合，相互衔接，是高职、高专测量教学中必不可少的教学用书。

本书以实用为目的，共分三部分，第一部分为课间实训，兼顾各院校对实训教学开设的能力，选取了19个实训内容，带*的为选做。每个实训均指明了实训目的、实训器具、实训内容、实训步骤、注意事项等，并针对实训内容提出一定量的实训问答，由学生做过相应实训后来完成。这样可进一步帮助学生理解和巩固实训内容。第二部分为一周施工现场实训，要求各院校应选择合适的建筑工程施工现场，在8项实训参考课题中选定2～3项实训课题进行一周的施工现场实训。实训结束后要求学生写出实训报告。第三部分为目前高职高专院校倡导的"双证书"教育所必需学习的工程测量工中、高级职业技能鉴定规范，以及工程测量工技能知识要求试题供学生们参考。

本书由黄河水利职业技术学院周建郑教授主编并统一定稿，由深圳建筑职业技术学院李会青主审。

在本书编写过程中，得到了有关部委、高职高专教育土建类专业教学指导委员会和编写者所在单位的大力支持，在此一并致谢。

限于编者的水平、经验及时间所限，书中定有欠妥之处，敬请专家和广大读者批评指正。

目 录

建筑工程测量实训须知 ………………………………………………………… 1
第一部分 建筑工程测量实训指导 ……………………………………… 3
  实训一 水准仪的认识与操作 ……………………………………………… 3
  实训二 普通水准测量 ……………………………………………………… 7
  实训三 微倾式水准仪的检验与校正 …………………………………… 10
  实训四 经纬仪的认识与操作 …………………………………………… 13
  实训五 测回法观测水平角 ……………………………………………… 16
  实训六 全圆方向法观测水平角 ………………………………………… 19
  实训七 竖直角观测 ……………………………………………………… 21
  实训八 经纬仪的检验与校正 …………………………………………… 24
  实训九 视距测量 ………………………………………………………… 28
  实训十 罗盘仪定向 ……………………………………………………… 30
  实训十一 全站仪的操作与使用* ………………………………………… 32
  实训十二 GPS 接收机的基本操作与使用* ……………………………… 36
  实训十三 四等水准测量 ………………………………………………… 47
  实训十四 碎部测量 ……………………………………………………… 51
  实训十五 用直角坐标法测设点的平面位置 …………………………… 54
  实训十六 用极坐标法测设点的平面位置 ……………………………… 56
  实训十七 用水准仪进行设计高程的测设 ……………………………… 58
  实训十八 用前方交会法测设点的平面位置 …………………………… 60
  实训十九 圆曲线的测设 ………………………………………………… 62
第二部分 一周施工现场实训 …………………………………………… 65
附录一 国家职业技能鉴定规范 …………………………………………… 79
附录二 国家工人技术等级标准(工程测量工) ………………………… 83
附录三 工程测量工技能测试理论考试题 ………………………………… 86
参考文献 ……………………………………………………………………… 92

建筑工程测量实训须知

一、实训课的目的与要求

实训课的目的：一方面是进一步了解所学测量仪器的构造和性能，另一方面是为了巩固和验证课堂上所学的理论知识，掌握仪器的使用方法，加强学生的实训技能，提高学生的动手能力，使理论与实践结合起来。

实训课的要求：每次实训前均需预习教材相关部分并仔细阅读测量实训指导，在弄清楚实训的内容和过程的基础上再动手实训，并认真完成规定的实训报告，实训结束后及时上交实训报告。

二、仪器的借领方法

（1）每次实训所借用的仪器设备，应按实训指导的规定或指导教师的要求进行，借用时应遵守测量仪器室的规定，由各组组长按组的顺序领取并办理借领手续。

（2）测量仪器室每次均根据实训的任务，按组配备，填好仪器的借用单，将仪器排列在发放台上。各组组长对照仪器的借用单清点仪器及附件等，若无问题，由组长在借用单上签名，并将借用单交仪器管理人员后，方可将仪器借出仪器室。

（3）初次接触仪器，应先看指导教师进行操作、讲解后，再架设仪器进行操作，以免弄坏仪器。

（4）实验完毕应由仪器管理人员暂时验收，由于交还仪器时间过于集中，不可能将仪器详细检查一遍，待下次清点借给他人使用前（最长不超过一周）方可算前者借用手续完毕。

（5）测量仪器属贵重仪器，借出的仪器必须有专人保管，如发生损坏或遗失，应按照学院的规章制度办理。

三、注意事项

测量仪器是精密贵重仪器，是国家财产，爱护仪器是学生应有的职责。如有遗失损坏，不仅国家财产受到损失而且对工作也造成极大的影响。每个人应养成爱护仪器的好习惯。使用仪器时应注意下列事项：

（1）领取仪器时应注意箱盖是否锁好，提手或背带是否牢固。

（2）打开仪器箱前，应将箱子平放后再打开。打开箱盖后，应注意观察仪器及附件在箱中安放的位置，以便用毕后将各部件稳妥地放回原处。

（3）仪器从箱中取出后，必须立即将箱盖关好，以防止灰尘进入或零件丢失。箱子应放在仪器附近，不要坐在箱子上。

（4）仪器置于三脚架上后，应立即将连接螺旋旋紧；不要过紧，以免损坏螺旋；也不要过松，以免仪器脱落。

（5）仪器镜头如有灰尘可用箱内的毛刷或镜头纸擦拭；仪器如有故障，不许自行拆卸，应立即请示指导教师进行处理。

（6）使用仪器时，必须先旋松制动螺旋，未松开时，不可强行扭转。各处的制动螺旋，不要拧的过紧。微动螺旋不可旋到尽头。拨动校正螺钉时，必须小心，先松后紧，松紧适度。

（7）搬动仪器时须松动制动螺旋，三脚架与仪器的连接螺旋应旋紧，仪器最好直立抱持或夹三脚架于腋下，左手托仪器向上倾斜，绝对禁止横扛仪器于肩上，长距离搬运时应将仪器装入箱内。

（8）仪器必须有专人看护，烈日下必须打遮阳伞，以免影响仪器的测量精度。

（9）必须爱护各类仪器工具，在使用过程中尽量避免意外发生。不得用水准尺、花杆抬东西。

（10）仪器用毕后按原位置装入箱内，箱盖若不能关闭时应查看原因，不可强力按下。放入箱内的仪器各制动螺旋应适度旋紧，以免晃动。

（11）实验结束后，应清点各项用具，以免丢失，特别注意清点零星物品。

四、测量记录注意事项

（1）实验记录须填在规定的表格内，随测随记，不得转抄。记录者应"回报"读数，以防听错、记错。

（2）所有记录与计算均须用绘图铅笔记录，字体应端正清晰，字体大小只能占记录格的一半，以便留出空隙更改错误。

（3）记录表格上规定的内容及项目必须填写，不得空白。

（4）记录簿上禁止擦拭涂改与挖补，如记错需要改正时，应以横线或斜线划去，不得使原字模糊不清，正确的数字应写在原字的上方。

（5）已改过的数字又发现错误时，不准再改，应将该部分成果作废重测。

（6）观测成果不能连环涂改。

（7）观测数据应表现其精度及真实性，如水准尺读数读至毫米，则应记1.530m，不能记成1.53m。

（8）所有的观测记录手簿均不准另行誊抄。

（9）记录时要严格要求自己，培养良好的作业习惯，严格遵守作业规定，否则全部成果作废，另行重测。

第一部分　建筑工程测量实训指导

实训一　水准仪的认识与操作

一、实训目的

（1）了解水准仪的构造，熟悉各部件的名称、功能及作用。

（2）初步掌握其使用方法，学会水准尺的读数。

二、实验器具

每组借领水准仪1套，水准尺1对，尺垫1对，记录板1个，测伞1把。

三、实训内容

（1）熟悉 DS_3 型水准仪各部件的名称及作用。

（2）学会使用圆水准器整平仪器。

（3）学会瞄准目标，消除视差及利用望远镜的中丝在水准尺上读数。

（4）学会测定地面两点间的高差。

（5）实训课时为2学时。

四、实训步骤

1. 安置仪器

张开三角架，使架头大致水平，高度适中将脚架稳定（踩紧）。然后用连接螺旋将水准仪固定在三角架上。

2. 了解水准仪各部件的功能及使用方法

（1）调节目镜，使十字丝清晰；旋转物镜调焦螺旋，使物像清晰。

（2）转动脚螺旋使圆水准器气泡居中（此为粗平）；转动微倾螺旋使水准管气泡居中或符合（此为精平）。

（3）用准星和缺口来粗略照准目标；旋紧水平制动螺旋，转动水平微动螺旋来精确照准目标。

3. 概略整平练习

如图1(a)所示的圆气泡处于 e 处而不居中。为使其居中，先按图中箭头的方向转动1、2两个脚螺旋，使气泡移动到 e' 处，如图1(b)；再用右手按图1(b)中箭头所指的方向转动第三个螺旋，使气泡再从 e' 处移动到圆水准器的中心位置。一般需反复操作2～3次即可整平仪器。操作熟练后，

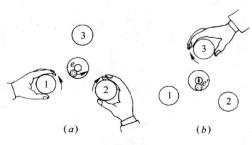

图1　概略整平方法

三个脚螺旋可一起转动，使气泡更快地进入圆圈中心。

  4. 读数练习

  概略整平仪器后，用准星和缺口瞄准水准尺，旋紧水平制动螺旋。分别调节目镜和物镜调焦螺旋，使十字丝和物像都清晰。此时物像已投影到十字丝平面上，视差已完全消除。转动微倾螺旋，使十字丝的竖丝对准尺面，转动微倾螺旋精平，用十字丝的中丝读出米数、分米数和厘米数，并估读到毫米，记下四位读数。

  5. 高差测量练习

  （1）在仪器前后距离大致相等处各立一根水准尺，分别读出中丝所截取的尺面读数，记录并计算两点间的高差。

  （2）不移动水准尺，改变水准仪的高度，再测两点间的高差，两点间的高差之差不应大于 5mm。

五、注意事项

  （1）读取中丝读数前，应消除视差，符合水准气泡必须严格符合。

  （2）微动螺旋和微倾螺旋应保持在中间运行，不要旋到极限。

  （3）观测者的身体各部位不得接触脚架。

六、上交资料

1. 每人上交合格的水准仪认识观测记录表一份；
2. 每人上交水准仪的认识与操作实训报告一份。

实训一 水准仪认识观测记录表

仪器号：　　　　　　天气：　　　　　　观测者：
日　期：　　　　　　呈像：　　　　　　记录者：

安置仪器次数	测点	后视读数(m)	前视读数(m)	高差(m)	高程(m)
第一次					
第二次					
第三次					
第四次					

实训一　水准仪的认识与操作实训报告

班级：　　　　　组别：　　　　姓名：　　　　学号：　　　　日期：

主要仪器与工具		成绩	
实训目的			

1. 水准仪上的圆水准器和管水准器各起什么作用？

2. 照准目标后，从水准尺上读数，需完成哪些操作步骤？请按操作的先后次序回答。

3. 什么是视差？如何消除视差？

4. 使用微倾水准仪读数之前是否每次都要将管水准器居中？为什么？

5. 实训总结。

实训二 普通水准测量

一、实训目的

(1) 掌握普通水准测量的观测、记录、计算与校核。

(2) 熟悉水准路线的布设形式。

二、实训器具

DS_3 型水准仪 1 台，水准尺 1 对，尺垫 1 对，记录夹 1 个，测伞 1 把。

三、实训内容

(1) 做闭合水准路线测量或附合水准路线测量（至少要观测四个测站）。

(2) 观测精度满足要求后，根据观测结果进行水准路线高差闭合差的调整和高程计算。

(3) 实训课时为 2 学时。

四、实训步骤

从指定水准点出发按普通水准测量的要求施测一条闭合（或附合）水准路线，每人轮流观测两站，然后计算高差闭合差和高差闭合差的允许值。若高差闭合差在允许范围之内，则对闭合差进行调整，最后算出各测站改正后高差。若闭合差超限，则应返工重测。

五、技术规定

(1) 视线长度不超过 100m，前、后视距应大致相等。

(2) 限差要求

$$f_{h允} = \pm 40\sqrt{L}\,\text{mm}$$

或

$$f_{h允} = \pm 12\sqrt{n}\,\text{mm}$$

式中　L——水准路线长度，km；

　　　n——测站数。

六、注意事项

(1) 每次读数前水准管气泡要严格居中。

(2) 注意用中丝读数，不要读成上、下丝的读数，读数前要消除视差。

(3) 后视尺垫在水准仪搬动之前不得移动。仪器迁站时，前视尺垫不能移动。在已知高程点上和待定高程点上不得放尺垫。

(4) 水准尺必须扶直，不得前后左右倾斜。

七、上交资料

1. 每人上交合格的普通水准测量记录表一份；

2. 每人上交普通水准测量实训报告一份。

实训二 普通水准测量记录表

仪器号：　　　　测自　　点至　　点　天气：　　　呈像：　　　日期：

班级：　　　　　　组别：　　　　观测者：　　　　　记录者：

测站	测点	后视读数 （m）	前视读数 （m）	高差(m) +	高差(m) −	高程(m)	备注

校核计算　　$\Sigma a - \Sigma b =$ 　　　　$\Sigma h =$

实训二　普通水准测量实训报告

班级：　　　　组别：　　　　姓名：　　　　学号：　　　　日期：

主要仪器与工具		成绩	
实训目的			

1. 实训场地布置草图。

2. 水准测量中，转点有什么作用？

3. 水准测量中可能会产生哪些测量误差？在测量过程中如何消除或减弱它们的影响？

4. 水准仪在测站上整平后，先读取后视读数，然后由后视转到前视，发现圆水准器气泡偏离中心，此时应如何处理？

5. 实训总结

实训三　微倾式水准仪的检验与校正

一、实训目的
(1) 熟悉水准仪各主要轴线之间应满足的几何条件。
(2) 掌握 DS_3 型水准仪的检验与校正。

二、实训器具
DS_3 型水准仪 1 台，水准尺 1 对，尺垫 1 对，记录夹 1 个，测伞 1 把。

三、实训内容
(1) 圆水准器的检验与校正。
(2) 望远镜十字丝的检验与校正。
(3) 水准管轴平行于视准轴的检验与校正。
(4) 实训课时为 2 学时。

四、实训步骤

1. 圆水准器轴平行于竖轴的检验与校正

(1) 检验。①将仪器置于脚架上，然后踩紧脚架，转动脚螺旋使圆水准器气泡严格居中；②仪器旋转 180°，若气泡偏离中心位置，则说明两者相互不平行，需要校正。

(2) 校正。①稍微松动圆水准器底部中央的紧固螺旋；②用校正针拨动圆水准器校正螺钉，使气泡返回偏离中心的一半；③转动脚螺旋使气泡严格居中。④反复检查 2~3 遍，直至仪器转动到任何位置气泡都居中为止。

2. 十字丝横丝垂直于仪器竖轴的检验与校正

(1) 检验。①严格整平水准仪，用十字丝交点对准一固定小点；②旋紧制动螺旋，转动微动螺旋，使横丝沿小点移动，如横丝移动时不偏离小点，则条件满足；反之则应校正。

(2) 校正。用小螺钉旋具松开十字丝分划板 3 颗固定螺钉，转动十字丝分划板使横丝末端与小点重合，再拧紧被松开的固定螺钉。

3. 水准管轴平行于视准轴的检验与校正(图 2)

(1) 检验。①在比较平坦的地面上选择相距 100m 左右的 A、B 两点，分别在两点上放上尺垫，踩紧并立上水准尺；②置水准仪于 A、B 两点的中间，精确整平后分别读取两水准尺上的中丝读数 a_1 和 b_1，求得正确高差 $h_1=a_1-b_1$(为了提高精度和防止错误，可两次测定 A、B 两点的高差，并取平均值作为最后结果)；③将仪器搬至离 B 点 2~3m 处，精确整平后再分别读取两水准尺上中丝读数 a_2 和 b_2，求得两点间的高差 $h_2=a_2-b_2$；④若 $h_1=h_2$，则说明条件满足；若 $h_1\neq h_2$，则该仪器水准管轴不平行于视准轴，需要校正。

(2) 校正。
1) 先求得 A 点水准尺上的正确读数 $a_3=h_1+b_2$；
2) 转动微倾螺旋使中丝读数由 a_2 改变成 a_3，此时水准管气泡不再居中；
3) 用校正针拨动校正螺钉，使水准管气泡居中；

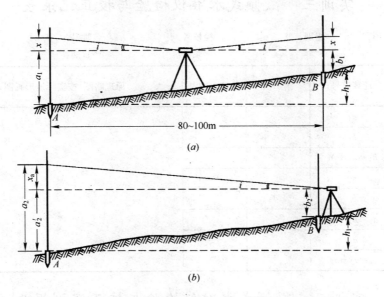

图 2　水准管轴的检验
(a) 中间站；(b) B 端站

4) 重复检查，直至 $|h_1-h_2|\leqslant \pm 3mm$ 为止。

五、注意事项

(1) 必须按实训步骤规定的顺序进行检验和校正，不得颠倒。

(2) 拨动校正螺钉时，应先松后紧，松一个紧一个，用力不宜过大；校正结束后，校正螺钉不能松动，应处于稍紧状态。

六、上交资料

每人上交微倾式水准仪检验与校正记录表与微倾式水准仪检验与校正实训报告一份。

实训三 微倾式水准仪检验与校正记录表

班级：　　　　　　组别：　　　　　　检校者：　　　　　　学号：
仪器型号：　　　　　　　　　　　　　记录者：　　　　　　日期：

测站位置	计算符号	第一次	第二次	原理略图（按实际地形画图）
仪器在两标尺中间	a_1			
	b_1			
	$h_1 = a_1 - b_1$			
仪器在B标尺一端	h_1			
	b_2			
	$a_3 = h_1 + b_2$			
	a_2			
	$\Delta = a_3 - a_2$			

实训三 微倾式水准仪检验与校正实训报告

主要仪器与工具		成绩	
实训目的			

1. 水准仪提供水平视线的充要条件是什么？

2. 水准测量时，水准管气泡已严格居中，视线一定水平吗？为什么？

3. 经过检验，如果圆水准管轴平行于仪器的竖轴，那么，是否只要圆水准器气泡居中，竖轴就一定处于铅垂位置？望远镜视准轴也一定处于水平位置？

4. 水准仪检验校正时，若将水准仪搬向 A 尺，计算 B 尺正确读数的公式是什么？

5. 实训总结

实训四 经纬仪的认识与操作

一、实训目的

(1) 了解 DJ_6 级光学经纬仪的基本构造及各部件的功能。

(2) 练习仪器的对中、整平、照准、读数(要求对中误差不超过 3mm,整平误差不超过 1 格)。

(3) 测量两个方向间的水平角。

(4) 实训课时为 2 学时。

二、实训器具

DJ_6 级光学经纬仪 1 台,测钎 2 根,记录板 1 块,测伞 1 把。

三、实训步骤

1. 安置经纬仪

将经纬仪从箱中取出,装到三脚架上,拧紧中心连接螺旋。然后熟悉仪器构造和各部功能,正确使用制动螺旋、微动螺旋、调焦螺旋和脚螺旋,了解分微尺的读数方法及水平度盘变换手轮的使用。

2. 练习对中和整平

用光学对中器对中的具体操作方法如下:

(1) 对中。①将三脚架安置在测站上,使架头大致水平;②调整仪器的三个脚螺旋,使光学对中器的中心标志对准测站点(不要求气泡居中);③伸缩三脚架腿使照准部圆水准器或管状水准器气泡大致居中(不必严格居中)。

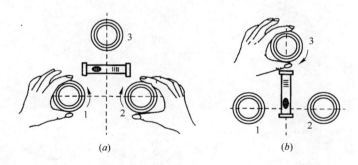

图 3 整平

(2) 整平。使照准部水准管轴平行于两个脚螺旋的连线,转动这两个脚螺旋使水准管气泡居中,将照准部旋转 90°,转动另一脚螺旋使水准管气泡居中,在这两个位置上来回数次,直到水准管气泡在任何方向都居中为止。若整平后发现对中有偏差,可松开中心连接螺旋,移动照准部再进行对中,拧紧后仍需重新整平仪器,这样,反复几次,就可对中整平。

3. 测量两个方向间的水平角

松开照准部和望远镜的制动螺旋,用准星和缺口瞄准左边目标,拧紧照准部和望远镜的制动螺旋。经过调焦使物像清晰,然后用照准部和望远镜的微动螺旋使十字丝的单丝(平分目标)或双丝(夹住目标)准确照准左目标,并读出水平度盘的读数(以 a 表示),记入手簿。松开照准部和望远镜的制动螺旋,顺时针转动照准部,如前所述再瞄准右目标,读出水平度盘读数(以 b 表示),记入手簿。$\beta=b-a$,当 b 不够减时,将 b 加上 $360°$。

四、注意事项

(1) 仪器从箱中取出前,应看好它的放置位置,以免装箱时不能恢复到原位。

(2) 仪器在三角架上未固连好前,手必须握住仪器,不得松手,以防仪器跌落。

(3) 转动望远镜或照准部之前,必须先松开制动螺旋,用力要轻;一旦发现转动不灵,要及时检查原因,不可强行转动。

(4) 当一个人操作时,其他组员只能用语言帮助,不能多人操作一台仪器,以免发生仪器跌落的危险。

(5) 仪器装箱后,要及时上锁,以防存在事故危险。

五、上交资料

每人上交经纬仪的认识与操作实训报告一份。

实训四　经纬仪的认识与操作实训报告

班级：　　　　　组别：　　　　　姓名：　　　　　学号：　　　　　日期：

主要仪器与工具		成绩	
实训目的			

水平角观测记录及计算表

仪器型号：　　　　　观测者：　　　　　记录者：　　　　　日期：

测站	目标	水平度盘读数 (° ′ ″)	水平角 (° ′ ″)	备　注
	左目标 A			
	右目标 B			
	左目标 C			
	右目标 D			

1. 经纬仪对中、整平的目的各是什么？

2. 照准部制动螺旋和微动螺旋，各起什么作用？

3. 望远镜制动螺旋和微动螺旋，各起什么作用？

4. 实训总结

实训五　测回法观测水平角

一、实训目的

掌握测回法观测水平角的记录及计算。

二、实训器具

DJ_6 级光学经纬仪 1 台，测钎 2 根，记录板 1 块，测伞 1 把。

三、实训内容

练习用测回法观测水平角。实训课时为 2 学时。

四、实训要求

(1) 每人至少测两测回。

(2) 对中误差小于 3mm，水准管气泡偏离不应超过一格。

(3) 第一测回对 $0°$，其他测回改变 $180°/n$。

(4) 上、下半测回角值差不超过 $36''$，各测回角值差不超过 $24''$。

五、实训步骤

(1) 将仪器安置在测站上，对中、整平后，盘左照准左目标，用度盘变换手轮使起始读数略大于 $0°02'$，关上度盘变换手轮保险，将起始读数记入手簿；松开制动螺旋，顺时针转动照准部，照准右目标，读数并记入手簿，称为上半测回。

(2) 倒转望远镜，盘右再照准右边目标，读数并记入手簿；松开制动螺旋，逆时针旋转照准部照准左目标，读数并记入手簿，称为下半测回。

(3) 测完第一测回后，应检查水准管气泡是否偏离；若气泡偏离值小于 1 格，则可测第二测回。第二测回开始前，始读数要设置在 $90°02'$ 左右，再重复第一测回的各步骤。当两个测回间的测回差不超过 $24''$ 时，再取平均值。

六、注意事项

(1) 一测回观测过程中，当水准管气泡偏离值大于 1 格时，应整平后重测。

(2) 观测目标不应过粗或过细，否则以单丝平分目标或双丝夹住目标均有困难。

七、上交资料

1. 每人上交测回法水平角观测记录表一份。
2. 每人上交测回法水平角观测实训报告一份。

实训五 测回法水平角观测记录表

仪器：　　　　　测　站：　　　　　等级：　　　　　日期：　　年　月　日
天气：　　　　　观测者：　　　　　Y=　　　　　　开始时间：
成像：　　　　　记录者：　　　　　觇标类型：　　　结束时间：

测站	竖盘位置	目标	水平度盘读数 (° ′ ″)	半测回角值 (° ′ ″)	一测回角值 (° ′ ″)	各测回平均角值 (° ′ ″)	备注

实训五 测回法水平角观测实训报告

班级：　　　　组别：　　　　姓名：　　　　学号：　　　　日期：

主要仪器与工具		成绩	
实训目的			
1. 实训场地布置草图			
2. 水平角观测中，若右目标读数小于左目标读数时，应如何计算角值？			
3. 为什么用盘左、盘右观测水平角，且取平均值？			
4. 实训总结			

实训六 全圆方向法观测水平角

一、实训目的
初步掌握全圆方向法观测水平角的观测、记录、计算方法。

二、实训器具
DJ_6级光学经纬仪1台,测钎4根,记录板1块(自备计算器),测伞1把。

三、实训内容
练习全圆方向法观测水平角。实训课时为2学时。

四、实训要求
(1) 每人观测一个测回,四个方向,测回起始读数变动数值仍用公式$180°/n$计算。

(2) 要求半测回归零差不大于24″,各测回同一方向值互差不大于24″。

五、实训步骤
(1) 将仪器安置在测站上,对中、整平后,选择一个通视良好,目标清晰的方向作为起始方向(零方向)。

(2) 盘左观测。先照准起始方向(称为A点),设置度盘读数为0°02′左右,并记入手簿;然后顺时针转动照准部依次瞄准B、C、D、A点,读数并记入手簿。A点两次读数之差称为上半测回归零差,其值应小于24″。

(3) 倒转望远镜,盘右观测。从A点开始,逆时针依次瞄准D、C、B、A,读数并记入手簿。A点两次读数差称为下半测回归零差,其值也应小于24″。

(4) 根据观测结果计算2C值和各方向平均读数,再计算归零后的方向值。

(5) 同一测站、同一目标、各测回归零后的方向值之差应小于24″。

六、上交资料
每人上交全圆方向法观测水平角实训报告一份。

实训六　全圆方向法观测水平角实训报告

班级：　　　　　组别：　　　　姓名：　　　　学号：　　　　　日期：

主要仪器与工具			成绩	
实训目的				

全圆方向法水平角观测记录表

仪器：　　　　测　站：　　　　等级：　　　　日期：　　年　月　日
天气：　　　　观测者：　　　Y=　　　　开始时间：
成像：　　　　记录者：　　　觇标类型：　　　结束时间：

测站	测点	水平度盘读数		2C ($''$)	$\dfrac{\text{盘左}+(\text{盘右}\pm180°)}{2}$ ($°\ '\ ''$)	一测回归零后方向值 ($°\ '\ ''$)	各测回平均方向值 ($°\ '\ ''$)	平均角值 ($°\ '\ ''$)	备注
		盘左 ($°\ '\ ''$)	盘右 ($°\ '\ ''$)						

1. 上半测回归零差超限是否还应继续观测下半测回？归零差的超限是什么原因造成的？

2. 在一个测站上，当观测目标为3个时，用全圆方向法观测水平角可以不归零，而多于3个观测目标时必须归零，为什么？

3. 在一测回观测过程中，发现水准管气泡已偏移了1格以上，是调整气泡后继续观测，还是必须重新观测？为什么？

4. 实训总结

实训七 竖直角观测

一、实训的目的

(1) 了解竖直度盘与望远镜的转动关系以及竖盘指标与竖盘指标水准管的关系。

(2) 掌握竖直角的观测，记录及指标差和竖直角的计算。

二、实训器具

DJ_6 级光学经纬仪 1 台，记录板 1 块，测伞 1 把。

三、实训内容

用盘左、盘右观测一高处目标进行竖直角的练习。实训课时为 2 学时。

四、实训要求

(1) 每人照准一目标观测两个测回。

(2) 两测回的竖直角及指标差之差均小于 $24″$。

五、实训步骤

(1) 盘左照准目标，用竖盘指标水准管的微倾螺旋使竖盘指标水准管气泡居中，读取竖盘读数，记入手簿。

(2) 盘右瞄准目标，再次使竖盘气泡居中，读数记入手簿。

(3) 按公式 $x=\dfrac{(L+R)-360°}{2}$ 算出指标差；再按公式 $\alpha=90°-L+x$ 或 $\alpha=R-270°-x$ 算出竖直角。

六、上交资料

(1) 每人上交竖直角观测记录表一份。

(2) 每人上交测回法竖直角观测实训报告一份。

实训七　竖直角观测记录表

班级：　　　　　组别：　　　　　姓名：　　　　　学号：
仪器：　　　　　测　站：　　　　　　　　　　日期：　　年　月　日
天气：　　　　　观测者：　　　　　开始时间：
成像：　　　　　记录者：　　　　　结束时间：

测站	目标	竖盘位置	竖盘读数 (° ′ ″)	指标差 (″)	竖直角 (° ′ ″)	备注
						竖盘注记形式

实训七　竖直角观测实训报告

班级：　　　　组别：　　　　姓名：　　　　学号：　　　　日期：

主要仪器与工具		成绩	
实训目的			

1. 实训场地布置草图

2. 天顶距与竖直角的关系？

3. 经纬仪是否也能像水准仪那样提供一条水平视线？如何提供？若 DJ_6 级经纬仪竖盘指标差为＋36″，则竖盘读数为多少时才是一条水平视线？

4. 用盘左、盘右观测一个目标的竖直角，其值相等吗？若不相等，说明了什么？应如何处理？

5. 实训总结

上交实训报告，请沿此线裁下

实训八　经纬仪的检验与校正

一、实训目的
(1) 掌握经纬仪应满足的几何条件，并检验这些几何条件是否满足要求。
(2) 初步掌握照准部水准管、视准轴、十字丝和竖盘指标水准管的校正方法。

二、实训器具
DJ_6 级光学经纬仪 1 台，校正针 1 根，螺钉旋具 1 把，记录板 1 块，花杆 2 根，测伞 1 把。

三、实训内容
(1) 照准部水准管轴的检验与校正；
(2) 十字丝的检验与校正；
(3) 视准轴的检验与校正；
(4) 横轴的检验与校正；
(5) 竖盘指标差的检验与校正；
(6) 实训课时为 2 学时。

四、实训要求
只检验，不校正。各项内容经检验，若发现条件不满足，需弄清要校正时应该拨动那些校正螺丝即可。

五、实训步骤

1. 照准部水准管轴的检验与校正

(1) 检验。安置好仪器后，调节两个脚螺旋，使水准管气泡严格居中，旋转照准部 180°，若气泡偏离中心大于 1 格，则需校正。

(2) 校正。拨动水准管的校正螺钉，使气泡返回偏离格值的一半，另一半用脚螺旋调节，使气泡居中。若气泡偏离值小于 1 格，一般可不校正。

2. 十字丝竖丝垂直于横轴的检验与校正

(1) 检验。用十字丝交点照准一个明显的点状目标，转动望远镜微动螺旋，若该目标离开竖丝，则需要校正。

(2) 校正。旋下望远镜前护罩，拨松十字丝分划板座的四个固定螺旋，微微转动十字丝环，使竖丝末端与该目标重合。重复上述检验，满足要求后，再旋紧四个固定螺旋和装上护罩即可。

3. 视准轴垂直于横轴的检验与校正

(1) 检验。在仪器到墙的相反方向上、相等距离处立一花杆，视线水平时在花杆上作一标志 A。用盘左精确瞄准 A，纵转望远镜，仍使视线水平，在墙上标出 B_1；再用盘右瞄准 A，纵转望远镜，在墙上标出 B_2；若两点不重合且间距大于 2cm，则需校正(仪器距墙距离为 30m 左右)。

(2) 校正。在 B_1、B_2 两点之间的 1/4 处定出一点 B，即为十字丝中心应照准的正确位置。取下十字丝分划板护罩，拨动十字丝分划板左、右校正螺钉，使十字丝交点对准 B 点。

4. 横轴垂直于竖轴的检验与校正

（1）检验。盘左瞄准楼房高处一目标 p，松开望远镜制动螺旋，慢慢将望远镜放到水平位置，在墙上标出一点 a；盘右再瞄准 p 点，将望远镜放到水平位置又标出一点 b；若 a、b 两点不重合，相距超过规定限差，应进行校正。

（2）校正。用十字丝交点照准 ab 的中点，然后将望远镜上翘到和 p 点同高的位置；取下左边支架盖板（盘右时），松开偏心环（轴瓦）的固定螺旋，转动偏心环，使十字丝交点对准 p 点。最后拧紧偏心环固定螺钉，盖上护盖。

5. 竖盘指标差的检验与校正

（1）检验。瞄准一个明显的小目标，读取盘左、盘右的竖盘读数 L 和 R，按公式 $x=\dfrac{(L+R)-360°}{2}$ 计算出指标差。若指标差大于 $60''$，则应校正。

（2）校正。先算出盘右的竖盘正确读数 $(R-x)$，以盘右照准原目标，用指标水准管微倾螺旋使竖盘读数变为正确读数，此时指标水准管气泡偏离中心；旋下指标水准管校正螺钉的护盖，再用校正针将指标水准管气泡调至居中，然后重复检验一次。

六、上交资料

每人上交经纬仪的检验与校正实训报告一份。

实训八 经纬仪的检验与校正实训报告

班级：　　　　组别：　　　　姓名：　　　　学号：　　　　日期：

主要仪器与工具		成绩	
实训目的			
1. 照准部水准管轴的检验与校正	1. 安置好仪器后，调节两个脚螺旋，使水准管气泡严格居中，旋转照准部180°，气泡偏离中心是否大于1格？		
	2. 是否需要校正？		
	3. 如何校正？		
2. 十字丝竖丝垂直于横轴的检验与校正	1. 用十字丝交点照准一个明显的点状目标，转动望远镜微动螺旋，该目标是否离开竖丝？		
	2. 是否需要校正？		
	3. 如何校正？		
3. 视准轴垂直于横轴的检验与校正	1. 在仪器到墙的相反方向上、相等距离处立一花杆，视线水平时在花杆上作一标志 A。用盘左精确瞄准 A，纵转望远镜，仍使视线水平，在墙上标出 B_1；再用盘右瞄准 A，纵转望远镜，在墙上标出 B_2；是否两点不重合且间距大于2cm？		
	2. 是否需要校正？		
	3. 如何校正？		
4. 横轴垂直于竖轴的检验与校正	1. 盘左瞄准高处一目标 p，松开望远镜制动螺旋，慢慢将望远镜放到水平位置，在墙上标出一点 a；盘右再瞄准 p 点，将望远镜放到水平位置又标出一点 b；是否 a、b 两点不重合、相距超过规定限差？		
	2. 是否需要校正？		
	3. 如何校正？		

5. 竖盘指标差的检验与校正	1. 瞄准一个明显的小目标，读取盘左、盘右的竖盘读 L 和 R，按公式计算出指标差。指标差是否大于 60″？ 2. 是否需要校正？ 3. 如何校正？

6. 水平角观测采用盘左盘右取平均值，是为了消除仪器的什么误差？

7. 检验视准轴应垂直于仪器竖轴时，为什么要选择一个与仪器水平视线同高的目标点？而检验仪器横轴应垂直于竖轴时，目标为什么要选高一点？

8. 用盘左校正指标差，盘左的正确读数如何算？

9. 用盘右校正指标差，盘右的正确读数如何算？

10. 实训总结

实训九 视距测量

一、实训目的

学会视距测量的观测、记录和计算。

二、实训器具

经纬仪 1 台,水准尺 1 根,小钢尺 1 个,记录板 1 块,测伞 1 把。

三、实训内容

练习经纬仪视距测量的观测与记录。实训课时为 2 学时。

四、实训要求

(1) 每人测量周围 4 个固定点,将观测数据记录在实验报告中,并用计算器算出各点的水平距离与高差。

(2) 水平角、竖直角读数到分,水平距离和高差均计算至 0.1m。

五、实训步骤

(1) 在测站上安置经纬仪,对中、整平后,量取仪器高 i(精确到厘米),设测站点地面高程为 H_0。

(2) 选择若干个地形点,在每个点上立水准尺,读取上、下丝读数、中丝读数 v(可取与仪器高相等,即 $v=i$)、竖盘读数 L 并分别记入视距测量手簿。竖盘读数时,竖盘指标水准管气泡应居中。

(3) 用公式 $D=kl\sin^2 L$ 及 $h=D/\tan L+i-v$ 计算平距和高差。用下列公式计算高程。

$$H_i = H_0 + D/\tan L + i - v$$

六、注意事项

(1) 视距测量前应校正竖盘指标差。

(2) 标尺应严格竖直。

(3) 仪器高度、中丝读数和高差计算精确到厘米、平距精确到分米。

(4) 一般用上丝对准尺上整米读数,读取下丝在尺上的读数,心算出视距。

七、上交资料

每人上交视距测量实训报告一份。

实训九　视距测量实训报告

班级：　　　　　组别：　　　　姓名：　　　　学号：　　　　日期：

主要仪器与工具					成绩		
实训目的							

视距测量记录表

测站名称：　　　　　　测站高程：　　　　　　仪器高：

点号	视距读数		视距 (m)	中丝读数 (m)	竖盘读数 (° ′ ″)	平距 (m)	高差 (m)	高程 (m)
	上丝	下丝						

1. 试述经纬仪"水准法"的实验步骤？

2. 实训总结

实训十 罗盘仪定向

一、实训目的

学会用罗盘仪测定磁方位角。

二、实训器具

罗盘仪、花杆、木桩、记录夹。

三、实训内容

（1）了解罗盘仪的构造与作用，如图4所示。

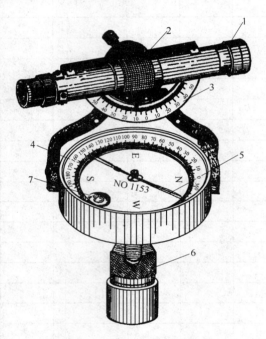

图4 罗盘仪构造

1—望远镜；2—对光螺旋；3—竖直度盘；4—水平度盘；
5—磁针；6—球形支柱；7—圆水准器

（2）练习罗盘仪的安置、瞄准目标与读数。

（3）利用罗盘仪测定直线的正反方位角。

四、实训要求

每人对一直线进行正、反方位角观测两次并记录。

五、上交资料

每人上交罗盘仪定向实训报告一份。

实训十　罗盘仪定向实训报告

班级：　　　组别：　　　姓名：　　　学号：　　　日期：

主要仪器与工具		成绩	
实训目的			

罗盘仪测定直线方向记录表

日期：　　　观测者：　　　记录者：

序号	直线起止点号	正方位角	反方位角	差值	正反方位角平均值	各次平均值

1. 如何测定磁子午线方向？

2. 何为磁偏角？

3. 何为磁方位角？

4. 实训总结

上交实训报告，请沿此线裁下

实训十一 全站仪的操作与使用*

一、实训目的
(1) 掌握全站仪的常规设置和基本操作。
(2) 熟悉一种全站仪的测距、测角、坐标测量等功能。

二、实训器具
全站仪 1 台，棱镜 2 个，木桩 2 个，斧头 1 把，记录板 1 块，测伞 1 把。

三、实训内容
(1) 全站仪的基本操作与使用。
(2) 进行水平角、距离、坐标测量。
(3) 实训课时为 4 学时。

四、实训步骤
开机

按［电源］键开机显示以前设置的温度和气压。上下转动望远镜进入基本测量状态（绝对编码度盘不需此项操作）。

（一）角度测量
角度测量是测定测站至两目标间的水平夹角，同时可测定相应视线的天顶距，设地面上有 A、B、C 三点，A 为测站点，测定角 BAC 的步骤为：

(1) 在测站点安置仪器，开机进入基本测量模式；
(2) 将仪器望远镜瞄准起始目标点 B；
(3) 按［角度］键全站仪显示角度测量菜单，将起始方向值置成零；
(4) 将全站仪望远镜瞄准目标点 C，全站仪屏幕即显示所测角度；
(5) 在水平角测量时可以将起始方向置成零，也可以将起始方向设置成所需的方向值，其方法是在照准第一目标后，在基本测量模式下按［角度］键全站仪显示角度测量菜单，输入所需的方向值后按回车键即可，输入格式为：例如角度值为 $90°03'06''$ 时应输入 90.0306。

（二）距离测量
在进行距离测量之前应进行目标高输入、气象改正、棱镜类型设定、棱镜常数值设定、测距模式设置并观察返回信号的大小，然后才能进行距离测量。

1. 目标高输入和气象改正

(1) 目标高输入 在基本测量状态下选第一项目标高，按相应数字键输入目标高。输入格式为：例如目标高为 1.230m 时应输入 1.230，按回车键确认。
(2) 气象改正 先测出当时的温度和气压值，然后输入到全站仪中，全站仪会自动计算大气改正值（也可以直接输入大气改正值），并对测距结果进行改正。

2. 测距

用望远镜十字丝精确照准棱镜上的佔牌，按［测量］键，距离测量开始，经数秒即可测出距离并显示在屏幕上，屏幕上显示斜距、平距和高差。

全站仪的测距模式有精测模式、跟踪模式和粗测模式三种。精测模式是目前最常用的测距模式，最小显示单位1cm，测量时间约2s；跟踪模式常用于跟踪移动目标或放样时连续测距，最小显示单位1cm，测量时间约0.2s；粗测模式测量时间约0.4s，在距离测量或坐标测量时可采用不同的测距模式。

（三）建站

1. 已知点建站是将全站仪所在已知点的数据和后视点的数据输入全站仪（要求输入测站点点号、坐标、代码、仪器高），以便全站仪调用内部坐标测量和施工放样程序，进行坐标测量和施工放样。当全站仪在已知点上架设时必须选择第一项进行建站，否则全站仪默认上一个已知点的数据，测出的坐标和放样数据都是错误的。

2. 快速建站

选择快速项，是将全站仪架设在未知点上，默认$X=0$、$Y=0$、$Z=0$；也可将全站仪架设在已知点上进行建站。对于后视可有可无，方位角也可假定，是一种独立坐标系的建站方法。

3. 坐标测量

将全站仪所在已知点的数据和后视点的数据输入全站仪（要求输入测站点点号、坐标、代码、仪器高、棱镜高、棱镜常数、大气改正值或温度、气压值），以便全站仪调用内部坐标测量程序，进行坐标测量。

4. 坐标放样（XYZ）

选择坐标放样XYZ项，要求输入放样点点号。然后要求输入放样点X、Y、Z坐标。输入放样点X、Y、Z坐标后，当量测完成后，则显示目标点与放样点的差值。按照屏幕上指示移动棱镜，再按按［测量］键进行测量，直至放样结束。

五、注意事项

观测时，应仔细检查仪器的各项参数设置，禁止将望远镜照准太阳。

六、上交资料

1. 每人上交全站仪观测记录表一份。

2. 每人上交全站仪实训报告一份。

实训十一　全站仪观测记录表

班级：　　　　　　组别：　　　　　　姓名：　　　　　　学号：　　　　　　日期：

测站名称：　　　　　　测站高程：　　　　　　仪器高：　　　　　　棱镜高：
仪器型号：　　　　　　测站坐标：$X=$　　　　　　$Y=$　　　　　　$H_o=$

觇　点	水平方向值 ° ′ ″	水平角 ° ′ ″	距离 (m)	坐标(m)	
				x(m)	y(m)

上交实训报告，请沿此线裁下

实训十一　全站仪测量实训报告

班级：　　　　组别：　　　　姓名：　　　　学号：　　　　日期：

主要仪器与工具		成绩	
实训目的			
1. 实训场地布置草图			
2. 实训主要步骤			
3. 实训总结			

实训十二　GPS 接收机的基本操作与使用*

一、实训目的
(1) 掌握的常规设置和基本操作。
(2) 熟悉一种 GPS 接收机的坐标测量等功能。

二、实训器具
GPS 接收机 1 套(1＋1)，木桩 2 个，斧头 1 把，记录板 1 块。

三、实训内容
(1) GPS 接收机的基本操作与使用。
(2) 进行坐标测量。
(3) 实训课时为 4 学时。

四、实训步骤(以上海华测 X-90 为例)
1. 测量前准备

开始测量之前，首先要对控制软件进行设置，最终得到和当地符合的结果，具体的操作步骤如下：

架设基准站

新建任务→配置坐标系统→保存任务

设置基准站(包括安装、手簿设置)

设置流动站(包括安装、手簿设置)

点校正

测量

下面按照以上顺序依次介绍操作过程及方法：

2. 架设基准站(图 5)

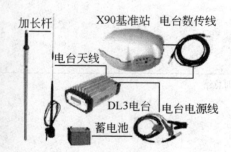

图 5　基准站的设备

基准站的架设包括电台天线的安装，电台天线、基准站接收机、DL3 电台、蓄电池之间的电缆连线(图 6)。要求：

基准站应当选择视野开阔的地方，这样有利于卫星信号的接收；

基准站应架设在地势较高的地方，以利于 UHF 无线信号的传送，如移动站距离较远，还需要增设电台天线加长杆。

基准站架设方式如下：

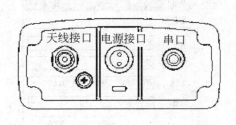
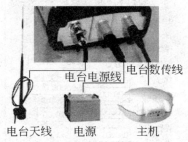

图 6 DL3 电台、蓄电池之间的电缆连线

已知点：1. 在已有校正参数的情况下，用该已知点直接启动基准站；

未知点：2. 在没有校正参数的情况下，在此位置用"此处"功能单点定位启动基准站。

当基准站启动好之后，把电台和基准站主机连接，电台通过无线电天线发射差分数据。一般情况下，电台应设置一秒发射一次，即电台的红灯一秒闪一次，电台的电压一秒变化一次，每次工作时根据以上现象判断一下电台工作是否正常。

3. 新建任务

执行【文件→新建任务】，输入任务名称，选择坐标系统，其他为附加信息，可留空(图 7)。

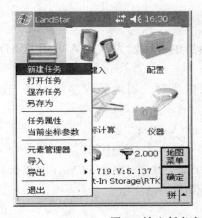

图 7 输入任务名称，选择坐标系统

4. 坐标系管理(图 8)

【配置→坐标系管理】

根据实际情况，进行坐标系的设置。选择已有坐标系进行编辑（主要是修改中央子午线，如标准的北京 54 坐标系一定要输入和将要进行点校正的已知点相符的中央子午线），或新建坐标系，输入当地已知点所用的椭球参数及当地坐标的相关参数，而【基准转换】、【水平平差】、【垂直平差】都选"无"；当进行完点校正后，校正参数会自动添加到【水平平差】和【垂直平差】；如果已有转换参数可在【基准转换】中输入七参数或三参数，但不提倡。当设置好后，选择

 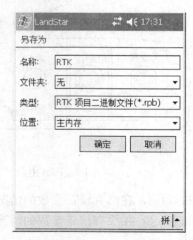

图8　坐标系的设置　　　　　图9　保存任务

"确定",即会替代当前任务里的参数,这样测量的结果就为经过转换的。如果新建一个任务则不需要重新作点校正,它会自动套用上一个任务的参数,到下一个测区新建任务后直接作点校正即可,选择"保存"会自动替代当前任务参数。

5. 保存任务(图9)

新建任务后一定要保存任务,否则新建下一个任务后会丢失当前任务的测量数据,位置最好选"主内存"。

6. 设置基准站

(1) 基准站选项(图10)

广播格式:一般默认为标准 CMR(当然也可以设为 RTCA 或 RTCM);一般测站(可输 1-99 等)和发射间隔默认即可;

高度角:限制默认为 10°,用户可根据当时、当地的收星情况适当的改动;

天线高度:实测的斜高;

天线类型:选择当时所用天线(A100 或 A300);

测量到:选择测量仪器高所到位置,一般为"天线中部"。

注:由于 CMR 具有较高的数据压缩比率,因此,建议用户选择 CMR;如果做 RTD,则应选用 RTCA;如果想选用 RTCM,发射间隔应输入 2s。

(2) 启动基准站接收机(图11、图12)

【测量→启动基准站接收机】(如若没有与接收机连接则为灰色,不可用)

输入点名称后选此处用单点定位的值来启动基准站,也可从列表中选已输入的已知点来启动(一般来说:在一个工作区第一次工作时用单点定位来启动,然后进行点校正;下一次工作时用上次工作点校正求得转换参数,仪器需架设在已知点用此点的已知坐标启动基准站)。以单点定位启动为例,选择此处后再确定,在弹出的对话框中确定,即保存启动基准站的所有设置到主机(在基准站没有移动的情况下,下次工作时直接开启基准站即可正常工作;但移动基准站后一定要重新设置基准站,如果基准站被设为自启动,此时已无效,需复位基准站主机后重新开关接收机)。

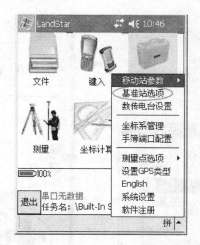 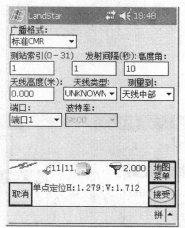

图 10　基准站选项

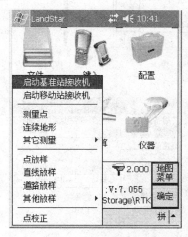 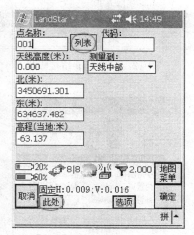

图 11　启动基准站接收机 1

基准站启动成功后，显示"成功设置了基站！"，否则"设置基站不成功！"，则需重新启动基准站（一般来说，用已知点启动时，如果输入的已知点和单点定位相差很大时，会出现此情况，造成原因一般为设置中央子午线或所用坐标错误）。

7. 设置移动站

（1）安装移动站（如图 13 所示）

（2）移动站选项（图 14）

【配置→移动站参数→移动站选项】

需注意的是广播格式一定要与基准站一致；

天线高度：通常为对中杆的长度 2m；

测量到：通常为"天线底部"

天线类型：选择所用天线型号，目前有 A100 和 A300 两种外置天线，以及一体机内置天线。

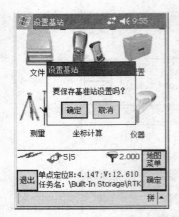 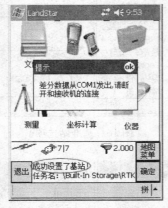 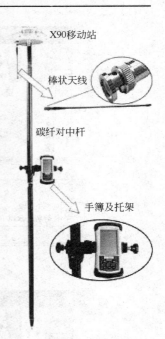

图12　启动基准站接收机2　　　　图13　安装流动站

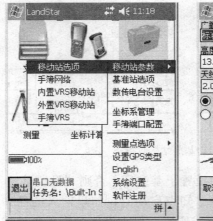 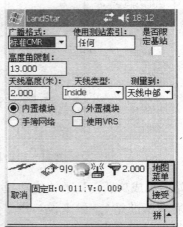

图14　移动站选项

（3）启动移动站接收机（图15、图16）

【测量→启动移动站接收机】

如果无线电和卫星接收正常，移动站开始初始化。软件的显示顺序为：串口无数据、正在搜星、单点定位、浮动、固定，固定后方可开始测量工作，否则测量精度较低。

8. 点校正（图17）

【测量→点校正】

选择 增加 网格点名称：选之前键入的"当地平面坐标"；

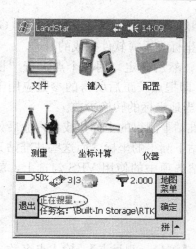 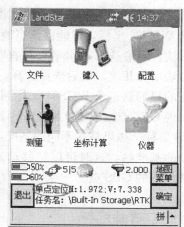

图 15　启动移动站接收机 1

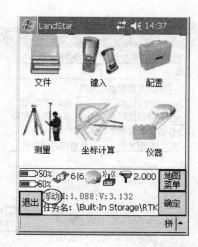 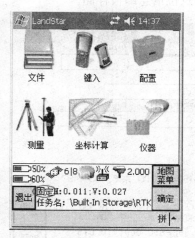

图 16　启动移动站接收机 2

图 17　点校正

GPS点名称：选输入的或实地测出相对已知点的"WGS84 坐标"（GPS 的测量结果就是 WGS84 坐标，但能得到当地坐标是手簿软件完成的）；

校正方法：一般选择"水平与垂直"；然后确定。用几个点进行"校正"就用同样的方法增加几次，最后选择计算，即把点校正后所得的参数应用于当前任务，点校正的目的就是求 WGS84 坐标到当地坐标的转换参数。

一般来说 GPS 点一般是在同一个基准站下测得的坐标，或者内业后处理软件里面的 GPS 坐标。如果是在不同的基准站下测得的坐标，而这些基准站又都是从已知点启动的基准站，这时可以把移动站选项中的使用 VRS 勾选上，就可以选上其他基准站下的 GPS 点。

9. 测量

（1）测量点（图 18）

当显示 固定 后，就可以进行测量了。【测量→测量点】，输入点名称，选择测量后，该点位信息即被存储。

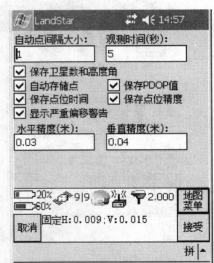

图 18　测量点

测量点 方法分为 地形点（默认为 5s）、控制点（默认为 180s）、快速点（默认为 1s），测量一个点的时间可以改变，最小显示为 1s。在 选项 里可以改变测量点的容许精度，是否自动保存测量的点等。

注：当测量时，只有设置的精度大于 RTK 固定时显示的水平和垂直精度时，才可以测量出所需要的值。

（2）连续地形测量（图 19）

【测量　连续地形】可用于数字测图。

测量方法 分为固定时间、固定距离等，表示在运动的过程中每隔用户所设定时间或距离，手簿随即记录一个点。

选项 设置 水平精度 和 垂直精度，设置完成后 接受 即可。

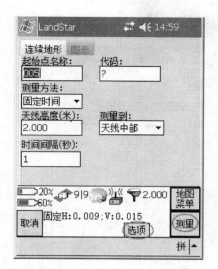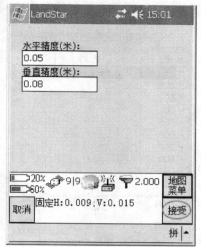

图 19　连续地形测量

10. 放样

常规点放样（图 20）

【测量　点放样　常规点放样】

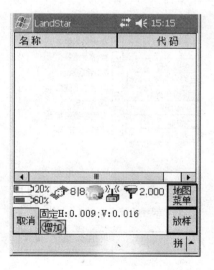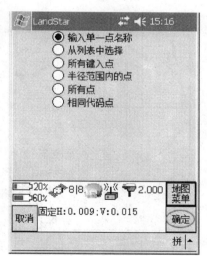

图 20　常规点放样

选择 增加 ，增加点的方法有六种，选择不同的方法，会有相应的引导路径进行操作。

输入单一点名称 ：直接输入需放样的点名称；

从列表中选择 ：从点管理器中选择需放样的点；

所有键入点 ：放样点界面上会导入全部的键入点；

半径范围内的点 ：选择中心点及输入相应的半径，则会导入符合条件的点；

所有点 ：将导入点管理器中所有的点；

相同代码点：将导入所有具有该相同代码的点(图21)。

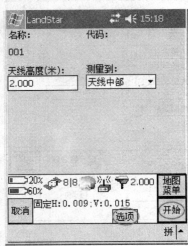

图21 选择放样点

导入放样点成功后，选择需放样的点 放样，输入正确的 天线高度 和 测量到 的位置开始(图22)。

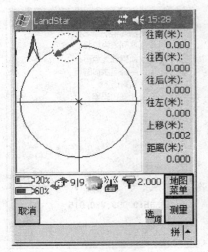
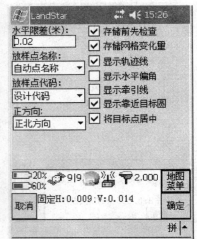

图22 点放样界面

箭头的指示方向可以在 选项 中选择：正北方向或前进方向；右上方显示向哪个方向移动，上移显示填或挖高度；表示放样点的位置；表示当前位置。当接收机接近放样点时箭头变为圆圈，目标点为十字丝。

执行 测量，正确输入 天线高度 和 测量到 后，测量 得出所放点的坐标和设计坐标的差值，如果差值在要求范围以内，则继续放样其他各点，否则重新放样，标定该点(图23)。

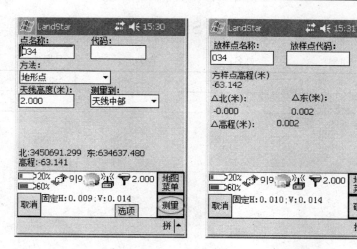

图 23 点放样测量

五、注意事项
观测时，应仔细检查仪器的各项参数设置。

六、上交资料
每人上交 GPS 实训报告一份。

实训十二　GPS测量实训报告

班级：　　　　组别：　　　　姓名：　　　　学号：　　　　日期：

主要仪器与工具		成绩	
实训目的			
1. 实训场地布置草图。			
2. 简述GPS点校正的意义。			
3. 简述GPS测量点的过程，其用于数字测图的优势和缺点是什么？			
4. GPS放样和全站仪放样的区别？			
5. 实训总结。			

实训十三 四等水准测量

一、实训目的
(1) 掌握四等水准测量的观测、记录、计算及校核方法。
(2) 熟悉四等水准测量的主要技术要求，水准路线的布设及闭合差的计算。

二、实训器具
DS_3 水准仪 1 台，双面水准尺 1 对，尺垫 2 个，记录板 1 块，测伞 1 把。

三、实训内容
(1) 用四等水准测量的方法观测一条闭合水准路线。
(2) 进行高差闭合差的调整与高程计算。
(3) 实训课时为 4 学时。

四、实训步骤
1. 观测

选择一条闭合水准路线，按下列顺序进行逐站观测：

(1) 照准后视尺黑面，精平后，读取下、上、中三丝读数，记入手簿，照准后视尺红面，读取中丝读数，记入手簿。

(2) 照准前视尺，重新精平，读黑面尺下、上、中三丝读数，再读红面中丝读数，记入手簿，以上观测顺序简称为"后、后、前、前"。

2. 记录

将观测数据记入表中相应栏中，并及时算出前后视距及前后视距差、视距累积差、红黑面读数差、红黑面高差及其差值。每项计算均有限差要求，当符合限差要求后，方可迁站，直至测完全程。

3. 内业计算

(1) 计算线路总长度。
(2) 根据各站的高差中数，计算高差闭合差。
(3) 当高差闭合差符合限差要求时，进行闭合差的调整及计算各待定点的高程。

五、技术要求
(1) 黑、红面读数差（即 K+黑—红）不得超过 ±3mm。
(2) 一测站红、黑面高差之差不得超过上 ±5mm。
(3) 前、后视距差不得超过 3m，全程累积差不得超过 10m。
(4) 视线高度以三丝均能在尺上读数为准，视线长度小于 100m。
(5) 高差闭合差应不超过 $\pm 20\sqrt{L}$ mm 或 $\pm 8\sqrt{n}$。

六、注意事项
(1) 在观测的同时，记录员应及时进行测站计算检核，符合要求方可搬站，否则应重测。
(2) 仪器未搬站时，后视尺不得移动；仪器搬站时，前视尺不得移动。

七、上交资料

（1）每人上交四等水准测量观测记录表一份。

（2）每人上交四等水准测量实训报告一份。

实训十三　四等水准测量观测记录表

测自　　　　至　　　　年　　月　　日　　　　　　　观测者：

时刻　　始　　时　　分　天气：　　　　风向风力：

　　　　末　　时　　分　呈像：　　　　太阳方向：　　　　记录者：

　　　　　　　　　　　　温度：　　　　土　质：

测站编号	测点编号	后尺 下丝 / 上丝 / 后距 / 视距差 d(m)	前尺 下丝 / 上丝 / 前距 / Σd(m)	方向及尺号	标尺读数(m) 黑面	标尺读数(m) 红面	K加黑减红(mm)	高差中数(m)	备注
		(1)	(4)	后	(3)	(8)	(14)	(18)	
		(2)	(5)	前	(6)	(7)	(13)		
		(9)	(10)	后一前	(15)	(16)	(17)		
		(11)	(12)						

校核

Σ(9)＝
－)Σ(10)＝
＝

Σ[(3)＋(8)]＝
－)Σ[(6)＋(7)]＝
＝

Σ[(15)＋(16)]
＝

Σ(18)＝
2Σ(18)＝

总视距＝Σ(9)＋Σ(10)＝

上交实训报告，请沿此线裁下

实训十三　四等水准测量实训报告

班级：　　　　组别：　　　　姓名：　　　　学号：　　　　日期：

主要仪器与工具		成绩	
实训目的			

1. 实训场地布置草图。

2. 简述四等水准测量一测站的观测顺序。

3. 四等水准测量为何限制前后视距差？

4. 四等水准测量的视线高度是如何界定的？

5. 实训总结

实训十四　碎　部　测　量

一、实训目的

了解经纬仪配合量角器测图的方法和步骤，掌握在一个测站上的测绘工作。

二、实训器具

DJ_6 经纬仪 1 台，绘图板 1 副，视距尺 1 根，量角器 1 个，三角板 1 副，小钢卷尺 1 个，小针 1 根，自备橡皮、铅笔、可编程序计算器 1 个，测伞 1 把。

三、实训内容

(1) 在一个测站点上施测周围的地物和地貌，采用边测边绘的方法进行。

(2) 根据地物特征点勾绘地物轮廓线，根据地貌特征点按等高距为 1m，用目估法勾绘等高线。

(3) 实验课时为 2 学时。

四、实训步骤

(1) 在测站上安置经纬仪，对中、整平、定向（选择起始零方向，使水平度盘对零）。然后量取仪器高，假定测站点高程。

(2) 将图板安置在测站点附近，在图纸上定出测站点位置，画上起始方向线，将小针钉在测站点上，并套上量角器使之可绕小针自由转动。

(3) 跑尺员按地形地貌，有计划的跑点。

(4) 观测员对每一立尺点依次读取视距截尺、竖直度盘和水平度盘读数。

(5) 用可编程序计算器计算水平距离和高程。

(6) 绘图员根据水平角读数和水平距离将立尺点展绘到图纸上，并在点的右侧注上高程；然后按照实际地形勾绘等高线和按地物形状连接各地物点。

五、注意事项

(1) 测定碎部点只用竖盘的盘左位置，故观测前需校正竖盘指标差，使其小于 $1'$。

(2) 观测员报出水平角后，绘图员随即将零方向线对准量角器上水平角读数。待报出平距和高程后，马上展绘出该碎部点。

(3) 比较平坦的地区，可用"平截法"测定碎部点，将竖盘读数对准 $L=90°$（竖盘水准管气泡居中），读出中丝截尺数 v，即可算出该点高程 $H=H_0+i-v$。读取视距时，仍用上丝对准尺上整米数；因为倾角很小，视距不加倾斜改正即为平距。在平坦地区，采用"平截法"测定碎部点，计算简单，碎部点的高程精度亦较高。

(4) 每测 30 个碎部点要及时检查零方向，此项工作称为归零，归零差不得超过 $5'$。

六、上交资料

(1) 每人上交碎部测量观测记录表一份。

(2) 每人上交碎部测量实训报告一份。

实训十四 碎部测量观测记录表

测区：　　　　　　测站：　　　　　　仪器高：　　　　　　指标差：
定向点：　　　　　测站高程：　　　　观测者：　　　　　　记录者：

测 点	水平角 (° ′ ″)	视距 (m)	竖盘读数 (° ′ ″)	水平距离 (m)	测点高程 (m)	备 注

实训十四　碎部测量实训报告

班级：　组别：　姓名：　学号：　日期：

主要仪器与工具		成绩	
实训目的			

1. 实训场地布置草图

2. 测一个碎部点需观测哪些数据？

3. 简述在一个测站上进行碎部点测量的工作要点。

4. 实训总结

上交实训报告，请沿此线裁下

实训十五　用直角坐标法测设点的平面位置

一、实训目的
掌握用直角坐标法测设点的平面位置的方法。

二、实训器具
经纬仪、花杆、测钎、钢尺、木桩、计算器(自备)、记录板、测伞1把。

三、实训内容
(1) 计算点的平面位置的(直角坐标法)放样数据。
(2) 用直角坐标法放样的方法、步骤。
(3) 实训课时为2学时。

四、实训要求
(1) 按所给的假定条件和数据，先计算出放样元素坐标增量。
(2) 根据计算出的放样元素进行测设，要求每组测设2个点。
(3) 计算完毕和测设完毕后，都必须进行认真地校核。

五、实训步骤
(1) 在现场选定两点 A、B 在一条直线上，将经纬仪安置在 A(65.88，70.33)点，控制边的方位角 $\alpha_{AB}=90°$。
(2) 已知建筑物轴线上点1和点2的距离为17.000m，其设计坐标为：1(35.28，70.33)，2(35.28，87.33)。
(3) 计算点1和点2的放样数据。
(4) 进行测设。

六、上交资料
每人上交用直角坐标法测设点的平面位置实训报告一份。

实训十五　用直角坐标法测设点的平面位置实训报告

班级：　　　　组别：　　　　姓名：　　　　学号：　　　　日期：

主要仪器与工具		成绩	
实训目的			

1. 画出在实训场地上测设 1、2 点的草图

2. 测设数据的计算：

$\Delta_{x1}=$______　　$\Delta_{y1}=$______

$\Delta_{x2}=$______　　$\Delta_{y2}=$______

测设后经检查，点 1 与点 2 的距离 $d_{12}=$______。

与已知值 17.000m 相差______ mm。

3. 填空：

(1) 直角坐标法适用于______________，这种方法只需量距和测设直角。

(2) 在此次测设中，放样 1 点的顺序是：先在______点上安置经纬仪，以______点定向，沿此方向量取______ m，得______点。然后将经纬仪搬至______点，以______点为起始方向，拨 90°角，沿此方向量取______即得______点。

4. 实训总结

上交实训报告，请沿此线裁下

实训十六 用极坐标法测设点的平面位置

一、实训目的

掌握用极坐标法测设点的平面位置的方法。

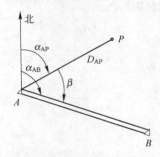

图 5 极坐标法

二、实训器具

经纬仪、花杆、测钎、钢尺、木桩、计算器(自备)、记录板、测伞 1 把。

三、实训内容

(1) 计算点的平面位置的(极坐标法)放样数据。

(2) 用极坐标法放样的方法、步骤。

(3) 实训课时为 2 学时。

四、实训要求

(1) 按所给的假定条件和数据,先计算出放样元素 β、S。

(2) 根据计算出的放样元素进行测设,要求每组测设 2 个点。

(3) 计算完毕和测设完毕后,都必须进行认真地校核。

五、实训步骤

(1) 在现场选定两点 A、B 在一条直线上,将经纬仪安置在 A(65.88,70.33)点,控制边的方位角 $\alpha_{AB}=90°$。

(2) 已知建筑物轴线上点 1 和点 2 的距离为 17.000m,其设计坐标为:1(35.28,70.33),2(35.28,87.33)。

(3) 计算点 1 和点 2 的放样数据。

(4) 进行测设。

六、上交资料

每人上交用极坐标法测设点的平面位置实训报告一份。

实训十六　用极坐标法测设点的平面位置实训报告

班级：　　　　　组别：　　　　　姓名：　　　　　学号：　　　　　日期：

主要仪器与工具		成绩	
实训目的			

1. 画出在实训场地上测设 1、2 点的草图。

2. 测设数据的计算：

$$\text{tg}\alpha_{A1} = \qquad\qquad \alpha_{A1} =$$
$$\text{tg}\alpha_{A2} = \qquad\qquad \alpha_{A2} =$$
$$d_{A1} = \qquad\qquad d_{A2} =$$
$$校核：d_{A1} = \qquad\qquad d_{A2} =$$
$$\beta_1 = \alpha_{AB} - \alpha_{A1} =$$
$$\beta_2 = \alpha_{AB} - \alpha_{A2} =$$

测设后经检查，点 1 与点 2 的距离 $d_{12} = $ ————。
与已知值 17.000m 相差 _____ mm。

3. 填空：
(1) 极坐标法适用于 _____ 而且便于量距的地方。当采用全站仪测量 _____ 时，_____ 可适当增长。工业建设场地厂房之间的 _____ 常采用此法。
(2) 在此次测设中，放样 1 点的顺序是：将经纬仪安置在 _____ 点，瞄准 _____ 点，度盘读数 _____。然后，拨角度 _____。倒镜再拨一次，以平均方向作为 _____ 方向，沿此方向量取 _____ m，即得 _____ 点的位置。
(3) 极坐标法放样的主要误差来源包括：_____ 误差对放样点位的影响、_____ 误差对放样点位的影响、_____ 误差对放样点位的影响、_____ 误差对放样点位的影响。

4. 实训总结

实训十七　用水准仪进行设计高程的测设

一、实训目的

掌握用水准仪进行设计高程的测设。

二、实训器具

水准仪、水准尺、木桩、计算器(自备)、记录板、测伞1把。

三、实训内容

(1) 计算点的设计高程的放样数据并测设。

(2) 实验课时为2学时。

四、实训要求

(1) 按所给的假定条件和数据,先计算出放样元素前视标尺读数。

(2) 根据计算出的放样元素进行测设,要求每组测设2个点。

(3) 计算完毕和测设完毕后,都必须进行认真地校核。

五、实训步骤

(1) 在现场选定一点 A,假设其高程为 $H_A=72.338$m。

(2) 需要放样点 P 的设计高程 $H_{P1}=73.678$m,P_2 的设计高程 $H_{P2}=73.237$m。

(3) 计算点1和点2的放样数据。

(4) 进行测设。

六、上交资料

每人上交测设设计高程的实训报告一份。

实训十七　测设设计高程的实训报告

班级：　　　　组别：　　　　姓名：　　　　学号：　　　　日期：

主要仪器与工具		成绩	
实训目的			

1. 画出在实训场地上测设 1、2 点的草图

2. 测设数据的计算：
$b_1 = H_A + a_1 - H_{P_1} =$
$b_2 = H_A + a_2 - H_{P_2} =$
测设后经检查，点 1 与点 2 的高差 $H_{P_2 - P_1} =$ _____。
与已知值相差 _____ mm。

3. 填空：
(1) 应用几何水准测量方法放样高程时，首先应将 _____ 控制点以必要的精度引测到施工区域，建立 _____ 水准点。
(2) 在此次测设中，放样 P_1 点的顺序是：先将水准仪安置在 _____ 与放样点 P_1 之间，在已知点 A 上竖立水准尺，水准仪 _____ 后，照准 _____ 水准尺，读取水准尺的中丝读数 a_1，并根据公式 _____ 计算出 P_1 点上竖立的水准尺读数（中丝读数）b_1。
(3) 将水准尺贴靠在 P 点木桩的一侧，水准仪照准 P 点上的水准尺。当 _____ 居中时，P 点上的水准尺 _____ 移动，当十字丝中丝读数为 b 时，此时水准尺的底部就是所需要放样的高程点。

4. 实训总结

实训十八 用前方交会法测设点的平面位置

一、实训目的
掌握用前方交会法测设点的平面位置的方法。

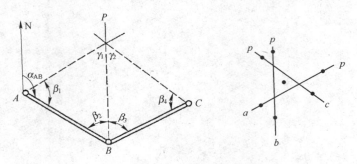

图 6　前方交会法测设 P 点

二、实训器具
经纬仪、花杆、测钎、钢尺、木桩、计算器(自备)、记录板、测伞 1 把。

三、实训内容
(1) 计算点的平面位置的(前方交会法)放样数据。
(2) 用前方交会法放样的方法、步骤。
(3) 实验课时为 2 学时。

四、实训要求
(1) 按所给的假定条件和数据,先计算出放样元素 αAP_1、αBP_1、β_{11}、β_{12}、αAP_2、αBP_2、β_{21}、β_{22}。
(2) 根据计算出的放样元素进行测设,要求每组测设 2 个点。
(3) 计算完毕和测设完毕后,都必须进行认真地校核。

五、实训步骤
(1) 在现场选定两点 A、B 在一条直线上,将经纬仪安置在 A(10.000,10.000)点,用钢尺量出 B(10.000,30.000)。
(2) 已知建筑物轴线上点 P_1 和点 P_2 的距离为 2.000m,其设计坐标为:P_1(20.000,20.000),P_2(20.000,22.000)。
(3) 计算点 P_1 和点 P_2 的放样数据。
(4) 进行测设。

六、上交资料
每人上交用前方交会法测设点的平面位置的实训报告一份。

实训十八　用前方交会法测设点的平面位置的实训报告

班级：　　　　　组别：　　　　　姓名：　　　　　学号：　　　　　日期：

主要仪器与工具		成绩	
实训目的			

1. 画出在实训场地上测设 P_1、P_2 点的草图

2. 测设数据的计算：
$$\alpha AP_1=$$
$$\alpha BP_1=$$
$$\beta_{1_1}=\alpha AB-\alpha AP_1= \qquad\qquad \beta_{1_2}=\alpha BP_1-\alpha BA=$$

$$\alpha AP_2=$$
$$\alpha BP_2=$$
$$\beta_{2_1}=\alpha AB-\alpha AP_2= \qquad\qquad \beta_{2_2}=\alpha BP_2-\alpha BA=$$

测设后经检查，点 P_1 与点 P_2 的距离 $d_{12}=$ _____。
与已知值 2.000m 相差_____ mm。

3. 填空：
(1) 前方交会法适用于_____定位，是_____中常用的一种方法。
(2) 在此次测设中，放样 P_1 点的顺序是：将经纬仪安置在_____点，瞄准_____点，度盘读数_____。然后，拨角度_____。倒镜再拨一次，并在 P_1 点附近先后画出两条方向线，以平均方向作为_____方向，同时在 P_1 点附近沿 AP_1 方向设置 1、2 两桩。同法，在 B 点设站，以 A 点为后视，并沿 BP_1 方向设置 3、4 两桩，连接 1-2、3-4，其交点即为_____点的位置。
(3) 极坐标法放样的主要误差来源包括：_____误差对放样点位的影响、_____误差对放样点位的影响、_____误差对放样点位的影响等。

4. 实训总结

实训十九 圆曲线的测设

一、实训目的
掌握用偏角法测设圆曲线的方法。

二、实训器具
DJ_6 经纬仪、花杆、测钎、皮尺、木桩、计算器(自备)、记录板、测伞 1 把。

三、实训内容
(1) 练习偏角法测设圆曲线的方法、步骤。
(2) 实验课时为 2 学时。

四、实训要求
(1) 每 5m 弧长测设一个细部点。
(2) 当从 ZY 及 YZ 向曲中点 QZ 测设曲线时,由于测设误差的影响,半条曲线的最后一点不会正好落在控制桩 QZ 上,假设落在 QZ' 上,则 $QZ-QZ'$ 之距离称为闭合差 f。
(3) 闭合差的允许值是分纵向闭合差 fx 与横向闭合差 fy 来考虑的。若纵向(沿线路方向)闭合差 fx 小于 1/2000、横向(沿曲线半径方向)闭合差 fy 小于 10cm 时,可根据曲线上各点到 ZY(或 YZ)的距离,按长度比例进行分配。

五、实训步骤
(1) 在现场选定两条相交直线并将经纬仪安置在交点上,测定其转折角 α,先假定外矢距 E,然后根据公式计算出圆曲线的半径 R,因此时计算出的圆曲线的半径 R 不是整米数,为了便于计算,可将圆曲线的半径 R 凑整,再计算外矢距 E,此时还需假定交点的桩号。
(2) 圆曲线三主点的数据计算和测设。
(3) 圆曲线细部点的数据计算和测设。

六、上交资料
(1) 每人上交用偏角法计算圆曲线细部点偏角计算表一份。
(2) 每人上交圆曲线的测设的实训报告一份。

实训十九 圆曲线的测设实训报告

班级： 组别： 姓名： 学号： 日期：

主要仪器与工具		成绩	
实训目的			

1. 画出在实训场地上测设圆曲线的草图

2. 测设数据的计算

1. 计算圆曲线元素

交点桩号 JD＝ 转折角 α＝ 圆曲线半径 R＝

切线长 $T=R\cdot\tan\frac{\alpha}{2}=$

曲线长 $L=\frac{\pi}{180^{\circ}}\alpha\cdot R=$

外矢距 $E=R\left(\sec\frac{\alpha}{2}-1\right)=$

切曲差 $q=2T-L=$

2. 计算主点里程桩号并校核

曲线起点桩号 ZY＝

曲线终点桩号 YZ＝

校核曲线终点桩号 YZ＝

3. 用偏角法计算圆曲线的细部点。

见用偏角法计算圆曲线细部点偏角计算表

4. 实训总结

上交实训报告，请沿此线裁下

实训十九 用偏角法计算圆曲线细部点偏角计算表

班级： 组别： 姓名： 学号： 日期：

点 名	里 程	曲线点间距	偏 角	备 注

测设检查：

从曲线起点开始测设细部点，检查曲线终点拟合误差：

角度误差＝＿＿＿＿＿＿＿＿＿＿＿＿＿＿＿＿＿＿＿；

距离误差＝＿＿＿＿＿＿＿＿＿＿＿＿＿＿＿＿＿＿＿。

第二部分　一周施工现场实训

建筑工程测量是土建类的一门重要的专业基础课。测量工作贯穿在建筑工程建设的规划、设计、施工和管理各个阶段，是建筑工程建设中不可缺少的环节。高职院校要求培养应用型人才，对学生强调实际运用和操作技能的训练，因此，在学完建筑工程测量的基本理论之后，应安排测量综合实训。通过实训，培养学生运用理论知识的能力，掌握各种测量仪器的实际操作技能，为学习专业课及毕业后完成工作任务奠定可靠基础。

一、实训要求及注意事项

（一）注意事项

1. 实训指导教师要讲明实训内容和任务，学生应认真作好各项准备工作。
2. 要遵守实训纪律，不无故缺勤，实训时间缺勤三分之一者，以不及格处理。
3. 遵守操作规程，有问题要及时向实训指导老师请教。
4. 记录、计算应遵守以下规则：
（1）要随测随记，观测者报完数后，记录者要立即回报，再记入规定的表格，并完成表格中的各项计算；
（2）字迹要工整，记录要清晰、要准确，不能涂改，如必须要改，应先用单线划去错误的数据，在其上方写出正确数据，严禁涂改数据和伪造成果；
（3）表格内各项，要记录、计算齐全，观测者、记录者均要签名，并对成果负责。
5. 仪器产生故障，要向老师报告，绝对不能自行处理。仪器作检验、校正时，必须在老师指导下进行。
6. 实训开始后，所借仪器和工具应检查仪器各部件是否有问题，若合乎要求，方可取走。实训结束后，要将所借仪器、工具如数归还，如有遗失或损坏，应遵照学校规定赔偿。
7. 组长应负责好本组的各项实训工作，每个学生要发挥主动性和积极性。
8. 在实训中必须注意人身安全。

（二）爱护仪器和工具

测量仪器是完成好测量实训任务的保证，如有遗失或损坏，将给实训工作带来很大影响，对国家财产造成不应有的损失，所以爱护仪器是我们的职责，每个学生应养成爱护仪器的良好习惯。为此，应注意以下几点：

1. 仪器箱要小心轻放，打开箱后应先注意仪器在箱内的位置，然后用双手握住基座(不准抓物镜、目镜、水准管等部位)取出仪器，放松各制动螺旋；
2. 三角架安置好后，将取出的仪器放在上面，用右手扶住仪器，左手拧紧中心连接螺旋；

3. 仪器从仪器箱中取出后，应立即盖好箱盖，并妥善放好，迁站时要带走，严禁坐仪器箱；

4. 转动仪器时应先松动制动螺旋，双手扶仪器轻轻转动，不能用力过猛扭转仪器，使用制动螺旋时，要有适中感，使用微动螺旋时，要用他们的中间部位，不能旋到极端位置，以免旋坏；

5. 仪器架设在测站上，仪器旁边任何时候必须有人，绝对不允许将仪器靠在墙上或树枝上等地方；

6. 物镜、目镜等光学玻璃部分，不能用手或其他东西随便擦拭；

7. 观测时要打伞，以免仪器受阳光暴晒或雨淋而损坏，若仪器上有水点，则应晾干后再装箱；

8. 仪器搬迁时，若距离远，应将仪器装入箱内再搬，若距离近，可将仪器连同脚架夹在右肋下左手托住基座抱着前进，不准扛在肩上；

9. 观测完后，用毛刷除去外壳灰尘，各种螺旋转至适中位置（脚螺旋、微动螺旋等），松动制动螺旋，将仪器按原位置装入箱内，再适当拧紧制动螺旋；

10. 收三角架，应先将伸出的腿收缩起来，除去铁脚上的泥土，再扎起来；

11. 标杆插地时，不要用力过猛，以免折断，不能用标杆抬仪器或挑东西以及当棍棒玩耍等；

12. 水准尺不能随地乱放，不能靠在墙上或树枝上，以免跌坏，更不能坐标尺；

13. 各组借领仪器后，要分工由专人保管，以免丢失；

14. 测量实训，有以外业工作为主、以作业小组为单位去完成各项测量任务的特点，实训中要求学生热爱集体，吃苦耐劳，严格执行规范要求，对工作认真负责，实事求是，爱护仪器和工具，建立良好的职业道德。

二、实训内容与指导

测量综合实训按实训的重点不同分为以下 8 种实训方案，各院校可根据本校教学实际选择合适的建筑工程施工现场，在下列表格中选定 2~3 项实习课题进行一周的施工现场实训。实习结束后要求学生写出实习报告。

序　号	实 训 参 考 课 题
1	根据单项工程施工图拟定测设方案
2	平整场地测设±0.000 标高
3	设置龙门板或轴线控制桩放线
4	基础工程施工测量
5	墙体工程施工测量
6	厂房矩形控制网的测设，柱列轴线测设
7	柱基的施工测量
8	厂房构件安装测量

三、建筑工程施工测量的实例

下面给出建筑工程施工测量的实例,结合表格介绍定位和检测的方法,供参考:

1. ××办公楼工程定位测量(例表1)
2. ××住宅楼大板混凝土基础顶面标高检测(例表2)
3. ××住宅楼基础顶标高检测(例表3)
4. ××住宅楼楼板浇筑标高检测(例表4)
5. ××车间杯形基础杯底标高检测(例表5)
6. ××车间柱轴线间距检测(例表6)
7. ××车间柱顶牛腿标高检测(例表7)
8. ××车间吊车梁顶标高(例表8)
9. ××车间地梁上皮标高(例表9)
10. ××住宅楼各层平口标高(例表10)
11. 施工测量放线报验单(例表11)

工程测量定位记录

例表 1　　　　　　　　　　　　　　　　　　　　　　　　　　　　　　　　建施 3-1

定位依据：
1. 工程定位测量通知单 08 号
2. 施工总平面图，建施-1
3. 基础平面图，建施-2

定位方法及过程：

1. 定位方法为直角坐标法
2. 定位过程：

① 以产品实验站外墙角 "O" 为原点。首先从两侧墙外皮引延长线，$OA=9.150m$ 至 AA' 点，延长 $A'A$ 至 B 点，即为轨道中心点，使 $AB=62.15m$，将仪器置于 B 点，后视 A 点，然后逆时针转 $90°$ 定 C 点，使 $BC=29.39m$，$CD=30.00m$。

② 将仪器置于 C 点，后视 B 点，逆时针转 $90°$ 定 D 点。

③ 将仪器置于 D 点，后视 B 点，顺时针转 $90°$ 定 E 点，$CE=74.60m$。

④ 将仪器置于 E 点，后视 C 点，逆时针转 $90°$ 定 F 点，$DF=74.60m$，闭合差 $2mm$。

注：(1) 轴线标志为 ①……等
　　(2) 测量定位标志为 A，B……等
　　(3) 标准尺寸单位为米。

建设单位	××厂	施工单位	××建筑公司××施工队
		定位员	×××
		标号技术员	×××
		技术负责人	×××
		质量员	×××
		主管工程师	×××
代表：×××			
公　章		公　章	
××年××月××日		××年××月××日	

例表2　　　　　　　　　　　　标高检测记录　　　　　　　　　　　建施 3-2

工程名称	××住宅楼	施工图号	结 3-1
检测部位	大板混凝土基础顶面标高	检测时间	××××年××月××日
设计标高	见图示	检测评定	在允许偏差值内

检测点示意图或表：

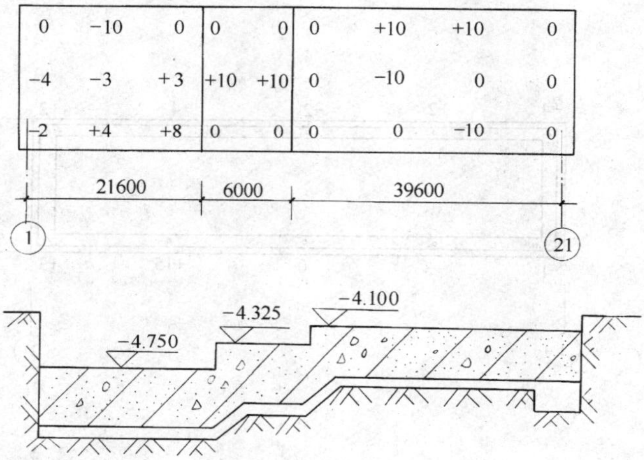

0	−10	0	0	0	+10	+10	0
−4	−3	+3	+10	+10	0	−10	0	0
−2	+4	+8	0	0	0	0	−10	0

21600　｜　6000　｜　39600

①　　　　　　　　　　　　　　　㉑

标高剖面：−4.750，−4.325，−4.100

备注：基础大板检测，正值为超出设计标高，负值为低于设计标高，单位以毫米计算，允许偏差 ±25mm。

建设单位代表：×××　　技术负责人：×××
　　复检：×××　　检测：×××

例表 3		标高检测记录		建施 3-2
	工程名称	××住宅楼	施工图号	结 3-1
	检测部位	基础顶标高	检测时间	××××年××月××日
	设计标高	−2.900m	检测评定	在允许偏差值内
检测点示意图或表				
备注	毛石基础标高检测，正值为超出设计标高，负值为低于设计标高，单位以毫米计算，允许偏差±25mm。			
	建设单位代表：×××　　技术负责人：××× 复检：×××　　检测：×××			

检测点示意图：

```
          +4    +2    -2    +4    +2
         ┌────────────────────────┐ D
         │                        │
         │                        │
         └────────────────────────┘ A
          -1    +3    0    +15   +3
         ①                       ㉑
```

例表 4			标高检测记录									建施 3-2	
工程名称			××住宅楼				施工图号				建 7-4		
检测部位			楼板浇筑标高				检测时间				××××年××月××日		
设计标高			±5.000mm				检测评定				在允许偏差值内		
检测点示意图或表	附表:												
	层数	设计标高(m)	检测点偏差(mm)									检测时间	
			1	2	3	4	5	6	7	8	9	10	
	地下室	−0.02	+1	+3	+2	+3	+2	+1	−1	−1	−1	+2	年 月 日
	一层	2.78	+2	+1	+1	+2	+3	+1	+2	+1	+1	+1	年 月 日
	二层	5.58	−2	+1	+1	+2	−2	+1	+3	+3	+1	+1	年 月 日
	三层	8.38	+2	+3	+2	+1	−1	+2	+1	+2	+2	+1	年 月 日
	四层	11.18	+2	+2	+1	+1	+2	+1	+1	+2	+2	+1	年 月 日
	五层	14.18	+2	+1	+2	−1	+2	+1	−1	+3	+2	+1	年 月 日
备注	各检测点与设计标高比较,未超过允许规定。												

建设单位代表:×××　　技术负责人:×××
　　　　复检:×××　　检测:×××

例表5　　　　　　　　　　　标高检测记录　　　　　　　　　　建施 3-2

工程名称	××车间	施工图号	结 3-1
检测部位	杯形基础杯底标高	检测时间	××××年××月××日
设计标高	−1.550m，−1.750m	检测评定	在允许偏差值内

检测点示意图或表	

```
                −5 −6 −7 −6 −7 −6 −7 −5 −5 −6 −5 −7 −5
                 #  #  #  #  #  #  #  #  #  #  #  #  #  ── Ⓑ
         −5 #                                         −5 #
         −4 #                                         −6 #
         −5 #                                         −7 #
         −6 # −5 −6 −5 −6 −7 −5 −5 −6 −7 −7 −6 −5 −5 −6 −8 #
                 #  #  #  #  #  #  #  #  #  #  #  #  #  ── Ⓐ
                 │                 │                 │
                 ①                 ⑦                ⑭
```

备注	两山墙轴线是柱子的外皮线，轴杯底设计标高为−1.75m。轴杯底设计标高为−1.55m。抄测偏差为−10mm。

建设单位代表：×××　　技术负责人：×××
复检：×××　　　　　检测：×××

例表6　　　　　　　　　　　　轴线检测记录　　　　　　　　　　　建施 3-2

工程名称	××车间	施工图号	Z35-G11
检测部位	柱轴线间距	检测时间	××××年××月××日
设计标高		检测评定	在允许偏差值内

检测点示意图或表：

```
           0  1 +1 +2  2  0  1 +1  0  3  3  0  0  0
        0  #  #  #  #  #  #  #  #  #  #  #  #  #  # ── Ⓑ
        #                                         # 0
        0                                         # 3
        #                                         # +3
        0                                         # 0
        #
           0  1 +1  0  0 +1  1  0  2 +2  0  0  0  0
        #  #  #  #  #  #  #  #  #  #  #  #  #  # ── Ⓐ
        │  │  │  │  │  │  │  │  │  │  │  │  │  │
        ①                                        ⑭
```

备注：柱轴线位移允许偏差为 8mm，检测轴线位移偏差单位以毫米计算。

建设单位代表：×××　　　技术负责人：×××
　　　复检：×××　　　　检测：×××

例表7　　　　　　　　　　标高检测记录　　　　　　　　建施 3-2

工程名称	××车间					施工图号				Z35-G11			
检测部位	柱顶牛腿标高					检测时间				××××年××月××日			
设计标高	柱顶13.300m，牛腿8.700m					检测评定				在允许偏差值内			
轴线	1		2		3		4		5		6		7	
部位	柱顶	牛腿	柱顶	牛腿	柱顶	牛腿	柱顶	牛腿	柱顶	牛腿	柱顶	牛腿	柱顶	牛腿
A轴	-6	-3	-2	-3	-4	-2	-5	-2	±0	±0	-3	+3	-3	±0
B轴	-3	-3	-5	-3	-4	-2	-3	-3	-6	-3	-3	-2	-5	-3

检测点示意图或表

轴线	8		9		10		11		12		13		14	
部位	柱顶	牛腿	柱顶	牛腿	柱顶	牛腿	柱顶	牛腿	柱顶	牛腿	柱顶	牛腿	柱顶	牛腿
A轴	±0	-3	-2	-3	-5	±0	-6	-3	-4	-2	-3	-1	-5	-3
B轴	-2	-3	-3	-3	-3	-3	-4	-2	-4	-3	-5	-4	-2	-3

备注：允许偏差：柱顶为-8mm，牛腿为-5mm。
抄测标高偏差单位以毫米计算。

建设单位代表：×××　　技术负责人：×××
　　　复检：×××　　检测：×××

例表 8　　　　　　　　　　标高检测记录　　　　　　　　　建施 3-2

工程名称	××车间	施工图号	Z35-G10
检测部位	吊车梁顶标高	检测时间	××××年××月××日
设计标高	9.600m	检测评定	在允许偏差值内

检测点示意图或表	轴线	1	2	3	4	5	6	7
	A	−5	−3	−2	−2	±0	−3	±0
	B	−3	−3	−2	−3	−3	−2	−3
	轴线	8	9	10	11	12	13	14
	A	−3	−3	±0	−3	−2	−1	−3
	B	−2	−3	−3	−4	−3	−4	−3

备注	允许偏差为 −5mm。

建设单位代表：×××　　　技术负责人：×××

复检：×××　　　检测：×××

例表 9		标高检测记录		建施 3-2
工程名称	××车间	施工图号		Z35-G3
检测部位	地梁上皮标高	检测时间		××××年××月××日
设计标高	－0.350m	检测评定		在允许偏差值内
检测点示意图或表	_____ B轴：-4 -3 -4 -4 -4 -3 -2 0 -2 -3 -4 Ⓑ A轴：-4 -3 -3 -3 -2 -2 -3 -4 -3 -4 -3 Ⓐ ①　　　　　　　　　　　　　　　⑭				
备注	1. 抄测标高偏差单位以毫米计算。 2. 允许偏差为－5mm。			
	建设单位代表：×××　　技术负责人：××× 　　　复检：×××　　检测：×××			

例表 10　　　　　　　　　　　　标高检测记录　　　　　　　　　　　建施 05-1

工程名称	××住宅楼	施工图号	建 7-4
检测部位	各层平口标高	检测时间	××××年××月××日
设计标高	见附表	检测评定	在允许偏差值内

检测点示意图或表	1. 抄测点平面图 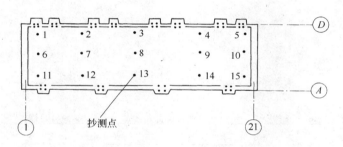 2. 实测记录见附表
备注	检测偏差正值为超出设计标高，负值为低于设计标高。 单位以毫米计算，允许偏差为±10mm。

建设单位代表：×××　　技术负责人：×××
　　　　复检：×××　　检测：×××

例表 11　　　　　　　　　施工测量放线报验单

监 A-05　　　　　　　　　　　　　　　　　　　　　　　　　　　编号：

工程名称：　　　　　　　　　　　　　承包单位：

致监理单位：＿＿＿＿＿＿＿＿＿＿＿＿＿＿＿＿＿＿＿＿＿＿＿＿＿＿＿＿＿

　　　根据合同要求，我们已完成＿＿＿＿＿＿＿＿＿＿＿＿＿＿工程的＿＿＿＿＿＿＿＿＿＿，
工作清单如下，请予查验。

附件：测量及相关材料

承包单位：＿＿＿＿＿＿＿＿　项目负责人：＿＿＿＿＿＿＿　日期：＿＿＿＿＿＿

工程或部位名称	测 量 内 容	备 注

监理审查意见：

监理工程师＿＿＿＿＿＿＿＿日期＿＿＿＿＿＿总监理工程师＿＿＿＿＿＿＿＿日期＿＿＿＿＿＿

附录一 国家职业技能鉴定规范

(工程测量工考核大纲)

中级工程测量工鉴定要求

1. 适用对象

从事工程测量的技术工人。

2. 申报条件

取得初级职业资格证书后,并连续从事本工种工作五年以上。

3. 考生与考评人员比例

(1) 理论知识考试原则上按每20名考生配备1名考评人员(20:1)。

(2) 技能操作考核原则上按每5名考生配备1名考评人员(5:1)。

4. 鉴定方式和时间

本工种采用理论知识考试和技能操作考核两种形式进行鉴定。技能操作考核由3~5名考评人员组成考评小组进行考核,考核分数取其平均分。

(1) 理论知识考试时间为120分钟,满分100分,60分及格。

(2) 技能操作考核时间为120~240分钟,满分100分,60分及格。

(3) 理论知识考试和技能操作考核均及格者为合格。

5. 鉴定场所和设备

(1) 理论知识考试在不小于标准教室面积的室内。

(2) 技能操作考核在室外。

(3) DS_1型或DS_{05}型精密水准仪和DJ_2型经纬仪及电磁波测距仪等。

中级工程测量工

项目	鉴定范围	鉴定内容	鉴定比重
基本知识	1. 测量误差一般理论知识	①测量误差的概念及基本知识。②水准测量的主要误差来源及其减弱措施,如仪器误差、观测误差、水准尺倾斜误差及外界因素影响。③水平角观测及电磁波测距仪的误差来源及其减弱措施,如仪器误差、仪器对中误差、目标偏心误差、观测误差及外界条件误差	100 15
	2. 控制测量知识	(1) 平面控制测量的布阿原则及测量方法,如三角测量、三边测量、导线测量 (2) 高程控制测量的布同原则及测量方法 (3) 电磁波测距仪测距的基本原理、结构和使用方法 (4) 城市坐标与厂区坐标换算的基本原理和计算方法 (5) 施工控制网的基本概念	15

续表

项　　目	鉴定范围	鉴　定　内　容	鉴定比重
专业知识	1. 地形测量知识	(1) 地形测量原理及工作流程 (2) 图根控制测量的主要技术要求 (3) 大比例尺地形图知识 (4) 地形图图式符号的使用	10
	2. 建筑工程测量知识	(1) 工业与民用建筑工程施工测量的方法及主要技术要求 (2) 建筑方格网、建筑轴线的测设方法 (3) 拨地测量的施测方法	15
	3. 水利工程测量知识	(1) 水下地形测量的施测方法 (2) 桥梁、水利枢纽工程的施测方法	5
	4. 线路工程测量知识	(1) 铁路、公路、架空送电线路工程中线的测设方法 (2) 圆曲线、缓和曲线的测设原理及测设方法 (3) 地下管线测量的施测方法及主要作业流程	15
	5. 建筑物沉降、变形观测知识	(1) 各类建筑物、桥梁、烟囱、水利工程沉降、变形观测的基本知识和施测方法 (2) 建筑物沉降观测的精度要求和观测频率	15
相关知识	计算机知识	(1) 微机基本组成部分及应用知识 (2) 可编程袖珍计算机的使用及其简单编程方法	10
技能要求操作技能	中级操作技能	(1) 一、二、三级导线测量的选点、埋石、观测、记录方法及内业成果整理 (2) 二、三、四等水准测量的选点、埋石、观测、记录方法及内业成果整理、高差表的编制 (3) 对 DJ_2 型光学经纬仪。DS_1 型水准仪进行常规项目的检验与校正 (4) 能够组织完成定线、拨地测量工作 (5) 组织实施一般建筑物、桥梁、水利工程的沉降变形观测工作 (6) 道路圆曲线和一般缓和曲线及各类工程放样元素的计算及实地测设工作 (7) 使用袖珍电子计算机或电子手簿进行野外测量记录 (8) 二、三、四等水准测量和一、二、三级导线测量的单结点平差计算及一般工程测量的计算工作	100 80
工具设备的使用与维护	1. 工具的使用与维护	(1) 温度计、气压计的正确读数方法及维护常识袖珍计算机的安全操作和保养方法	5
	2. 设备的使用与维护	(1) DJ_2、DJ_6 经纬仪、精密水准仪、精密水准尺、各类全站仪的正确使用方法及保养常识 (2) 光电测距仪电池正确充电方法及线路连接	5
安全及其他	安全作业	(1) 熟悉各种测绘仪器、设备的安全操作规程，并严格执行 (2) 掌握野外测量安全知识，严格执行安全生产条例	10

高级工程测量工鉴定要求

1. 适用对象

从事工程测量的技术工人。

2. 申报条件

取得中级职业资格证书后,并连续从事本工种工作五年以上。

3. 考生与考评人员比例

(1) 理论知识考试原则上按每20名考生配备1名考评人员(20∶1)。

(2) 技能操作考核原则上按每5名考生配备1名考评人员(5∶1)。

4. 鉴定方式和时间

本工种采用理论知识考试和技能操作考核两种形式进行鉴定。技能操作考核3~5名考评人员组成考核小组进行考核,考核分数取其平均分。

(1) 理论知识考试时间为120分钟,满分100分,60分及格。

(2) 技能操作考核时间为120~240分钟,满分100分,60分及格。

(3) 理论知识考试和技能操作考核均及格者为合格。

5. 鉴定场所和设备

(1) 理论知识考试在不小于标准教室面积的室内。

(2) 技能操作考核在室外。

(3) DJ_2型经纬仪。

高级工程测量工

项目	鉴定范围	鉴定内容	鉴定比重
基本知识	1. 测量误差一般理论知识	(1) 测量误差产生的原因及其分类 (2) 衡量测量成果精度的指标,如中误差、平均误差、相对误差 (3) 水准观测、水平角观测、光电测距仪观测的误差来源及其减弱措施	100 15
	2. 控制测量知识	(1) 高斯正形投影中的投影带和投影面的基本概念及平面直角坐标系的概念 (2) 各种工程测量控制网的布网方案、施测方法和主要技术要求 (3) 工程测量细部放样控制网的布设原则、施测方法及主要技术要求 (4) 高程控制测量的布设方案及测量方法 (5) 工程测量控制网、细部放样网的平差计算方法	15
专业知识	1. 建筑工程测量知识	(1) 建筑工程放样的一般方法 (2) 高层建筑轴线的投测与标高的传递 (3) 拨地放样数据的计算与施测方法 (4) 全站仪的性能及操作方法	15

续表

项目	鉴定范围	鉴定内容	鉴定比重
专业知识	2. 线路工程测量知识	(1) 线路中线的定线及里程桩的测设 (2) 线路纵横断面测量的方法与施测 (3) 地下管线测量的作业方法 (4) 圆曲线、缓和曲线放样数据的计算与放样	15
	3. 地下坑道测量知识	(1) 地下坑道工程贯通误差的概念 (2) 地下坑道工程贯通测量方法	10
	4. 水利工程测量知识	(1) 水利枢纽工程的控制测量与施工放样方法 (2) 大、中型桥梁的控制测量及施工	5
	5. 变形测量知识	(1) 变形观测的基本内容 (2) 变形观测的施测方法如沉降观测、水平位移观测等	10
	6. 高精度工程测量知识	高精度工程测量的基本内容及技术要求	5
相关知识	1. 计算机知识	(1) 袖珍计算机的使用方法及简单编程 (2) 微机基本结构及DOS操作系统	5
	2. 测绘高新技术在工程测量中的应用知识	测绘高新技术在工程测量领域的应用情况及发展趋势	5
技能要求操作技能	高级操作技能	(1) 熟练掌握精密经纬仪、精密水准仪、电磁波测距仪、全站仪的操作技术 (2) 能对工程测量中级工进行一般技术指导 (3) 全站仪的常规操作及数据传输方法 (4) 按规范和设计要求制定工程控制网的施测步骤并组织实施 (5) 掌握大、中型工程的施工测量、竣工测量方法并编写施测报告或技术总结 (6) 在规范指导下进行地下贯通测量的施测工作 (7) 能组织完成一般工程测量工作,如地形图测绘、建筑工程测量、地下管线测量、工程测量、定线、拨地测量的施测工作及记录、计算工作 (8) 能组织完成导线测量包括一、二、三级导线及图根导线和水准测量的平差计算工作(包括单结点) (9) 了解工程测量常用专业仪器的操作方法,如激光经纬仪、激光铅垂仪	100 80
工具设备的使用与维护	1. 工具的使用与维护	(1) 温度计、气压计的读数方法及保护措施 (2) 袖珍计算机、微机的操作规程	5
	2. 设备的使用与维护	(1) 精密经纬仪、精密水准仪、光电测距仪、全站型电子速测仪的正确使用方法及保养知识 (2) 仪器电池充电放电方法 (3) 熟悉其他测绘仪器的保养常识	5
安全及其他	安全作业	(1) 严格执行各种测绘仪器安全操作规程 (2) 掌握野外测量安全知识,严格执行安全生产条例	10

附录二　国家工人技术等级标准

（工程测量工）

工种定义

使用测量仪器，按工程设计和技术规范要求，为各类工程包括地形图测量、工程控制网的布设及施工放样。建筑施工、铁路、公路、航道、水利、桥梁、地下施工、矿山建设和生产、建筑物的变形观测等提供测量数据和测量图件。

适用范围

施工测量、市政工程测量、铁路测量、公路测量、航道测量、矿山测量、水工测量、水利测量。

学徒期

二年。

初级工程测量工

了解普通工程测量作业内容和作业规程，掌握地形测量、图根控制测量的基本技能，了解电子计算器的使用方法，在指导下从事工程测量作业，完成指定的单项任务。

知识要求：

1. 了解地形图的内容与用途，具有地形图比例尺概念。
2. 掌握常用的测绘仪器、工具的名称、用途及保养常识。
3. 掌握测量中常用的度量单位及换算。
4. 了解图根导线、图根水准的测量原理及计算方法。
5. 了解平板测图的原理及施测方法。
6. 了解地下管线的测量原理及施测方法。
7. 了解定线、拨地测量和建（构）筑物放样的基本方法。
8. 懂得野外测量的安全知识。

技能要求：

1. 能使用标杆、垂球架、光学对中器进行对中。
2. 能勾绘交线草图和断面图，绘制点之记。
3. 在指导下能进行图根水准、图根导线的观测、记录。
4. 掌握道路纵横断面测量，定线拨地放样的辅助工作。
5. 在指导下能进行普通经纬仪、水准仪、平板仪常规项目的检校。
6. 正确使用各类常用图式符号。
7. 能正确使用皮尺和钢卷尺进行量距。

8. 能应用电子计算器进行一般的计算工作。
9. 掌握地下管线测量的辅助工作。

工作实例:

初级工应掌握以下工作实例一至二项。
1. 绘制点之记或断面施测草图一例。
2. 图根水准观测、记录或图根导线水平角观测、记录一例。
3. 坐标放样数据计算一例。
4. 纵、横断面测量及绘制断面图一例。
5. 使用图解法测量管线工程一例。
6. 图根导线近似平差计算一例。

中级工程测量工

具有工程测量的一般理论知识及有关工程建设的一般专业知识,懂得地形测量、三角测量、水准测量、导线测量、定线放样、变形观测的一般理论知识,掌握各类工程测量的一般方法,包括工程建设施工放样、工业与民用建筑施工测量、线型测量、桥梁工程测量、地下工程施工测量、水利工程测量及建筑物变形观测的施测方法,了解袖珍计算机的应用技术,了解全面质量管理的基础知识,独立完成一般工程测量项目。

知识要求:
1. 二、三等水准测量及测量误差的基本知识。
2. 了解城市坐标与厂区坐标换算的基本原理及计算方法。
3. 懂得建筑方格网、道路曲线测设原理及测设方法。
4. 掌握各类建筑物、桥梁、烟囱、水利工程沉降、变形观测的基本知识和施测方法。
5. 懂得精密光学经纬仪、水准仪、精密水准尺的检校知识和检校方法。
6. 掌握归心改正、坐标传递、交会定点的原理和计算方法。
7. 掌握袖珍电子计算机的应用知识。
8. 了解水准观测、水平角观测、光电测距仪测距的误差来源及减弱的措施。

技能要求:
1. 一、二、三级导线测量,二、三等精密水准测量。跨河水准测量的选点、埋石、记录、观测工作,内业成果整理、概算、高程表的编制。
2. 能进行道路圆曲线和一般的缓和曲线及各类工程放样元素的计算及测设工作。
3. 能进行 DJ_2 光学经纬仪、DS_1 型水准仪和精密水准尺常规项目的检验。
4. 组织实施一般建筑物和完成定线、拨地测量工作。
5. 组织实施一般建筑物、桥梁、烟囱、水利工程的沉降、变形观测工作。
6. 能进行水准网、导线网的单结点、双结点平差计算及交会定点和典型图型平差计算工作。

7. 能利用袖珍计算机进行平差计算，利用电子手簿进行外业记簿。

工作实例：

中级工应掌握以下工作实例一至二项。

1. 一、二、三级导线和二等水准观测，记簿各一例。
2. 导线网、水准网的单结点、双结点平差，三角测量概算，交会定点平差计算或典型平差计算一例。
3. 沉降、变形观测的计算和成果资料整理一例。
4. 道路工程圆曲线、缓和曲线、曲线元素计算和放样工作一例。
5. 组织实施工程控制网设计方案一例。

高级工程测量工

具有工程测量一般原理知识，了解高精度工程测量控制网、细部放样网、轴线及工艺设备的放样安装、竣工测量、变形观测的一般理论知识，具有电子计算机的一般应用知识，了解国内工程测量发展动态和新技术应用知识，熟练地掌握精密经纬仪、精密水准仪、光电测距仪的操作技术，掌握工程控制网、细部放样、竣工测量、变形观测的施测技术，能分析处理施测中出现的一般技术问题。

知识要求：

1. 了解高斯正形投影平面直角坐标系的基本概念。
2. 懂得地下贯通工程施工测量的原理和施测方法。
3. 掌握各种工程控制网的布网方案和施测方法。
4. 了解一般工程测量的基本原理和施测方法。

技能要求：

1. 掌握大、中型工程的施工测量、竣工测量技术，并编写工程技术总结报告。
2. 掌握测设大、中型桥梁的控制测量及施工、变形测量。
3. 在指导下能进行地下工程的贯通测量。
4. 能解决工程测量中的一般技术问题和质量问题。
5. 能对工程测量进行一般技术指导。

工作实例：

1. 实施中、大型工程测量、竣工测量和编写技术工作报告书一例。
2. 桥梁变形观测或地下工程贯通测量一例。

附录三 工程测量工技能测试理论考试题

中级工程测量工模拟试题

一、判断题：（共30分，每题1.5分，对的打"√"，错的打"×"）

1. 大地水准面是确定地面点高程的起算面。（　　）
2. 地形图的比例尺分母越大，则该图的比例尺越大。（　　）
3. 测角时，对中偏心误差对测角的影响与距离成反比，对于边长较长的导线，要求有较低的对中精度。（　　）
4. 为了保持外业手簿的整洁，在记录时，允许用橡皮将错的记录擦掉重填。（　　）
5. 为了更好的寻找照准目标，用电测波测距仪测距时，要选择在中午阳光好的时间进行观测。（　　）
6. 同一直线的正、反坐标方位角相差270°。（　　）
7. 象限角是大于90°的角。（　　）
8. 工程建设可分为三个阶段：勘测设计阶段、施工阶段、运营管理阶段。（　　）
9. 经纬仪的圆水准器气泡居中时，垂直轴应该与铅垂线相平行。（　　）
10. 闭合水准路线的高差闭合差的理论值是0。（　　）
11. 缓和曲线是在线路直线和圆曲线之间介入的一段过渡曲线。（　　）
12. 在测量中，通常可以以算术平均值作为未知量的最或然值，那么通过增加观测次数就可以提高观测值的精度。（　　）
13. 我国的高斯平面坐标系的 x 的自然坐标值均为负值。（　　）
14. GPS系统只能用于测量和导航。（　　）
15. 对于角度观测来说，大气折光的影响可以忽略不计。（　　）
16. 我国的平面坐标系采用的是高斯平面直角坐标系。（　　）
17. 使用经纬仪观测时，调焦的目的是照准目标。（　　）
18. 施工控制网的布设形式都是建筑方格网的形式。（　　）
19. 所有观测值的真误差是不存在的。（　　）
20. 等精度 n 次观测，则观测值的算术平均值的中误差为观测值的中误差的 $1/\sqrt{n}$ 倍。（　　）

二、单项选择题：（共20分，每题2分，将正确答案的序号填入括号内）

1. 三等水准测量的观测顺序是：（　　）

A. 前—后—前—后 B. 后—前—后—前
   C. 前—前—后—后 D. 后—前—前—后
2. 水平角观测时,用盘左、盘右两个位置观测可消除(　　)。
   A. 竖轴倾斜误差 B. 读数误差
   C. 视准轴误差 D. 度盘刻划误差
3. 钢尺量距时,读数误差属于(　　)。
   A. 观测误差 B. 系统误差 C. 偶然误差 D. 读数误差
4. GPS测量,在一个测站最少应同时观测到(　　)颗卫星。
   A. 2 B. 3 C. 5 D. 4
5. 在线路勘测设计阶段的测量工作,称为(　　)。
   A. 初测 B. 线路施工测量
   C. 线路勘测测量 D. 定测
6. 在角度观测时,凡因超限需要重新观测的完整测回称为(　　)。
   A. 补测 B. 重测 C. 往测 D. 返测
7. 对于长度测量来说,一般用(　　)作为衡量精度的指标。
   A. 权 B. 中误差 C. 相对中误差 D. 真误差
8. 由于测量误差的影响,贯通测量不可避免的存在(　　)。
   A. 开挖面误差 B. 贯通面误差 C. 贯通误差 D. 贯通线误差
9. GPS系统的空间部分是指:(　　)
   A. GPS卫星星座 B. 工作卫星
   C. GPS卫星 D. 在轨备用卫星
10. GPS卫星星座由(　　)颗工作卫星和3颗在轨备用卫星组成。
    A. 24 B. 18 C. 21 D. 12

三、多项选择题:(共30分,每题3分,将正确答案的序号填入括号内)

1. 属于我国基本比例尺系列的比例尺有:(　　)
   A. 1∶1万 B. 1∶5万 C. 1∶100万 D. 1∶30万
2. GPS定位原理与方法主要有(　　)等。
   A. 差分GPS定位 B. 载波相位测量定位
   C. 伪距法定位 D. 静态定位
3. 高程测量的方法主要有以下几种:(　　)
   A. 钢尺丈量 B. 三角高程测量
   C. 物理高程测量 D. 水准测量
4. 导线的布设形式有:(　　)
   A. 支导线 B. 闭合导线
   C. 附合导线 D. 电测波测距导线
5. 观测条件是指:(　　)
   A. 观测次数 B. 人 C. 外界条件 D. 仪器
6. 变形观测的成果整理包括(　　)。

A. 填写报表 B. 初步判断
C. 简单整理 D. 定期的成果整理分析

7. 衡量精度的指标有（　　）。
   A. 平均误差　　B. 中误差　　C. 相对中误差　　D. 观测误差
8. 水准路线的布设形式有（　　）。
   A. 单一水准路线 B. 环水准路线
   C. 附合水准路线 D. 闭合水准路线
9. 变形观测包括（　　）等内容。
   A. 前方交会法观测 B. 水平位移观测
   C. 垂直位移观测 D. 小角法观测
10. 测量上常用的测量距离的方法有：（　　）
    A. 电测波测距 B. 直接丈量
    C. 钢尺量距 D. 视距测量

四、简答题：（共20分，第一题7分，第二、三题8分）

1. 什么叫比例尺的精度？
2. 等高线的特性是什么？
3. 简述施工控制网的特点和布设原则。

五、论述题、计算题：（共20分，每题5分）

1. 已知 $H_A = 89.671$m，在 A、B 两点间测得高差分别为 $h_1 = +0.621$m，$h_2 = -0.883$m，$h_3 = +0.456$m，$h_4 = -0.769$m，求 H_B。
2. 已知 A 点坐标为 $Y_A = 1000.000$m，$X_A = 2000.000$m；直线 AB 间方位角为 $\alpha_{AB} = 45°$，$S_{AB} = 380.000$m，请计算 B 点的坐标值 Y_B、X_B。
3. 在 1∶1000 地形图上，量得某两点的距离为 $s = 33.5$mm，其中误差 $m = \pm 0.2$mm，求该两点间实地水平距离 S 及其中误差 m_s。
4. 写出圆曲线的主要点里程计算公式并解释公式中符号的意义。

高级工程测量工模拟试题

一、单项选择题：（共20分，每题2分，将正确答案的序号填入括号内）

1. 在角度观测时，凡因超限需要重新观测的完整测回称为（　　）。
   A. 往测　　B. 补测　　C. 重测　　D. 返测
2. 水准仪的特点是：（　　）
   A. 可以全天候作业 B. 无需照准目标
   C. 无需整平仪器 D. 能够提供一条水平视线
3. 在竖井联系测量中，称坐标和方向的传递测量为（　　）。
   A. 高程测量 B. 定向测量

  C. 水准测量   D. 贯通测量

4. 对某量进行 4 次等精度观测，已知观测值中误差为 $\pm 0.2mm$，则该观测值的算术平均值的精度为：（   ）

  A. $\pm 0.4mm$ B. $\pm 0.2mm$ C. $\pm 0.1mm$ D. $\pm 0.8mm$

5. 经纬仪观测时，调焦的目的是（   ）。

  A. 照准目标   B. 使仪器粗平

  C. 消除视差   D. 使视线水平

6. 对于数字测图来说，表示地图图形的数据一般有（   ）和栅格数据两种。

  A. 图像数据   B. 属性数据

  C. 矢量数据   D. 地物数据

7. 以下不属于高程测量的方法有：（   ）

  A. 物理高程测量   B. 三角高程测量

  C. 钢尺丈量   D. 水准测量

8. GPS 卫星星座由（   ）颗工作卫星和 3 颗在轨备用卫星组成。

  A. 12   B. 18   C. 24   D. 21

9. 已知观测值 x 的中误差为 $\pm 0.3mm$，则函数 $y=3x$ 的中误差为（   ）。

  A. $\pm 0.4mm$ B. $\pm 0.3mm$ C. $\pm 0.9mm$ D. $\pm 0.6mm$

10. 已知某导线的一条导线边边长 $S=1000m$，该导线边的测量中误差是 $\pm 500mm$，则该导线边的相对中误差为（   ）。

  A. 20/1   B. $\pm 0.5m$ C. 1/1000   D. 1/2000

二、多项选择题：（共 20 分，每题 2 分，将正确答案的序号填入括号内）

1. 测量中，需要观测垂直角的工作有：（   ）

  A. 水准测量   B. 将斜距化算为平距

  C. 水平角的放样   D. 确定地面点的高程位置

2. 从比例尺为 1∶10000 的图上量取某线段长为 50mm，则该线段所对应的实地水平距离是：（   ）

  A. 5 公里   B. 5000 分米   C. 500 米   D. 50 公里

3. 受大气折光影响的测量工作有：（   ）

  A. GPS 测量   B. 三角高程测量

  C. 垂直角观测   D. 钢尺量距

4. GPS 定位原理与方法主要有（   ）等。

  A. 差分 GPS 定位   B. 载波相位测量定位

  C. 伪距法定位   D. 静态定位

5. 三角高程测量中的误差来源有：（   ）

  A. 记错数据   B. 地球球面弯曲的影响

  C. 观测者的水平   D. 大气折光的影响

6. 影响角度放样精度的主要有（   ）。

  A. 仪器对中误差   B. 目标偏心误差

　　　　C. 操作者的失误　　　　　　　　D. 外界条件的影响
　7. 隧道中线的定线方法有：（　　）。
　　　　A. 直接贯通法　　　　　　　　　B. 解析法
　　　　C. 现场标定法　　　　　　　　　D. 开挖面法
　8. 变形观测包括（　　）等内容。
　　　　A. 前方交会法观测　　　　　　　B. 水平位移观测
　　　　C. 垂直位移观测　　　　　　　　D. 小角法观测
　9. 激光准直法根据其测定偏离值方法的不同可分为：（　　）
　　　　A. 前方交会法观测　　　　　　　B. 波带板激光准直
　　　　C. 小角法观测　　　　　　　　　D. 激光经纬仪准直
　10. GPS 的功能有：（　　）
　　　　A. 测速　　　　B. 导航　　　　C. 测时　　　　D. 观测时间短

三、判断题：（共 20 分，每题 1 分，对的打"√"，错的打"×"）

1. 地面上某点到大地水准面的铅垂距离称为该点的绝对高程。（　　）
2. 水准测量时，水准标尺向后倾斜致使读数增大，向前倾斜则使读数减小。（　　）
3. 两个观测值的中误差相等，说明两者的精度相等，其真误差也相等。（　　）
4. 水准仪观测时，水准管气泡居中时，视线即已水平。（　　）
5. 地面上两点的直角坐标值之差称为坐标增量。（　　）
6. 经纬仪的圆水准器气泡居中时，垂直轴应该与铅垂线相平行。（　　）
7. 闭合水准路线的高差闭合差的理论值是 0。（　　）
8. 综合曲线是由圆曲线和缓和曲线所组成的曲线。（　　）
9. 我国的高斯平面坐标系的 y 的自然坐标值有正有负。（　　）
10. 施工控制网的布设形式都是建筑方格网的形式。（　　）
11. 大地水准面是测量工作的基准面。（　　）
12. 球面三角形与平面三角形的内角和都是 180°。（　　）
13. 等精度 6 次观测，则观测值的算术平均值的中误差为观测值的中误差的 1/6 倍。（　　）
14. 在线路施工阶段而进行的测量工作，称为线路施工测量。（　　）
15. 在测量中，通常可以以算术平均值作为未知量的最或然值，那么通过增加观测次数就可以提高观测值的精度。（　　）
16. 测角时，对中偏心误差对测角的影响与距离成反比，对于边长较长的导线，要求有较低的对中精度。（　　）
17. 当建筑用地审批确定后，进行的建筑用地界址的测设，称为拨地测量。（　　）
18. 水准仪的 i 角和经纬仪的指标差 i 所表示的意义是相同的。（　　）
19. 我国国家水准原点的高程值为 0。（　　）

20. 在测量工作中，可以完全以水平面代替大地水准面。（　　）

四、简答题：(共 20 分，每题 5 分)

1. 用基准线法测定建筑物水平位移的观测方法主要有哪些？
2. 简述水准仪测量的原理。
3. 经纬仪应满足的几何条件是什么？
4. 什么是地下工程测量？测定建筑物水平位移的方法有哪些？

五、计算题：(共 20 分，每题 10 分)

1. 有一附合导线，总长为 1857.63m，坐标增量总和 $\Sigma\Delta X = 118.63$m，$\Sigma\Delta Y = 1511.79$m，与附合导线相连接的高级点坐标 $Xa = 294.93$m，$Ya = 2984.43$m，$Xb = 413.04$m，$Yb = 4496.386$m，试计算导线全长相对闭合差，和每 100m 边长的坐标增量改正数（X 和 Y 分别计算）。

2. 用直角坐标法放样，已知 $m_D/D = 1/1000$，$m_\beta = \pm 20''$，标定误差 $m_b = \pm 5$mm，$\Delta x = 50$m，$\Delta y = 100$m，求放样点的中误差？试分析当 $\Delta x < \Delta y$ 时，分析是先放样 Δx 还是先放样 Δy？

参 考 文 献

[1] 中华人民共和国国家标准，工程测量规范（GB 50026—93）．北京：中国计划出版社，1993．
[2] 国家标准局．地形图图式 1∶500、1∶1000、1∶2000．北京：测绘出版社，1988．
[3] 武汉测绘科技大学，测量学编写组．测量学（第三版）．北京：测绘出版社，1991．
[4] 过静珺．土木工程测量．武汉：武汉理工大学出版社，2000．
[5] 李生平．建筑工程测量（第二版）．武汉：武汉理工大学出版社，2003．
[6] 周建郑．建筑工程测量技术．武汉：武汉理工大学出版社，2002．
[7] 周相玉．建筑工程测量．武汉：武汉理工大学出版社，1997．
[8] 郑庄生．建筑工程测量．北京：中国建筑工业出版社，1995．
[9] 同济大学测量系、清华大学测量教研组．测量学．北京：测绘出版社，1991．
[10] 顾孝烈，鲍峰，程效军．测量学．上海：同济大学出版社，1999．
[11] 金和钟，陈丽华．工程测量．杭州：杭州大学出版社，1998．
[12] 钟孝顺，聂让．测量学．北京：人民交通出版社，1997．
[13] 李青岳，陈永奇．工程测量学（修订版）．北京：测绘出版社，1995．
[14] 王云江，纪毓忠．工程测量．杭州：浙江大学出版社，2000．
[15] 靳祥升．测量学．郑州：黄河水利出版社，2001．
[16] 中华人民共和国劳动与社会保障部．中华人民共和国职业技能鉴定规范，1999．